高职高专"十二五"规划教材

计算机网络

主　编　郑毛祥　程新丽　彭　耘
副主编　李顺芬　程　利　江　澜
主　审　李　伟

华中科技大学出版社
中国·武汉

内 容 提 要

本书是一本面向高等职业教育、高等专科教育和成人教育的计算机网络教材。全书共分 11 章,系统地介绍了计算机网络概述、数据通信基础知识、网络体系结构与网络协议、计算机局域网技术、网络互联技术、IP 城域网和广域网、网络操作系统、Internet 应用基础、接入网技术、网络维护与网络安全、计算机网络实训相关知识等内容。本书在内容组织上将计算机网络基础知识与实际应用相结合,使读者能够对网络原理和网络协议有比较直观的认识,具有很强的实用性。为使读者巩固所学的知识,每章后配有相关习题。

本书内容丰富,难度适中,结构合理,可操作性强,理论结合实际,充分反映了网络技术的最新发展。本书既可作为高职高专学生的教材,也可作为各类培训教材和计算机网络爱好者的自学教程和参考书。

图书在版编目(CIP)数据

计算机网络/郑毛祥,程新丽,彭耘主编. —武汉:华中科技大学出版社,2014.5
ISBN 978-7-5609-9993-7

Ⅰ.①计⋯ Ⅱ.①郑⋯ ②程⋯ ③彭⋯ Ⅲ.①计算机网络-高等职业教育-教材 Ⅳ.①TP393

中国版本图书馆 CIP 数据核字(2014)第 088435 号

计算机网络　　　　　　　　　　　　　　　　　　　郑毛祥　程新丽　彭　耘　主编

策划编辑:周芬娜
责任编辑:余　涛
封面设计:范翠璇
责任校对:李　琴
责任监印:周治超
出版发行:华中科技大学出版社(中国·武汉)
　　　　武昌喻家山　邮编:430074　电话:(027)81321915
录　　排:华中科技大学惠友文印中心
印　　刷:仙桃市新华印务有限责任公司
开　　本:787mm×1092mm　1/16
印　　张:16.75
字　　数:440 千字
版　　次:2014 年 5 月第 1 版第 1 次印刷
定　　价:32.00 元

前　言

　　随着计算机网络技术的迅速发展和应用,计算机网络已成为当今最热门的学科之一。从计算机网络诞生至今的几十年里,计算机网络技术已经取得了飞跃发展。现在,计算机网络(尤其是 Internet 技术)不但改变着人们的生活、学习、工作乃至思维方式,也对科学、政治、经济甚至整个社会产生巨大的影响,国家的经济建设和发展、高效的管理等都将越来越依赖于计算机网络。

　　本书重点阐述目前计算机网络采用的比较成熟的思想、结构和方法,突出基本原理与基本技术,力求做到深入浅出、通俗易懂。在内容选择上,一方面以 ISO/OSI 参考模型为背景介绍计算机网络的体系结构、基本概念、基本原理和设计方法;另一方面以 TCP/IP 协议簇为线索详细讨论各种常用的网络互联协议和网络应用协议。考虑到读者可能缺乏数据通信的有关知识,还简要介绍了数据通信的基础知识。

　　全书共 11 章,分别从以下几个方向进行了介绍。第 1 个方向介绍计算机网络的发展与应用、主要功能、分类、网络体系结构、网络参考模型以及网络标准化组织的有关知识。第 2 个方向介绍数据通信知识,涉及数据通信基本概念和基础理论、传输介质、多路复用技术、数据交换技术、调制解调技术以及物理层接口技术等内容。第 3 个方向讨论数据链路层的基本技术以及基本协议原理,各种底层网络技术,涉及各种局域网和高速局域网技术。第 4 个方向讨论网络层和传输层的原理、互联技术及其相关协议,涉及网络互联、TCP/IP 参考模型、IP 协议簇、IP 路由以及 TCP 和 UDP 协议等内容。第 5 个方向讨论网络应用程序相互作用模式以及各种具体的网络应用,涉及域名系统、文件传输和访问、电子邮件、万维网技术。第 6 个方向讨论了网络安全的基本原理与技术等内容。本书每个方向都配有适量的习题,完成这些习题对于深入理解课程的内容是必要的。同时结合教学进度,开设一些简单的网络实验(如局域网互联、IP 地址配置和子网划分、Windows 服务器的配置等),对于建立感性认识和实践网络操作技能会有所帮助。

　　本书由武汉铁路职业技术学院郑毛祥、程新丽、彭耘任主编,李顺芬、程利、江澜任副主编,余水平任参编,李伟任主审。其中,郑毛祥编写了第 1、2 章;程新丽编写了第 3、4 章;彭耘编写了第 5、6 章以及附录的部分实验;李顺芬编写了第 7、8 章,程利编写了第 9、10 章;江澜编写了第 11 章和附录的部分实验,余水平编写了附录的部分实验。全书由郑毛祥统稿和组织完成。此书在编写过程中,还采用了大量优秀的国内外文献,在此对文献的作者表示诚挚的敬意和谢意!

　　由于计算机网络技术发展非常迅速,涉及的知识面广,加之作者水平有限,书中难免存在错漏之处,欢迎广大读者批评指正。

编　者

2014 年 3 月

目　录

第1章 计算机网络概述

1.1 计算机网络的形成和发展

计算机网络是计算机技术与通信技术紧密结合的产物。它的出现对信息产业的发展产生了深远的影响。随着计算机网络技术的不断更新,计算机网络的应用已经渗透到了社会的各个方面,并且不断地改变人们的观念、工作模式和生活方式。

1.1.1 计算机网络的形成

1946 年世界上第一台数字电子计算机问世,当时计算机的数量很少,且价格十分昂贵。用户使用计算机必须到计算中心上机和处理数据。20 世纪 50 年代初,由于美国军方的需要,美国半自动地面防空系统 SAGE 进行了把计算机技术和通信技术结合在一起的尝试,将信息进行集中处理与控制,实现了用计算机远距离地集中控制和人机对话。SAGE 系统的诞生被誉为计算机通信发展史上的里程碑,从此,计算机网络开始逐步形成、发展。

计算机网络的发展经历了一个从简单到复杂的演变过程。计算机网络出现在 20 世纪六七十年代,是以通信子网为中心的时代,其特征是计算机网络成为以公用通信子网为中心的计算机。

20 世纪 60 年代,美国国防部领导的高级研究规划局 ARPA(Advanced Research Project Agency)提出要研制一种崭新的、能够适应现代战争的、生存性很强的网络,ARPAnet 就是在这种情况下产生的。

1969 年 12 月,美国国防部的 ARPAnet 投入运行,它标志着我们常说的计算机网络的兴起。ARPAnet 系统是一种分组交换网。分组交换技术使计算机网络的概念、结构和网络设计方面都发生了根本性的变化,它为后来的计算机网络打下了基础。

20 世纪 80 年代是标准化的时代,其特征是网络体系结构和网络协议的国际标准化。在 ARPAnet 成功驱动下,世界各大计算机公司受利益的驱使,纷纷制定了各自的网络技术体系标准,尽管各大公司和厂家促进了网络产品的开发和发展,但是,这些网络技术规范只是在本公司同构型设备基础上互连,各厂家生产的计算机产品和网络产品互不兼容,无论从技术上还是从结构上都存在着很大的差异,实现互联非常困难。网络通信市场各自为政的状况,严重损害了投资者的利益,使用户在组网时无所适从,这种局面严重阻碍了计算机网络的发展,也不利于多厂商间的公平竞争。因此,建立一个开放式的网络,使各厂家生产的产品互相兼容,即实现网络的标准化,已成为网络发展的必然。

20 世纪 80 年代初,随着微型计算机的推出及其发展,各种形式的计算机局域网纷纷推出,极大地促进了计算机技术和通信技术的有机结合,使网络应用进入了一个新阶段。占市场份额最多且影响深远的是总线式结构的以太网(Ethernet),国际电子与电气工程师协会

(IEEE)随之推出了 IEEE802 系列建议。

　　1977 年,国际标准化组织(International Standards Organization,ISO)为适应网络标准化的发展趋势,在研究分析已有的网络结构基础上,致力于研究开发一种"开放式系统互联"的网络结构标准。ISO 于 1984 年公布了"开放系统互联参考模型"的正式文件,即著名的国际标准 ISO 7498,通常称它为开放系统互联参考模型(Open System Interconnection/Reference Model,OSI/RM)。

　　20 世纪 90 年代是高速化、综合化、全球化、智能化、个人化的时代。进入 20 世纪 90 年代,计算机技术、通信技术以及建立在计算机和网络技术基础上的计算机网络技术得到了迅猛发展。局域网成为计算机网络结构的基本单元,网络间互联的要求越来越强,真正达到了资源共享、数据通信和分布处理的目标,计算机网络进入了一个崭新的阶段。目前,全球以美国为核心的高速计算机互联网络即 Internet 已经形成,Internet 已经成为人类最重要的、最大的知识宝库。网络互联和高速计算机网络正成为计算机网络的发展方向。

1.1.2　计算机网络的发展

1. 局域计算机网络的发展

　　局域计算机网络是指分布于一个部门、一栋楼或一个单位区域内的计算机网络,就是通常人们所说的局域网(Local Area Network,LAN)。

　　20 世纪 80 年代,随着微处理器技术的成熟和其价格不断地下降,微型计算机的出现及其价格不断降低,微型计算机进入百姓家庭,一个单位和部门拥有许多计算机,并要求共享资源,计算机间的相互通信促进了局域网的产生和发展。

　　20 世纪 80 年代初的 10 Mb/s 以太网,经过短暂的 20 多年的发展,以太网的传输速率达到了每秒万兆位,传输速率整整提高了 1000 倍。特别是交换式局域网的问世,彻底解决了带宽的需求问题,是局域网技术的一场革命。在未来的 5～10 年内,局域网将达到更高的传输速率,相信过不了多久,科学家会推出 100 Gb/s 甚至 1 Tb/s 的局域网。

　　近年来,在局域网领域中又推出了无线局域网技术。利用无线局域网,可将网络延伸到每一个角落,使网络无处不在。网络用户可以在任何时间、任何地点都能上网。

2. 广域计算机网络的发展

　　广域计算机网络是指利用远程通信线路组建的计算机网络。广域网络覆盖面大,通常是跨地区、跨国家的。在网络发展初期,网络一般为某一机构组建的专用网。专用网的优点是针对性强、保密性好。而其缺点是资源重复配置,造成资源的浪费、系统过于封闭,使系统之外的用户难以享受系统内的资源。

　　随着计算机应用的不断深入发展,一些规模小的机构甚至个人也有联网的需求,这就促使许多国家开始组建公用数据网。早期的公用数据网采用的是模拟通信电话网,进而发展成为新型的数字通信公用数据网。

3. Internet 的发展

　　Internet 是全球最大和最具有影响力的计算机互联网络,也是世界范围的信息资源宝库。Internet 是通过路由器实现多个广域网和局域网互联的大型网际网,它对推动世界科学、经济、文化和社会的发展有着不可估量的作用。Internet 中的信息资源涉及方方面面,几乎应有尽有。人们在 Internet 上随意发表观点或寻求帮助,通过 Internet 可与素未谋面的网友聊天,还可以使用 Internet 上的 IP 电话与处在其他地区的亲人进行视频电话而无需额外付费。

　　未来的计算机网络将覆盖每一个角落,具有足够的带宽、很好的服务质量与完善的安全机制,以满足电子政务、电子商务、远程教育、远程医疗、分布式计算、数字图书馆及视频点播等不同应用的需求。

　　Internet 的广泛应用和网络技术的快速发展,使得网络计算技术将成为未来几年里重要的网络研究与应用领域。移动计算网络、网络多媒体计算、网络并行计算、网格计算、存储区域网络和网络分布式计算正在成为网络新的研究与应用的热点。

　　为了有效地保护金融、贸易等商业秘密,保护政府机要信息与个人隐私,网络必须具有足够的安全机制,以防止信息被非法窃取、破坏与损失。因此,随着社会生活对网络技术及基于网络的信息系统依赖的程度越高,人们对网络与信息安全的需求就越来越强烈。网络与信息安全的研究正在成为研究、应用和产业发展的重点问题,引起了社会的高度重视。

1.1.3　网络应用

　　在 Internet 上,人们除了可进行电子邮件传输外,还可以从事电子商务、电子政务、远程教学、远程医疗,也可以访问电子图书馆、电子博物馆、电子出版物,可以进行家庭娱乐等,它几乎渗透到人们生活、学习、工作、交往的各个方面,同时促进了电子文化的形成和发展。

1. 远程登录

　　远程登录(Telnet)是指在网络通信协议 telnet 的支持下,使用户的计算机暂时成为远程计算机终端的过程。一经登录成功后,在个人计算机与远程主机之间建立在线连接,用户便可以实时使用远程计算机对外开放的全部资源。

2. 电子邮件

　　电子邮件(E-mail)是 Internet 上应用范围最为广泛的服务,它是通过联网计算机与其他用户进行联络的快速、高效、价廉的现代化通信手段。只要知道收信人的 E-mail 地址,Internet 的用户就可以随时与世界各地的朋友进行通信。

3. 文件传输

　　文件传输是指在不同计算机系统间传输文件的过程,FTP(File Transfer Protocol,文件传输协议)是传输文件使用的协议。Internet 上的用户可以从授权的异地计算机上获取所需文件,这一过程称为"下载文件";也可以把本地文件传输到其他计算机上供他人使用,这一过程称为"上传文件"。对于公用的 FTP 服务器,凡是以匿名账号方式登录的,只能进行文件的下载操作而不能进行文件的上传操作。

4. 电子公告板

　　电子公告板(BBS)是 Internet 上的电子公告板系统,BBS 上开设了许多专题,供感兴趣的人士展开讨论、交流、疑难解答、开网络会议,甚至可以谈天说地,进行娱乐活动。全球有许多BBS 站点,不同的 Internet BBS 站点其服务内容差异很大,但都兼顾娱乐性、知识性和教育性。

5. 全球信息网

　　全球信息网(World Wide Web,WWW)是分布式超媒体系统,是融合信息检索技术与超文本技术而形成的使用简单、功能强大的全球信息系统,也是基于 Internet 的信息服务系统。它向用户提供一个多媒体的全图形浏览界面,如果想得到关于某一专题的信息,只要用鼠标在信息栏上一层一层地选择,就可以看到通过超文本链接的详细资料。

1.1.4　网络发展

面向信息化的 21 世纪,网络的基本目标是:继续建设国家信息基础设施(National Information Infrastructure,NII)和全球信息基础设施(Global Information Infrastructure,GII)。其总目标是实施数字地球计划,即任何人在任何地点、任何时间内可将文本、声音、图像、电视信息等各种媒体信息传递给在任何地点的任何人。

要实现上述目标,必须具有两个核心技术的支持,即微电子技术和光(通信)技术。微电子技术将使芯片的处理能力和集成度提高,依据摩尔定律,每 18 个月翻一番。目前微电子技术的发展正符合摩尔定律。光(通信)技术是对信息产业有着重要影响的另一支柱技术。Internet 的主干网全是由光纤组成的,依据新摩尔定律——光纤定律(Optical Law),Internet 频宽每 9 个月会增加一倍的容量,而其成本则降低一半。

光纤从产生到现在已经经过了四代,第四代光纤传输采用光波放大器,数据传输速率达 10~20 Gb/s。使用密集波分复用技术,光纤传输速率可达 100 Gb/s。

21 世纪是信息世纪,信息时代的网络也体现在计算机、通信、信息内容三种关键技术的融合,支持 NII 和 GII 最主要的技术也是计算机、通信和信息内容三个方面的技术。与信息技术密切相关依存的三网——电信网、计算机网(主要指 Internet)和有线电视网,在不久的将来会融为一体。

随着数字化技术的进步,话音、图像这些听视觉类媒体的数字化已经成为现实。多媒体计算机、海量存储技术、显示技术、软件技术、无线技术(如红外线技术)、宽带 CDMA 技术,能经济地提供以前只有固定网才能拥有的带宽。

为实现 NII 和 GII 的基本目标,必须首先发展宽带网,使之能提供传送宽带业务。以全光网为基础的信息高速信道在未来可提供无限量的信道空间。

宽带网的关键技术主要有宽带高速交换(如 ATM 交换、路由交换、光交换)技术、高速传送(如 SDH)技术和用户宽带接入技术。

以太网的数据传输速率正在不断地提高,从初期的 10 Mb/s 发展到目前的 10000 Mb/s,10 万兆的以太网正在研究中。以 IP 技术为基础的宽带网技术也正在开发和完善之中。Ipv6 的制定和实施,将使现有的 Ipv4 网络过渡到 Ipv6 时代,彻底解决 Ipv4 地址枯竭问题。

宽带的综合管理也是目前宽带网中的一个热点问题。由于当前各种交换网、传输网和支撑网均有各自的网络管理系统,如何对其实施综合管理,是科学家们急需解决的问题。

以软交换技术为基础的 NGN 和 IP 电信网也是一个研究的热点,目前正在发展和试用中。

通用个人化通信(Universal Personal Telecommunications,UPT)是 21 世纪一种引人注目的先进通信方式。个人化通信是指任何人可在任何时间与任何地点的人(或机)以任何方式进行任何可选业务的通信。个人化通信系统以先进的移动通信技术为基础,通过个人通信号码(Personal Telecommunications Number,PTN)识别使用者而不是通信设备,利用智能网使系统内的任何主叫无需知道对方在何处,就能自动寻址、接续到被叫。

具有自主知识产权的第三代(3G)蜂窝移动通信系统已经走向市场,为我们提供更优质、全面的移动服务。特别是 3G 系统支持移动 IP 服务,使我们的通信更加个人化。融合无线技术、移动技术和宽带技术于一体的第四代(4G)蜂窝移动通信系统已经进入市场,第四代移动通信系统可提供高达 25 Mb/s 的接入速度。

当前,Internet 信息安全正受到严重的威胁,威胁主要来自于病毒(Virus)和黑客(Hacker)攻击。为使网络安全、可靠地运行,必须对网络实施完整的安全保障体系,使网络具有保护功能、检测机制以及对攻击的反应和事件恢复的能力。

下一代 Internet 是指比现行的 Internet 具有更快的传输速率,更强的功能,更安全和更多的网址,能基本达到信息高速公路计划目标的新一代 Internet。

1.2　计算机网络的定义与功能

1.2.1　计算机网络的定义

计算机网络是指将分布在不同地理位置上的具有独立功能的多个计算机系统,通过通信设备和通信线路相互连接起来,在网络软件的管理下实现数据传输和资源共享的系统。也就是说,计算机网络是一个互联自治的计算机集合。

1.2.2　计算机网络的功能

计算机网络可提供许多功能,最主要的功能是数据通信和资源共享。

1. 数据通信

数据通信是计算机网络最基本的功能。计算机网络用来快速传送计算机与终端、计算机与计算机之间的各种信息,包括文字信件、新闻消息、咨询信息、图片资料、报纸版面等。利用这一特点,可实现将分散在各个地区的单位或部门用计算机网络联系起来,进行统一的调配、控制和管理,如铁路的自动订票系统、银行的自动柜员机存取款系统。

2. 资源共享

“资源”指的是网络中所有的软件、硬件和数据资源。“共享”指的是网络中的用户都能够部分或全部地享有这些资源。例如,某些地区或单位的数据库(如飞机票、饭店客房等)可供全网使用;某些单位设计的软件可供需要的地方有偿调用或办理一定手续后调用;一些外部设备如打印机,可面向用户,使不具有这些设备的地方也能使用这些硬件设备。如果不能实现资源共享,各地区都需要有完整的一套软、硬件及数据资源,这将大大地增加全系统的投资费用。

3. 提高计算机的可利用性

有了网络,计算机可互为备份,当其中一台计算机中的数据丢失后可从另一台计算机中恢复;网络中的计算机都可成为后备计算机,当一台计算机出现故障,可使用其他计算机代替;当某条通信线路不通,可以取道另一条线路。

4. 集中管理

可以通过计算机网络将分布于各地计算机上的信息,传到服务器上集中管理,实现计算机资源分散,而管理却集中。

5. 实现分布式处理

网络技术的发展,使得分布式计算成为可能。对于大型的课题,可以分为许许多多的小题目,由不同的计算机分别完成,然后再集中起来,解决问题。

6. 负荷均衡

负荷均衡是指工作被均匀地分配给网络上的各台计算机系统。网络控制中心负责分配和检测,当某台计算机负荷过重时,系统会自动转移负荷到较轻的计算机系统去处理,以减少延迟,提高效率,充分发挥网络系统上各主机的作用。

7. 网络服务

网络服务是在网络软件的支持下为用户提供的网络服务,如文件传输、远程文件访问、电子邮件等。由此可见,计算机网络可以大大扩展计算机系统的功能,扩大其应用范围,提高可靠性,为用户提供方便,同时也减少了费用,提高了性能价格比。

1.3　计算机网络的组成

从物理结构来看,计算机网络是由网络硬件和网络软件两大部分组成;而从逻辑结构来看,计算机网络由通信子网和资源子网组成。

1.3.1　计算机网络的硬件系统

网络硬件是计算机网络系统的物质基础。构成一个计算机网络系统,首先要将计算机及其附属硬件设备与网络中的其他计算机系统连接起来,实现物理连接。随着计算机技术和网络技术的发展,网络硬件日趋多样化,且功能更强、结构更复杂。计算机网络的硬件系统由计算机系统、通信线路和通信设备所组成。

1. 计算机系统

由于计算机网络中至少有两台具有独立功能的计算机系统,因此计算机系统是组成计算机网络的基本模块,它是被连接的对象,其主要作用是负责数据信息的收集、整理、存储和传送。此外,它还可以提供共享资源和各种信息服务。计算机网络中连接的计算机系统可以是巨型机、大型机、小型机、工作站和微机,以及移动电脑或其他数据终端设备等。

2. 通信线路

通信线路是指连接计算机系统和通信设备的传输介质及其连接部件,即数据通信系统。传输介质包括同轴电缆、双绞线、光纤及微波和卫星等,介质连接部件包括水晶头、T型头、光纤收发器等。

3. 通信设备

通信设备是指网络连接设备和网络互联设备,包括网卡、集线器(HUB)、中继器(Repeater)、交换机(Switch)、网桥(Bridge)、路由器(Router)及调制解调器(Modem)等其他通信设备。

通信线路和通信设备是连接计算机系统的桥梁,是数据传输的通道。通信线路和通信设备负责控制数据的发出、传送、接收或转发,包括信号转换、路径选择、编码与解码、差错校验、通信控制管理等,以便完成信息的交换。

1.3.2　计算机网络的软件系统

计算机网络的软件系统是实现网络功能所不可缺少的软环境,是支持网络运行、提高效益和开发网络资源的工具。网络软件通常包括网络操作系统、网络协议软件、网络数据库管理系统和网络应用软件。

1. 网络操作系统

网络操作系统(Network Operating System,NOS)是运行在网络硬件基础之上的,为网络用户提供共享资源管理服务、基本通信服务、网络系统安全服务及其他网络服务的软件系统。

在网络软件中,网络操作系统是核心部分,它决定网络的使用方法和使用性能,其他应用软件系统需要网络操作系统的支持才能运行。

目前国内用户较熟悉的网络操作系统有:Netware、Windows 2000/2003、OS/2 Warp、Unix 和 Linux 等,它们在技术、性能、功能方面等各有所长,可以满足不同用户的需要,且支持多种协议,彼此间可以相互通信。

网络操作系统主要由以下几部分组成。

1)服务器操作系统

服务器操作系统是指运行在服务器硬件上的操作系统。服务器操作系统需要管理和充分利用服务器硬件的计算能力并提供给服务器硬件上的软件使用。

服务器操作系统与运行在工作站上的单用户操作系统(如 Windows XP 等)或多用户操作系统(如 Unix)由于提供的服务类型不同而有差别。一般情况下,服务器操作系统是以使网络相关特性最佳为目的的。

2)网络服务软件

网络服务软件是运行在服务器操作系统之上的软件,它提供了网络环境下的各种服务功能。

3)工作站软件

工作站软件是指运行在工作站上的软件。它把用户对工作站操作系统的请求转化成对服务器的请求,同时也接收和解释来自服务器的信息,并转化为本地工作站所能识别的格式。

2. 网络协议软件

连入网络的计算机是依靠网络协议实现相互间通信的,而网络协议是靠具体的网络协议软件的运行支持才能工作。一个好的网络操作系统允许在同一服务器上支持多种传输协议,如 TCP/IP、IPX/SPX 和 NetBEUI 等。

3. 网络数据库管理系统

网络数据库管理系统可以看作网络操作系统的助手或网上的编程工具。通过它可以将网上各种形式的数据组织起来,科学、高效地进行存储、处理、传输和使用。目前国内比较熟悉的网络数据库管理系统有 SQL Server、Oracle 等。

4. 网络应用软件

根据用户的需要而开发的满足用户要求的软件,如物流管理系统、POS 系统等。

1.3.3　通信子网和资源子网

按照计算机网络的系统功能,计算机网络可分为资源子网和通信子网两大部分,如图 1-1 所示。

资源子网主要负责全网的信息处理,为网络用户提供网络服务和资源共享功能等。它主要包括网络中所有的计算机、I/O 设备、终端,各种网络协议、网络软件和数据库等,主要是由网络的服务器和工作站组成。

通信子网主要负责全网的数据通信,为网络用户提供数据传输、转接、加工和变换等通信处理工作。它主要包括通信线路(即传输介质)、网络连接设备(如网络接口设备、通信控制处理机、网桥、路由器、交换机、网关、调制解调器、卫星地面接收站等)、网络通信协议和通信控制软件等。

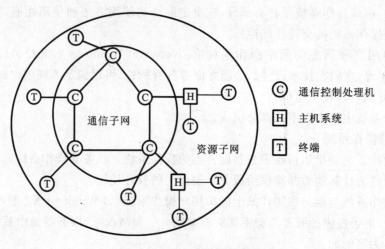

图 1-1　资源子网和通信子网

1.4　计算机网络的拓扑结构和分类

拓扑学是几何学的一个分支，它将物体抽象为与其大小无关的点，将连接物体的线路抽象为与距离无关的线，进而研究点、线、面之间的关系。网络的拓扑结构是用网络的节点与线的几何关系来表示网络结构。

1.4.1　计算机网络拓扑分类

计算机网络拓扑结构有许多种，下面介绍最常见的几种。

1. 总线型拓扑结构

总线型拓扑结构如图 1-2 所示。这种结构是采用一条单根的通信线路（总线）作为公共的传输通道，所有节点都通过相应的接口直接连接到此通信线路上，网络中所有的节点都是通过总线进行信息传输的。

2. 星型拓扑结构

星型结构采用集中控制方式，如图 1-3 所示。各站点通过线路与中央节点相连，中央节点对各设备间的通信和信息交换进行集中控制和管理。其中央节点相当复杂，而各个节点的通信处理负担都较小，因此，此种结构的网络对中央节点要求有很高的可靠性。

3. 环型拓扑结构

环型拓扑结构如图 1-4 所示。这种结构是将各节点通过一条首尾相连的通信线路连接起来而形成的一个封闭环，且数据只能沿单方向传输。环型拓扑结构有两种类型：单环结构和双环结构。

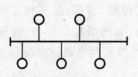

图 1-2　总线型拓扑结构

图 1-3　星型拓扑结构

图 1-4　环型拓扑结构

环型结构的网络结构简单,系统中各工作站地位相等,建网容易。

4. 树型拓扑结构

树型拓扑结构是从总线型或星型演变而来的。它有两种类型:一种是由总线型拓扑结构派生出来的,它由多条总线连接而成,传输媒体不构成闭合环路而是分支电缆;另一种是星型拓扑结构的扩展,各节点按一定的层次连接起来,信息交换主要在上、下节点之间进行。在树型拓扑结构中,顶点有一个根节点,它带有分支,每个分支还可以有子分支,其几何形状像一棵倒置的树,故得名树型拓扑结构,如图 1-5 所示。

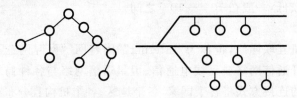

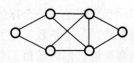

图 1-5　树型拓扑结构　　　　　　　　　　图 1-6　混合型拓扑结构

5. 混合型拓扑结构

混合型拓扑结构是由以上几种拓扑结构混合而成的,混合型拓扑结构又称完整结构。它是节点间可以任意连接的一种拓扑结构,即节点之间连接不固定,拓扑结构图无规则,如图1-6所示。一般每个节点至少与其他两个节点相连。

6. 计算机网络拓扑结构的选择

不管是局域网还是广域网,选择其拓扑结构,需要考虑如下因素:

(1) 网络既要易于安装,又要易于扩展;

(2) 网络的可靠性是选择的重要因素,要易于故障诊断和隔离,以使网络的主体在局部发生故障时仍能正常运行;

(3) 网络拓扑的选择还会影响传输媒体的选择和媒体访问控制方法的确定,这些因素又会影响各个站点的运行速度和网络软、硬件接口的复杂性。

总之,一个网络的拓扑结构,应根据需求,综合诸因素作出合适选择。

1.4.2　计算机网络的分类

计算机网络的分类方法有许多种,最常见的一种分类方法是按网络覆盖的地理范围分类。

1. 按网络覆盖的地理范围分类

按网络覆盖的地理范围进行分类,计算机网络可以分为局域网、城域网和广域网 3 种类型。

1) 局域网

局域网(Local Area Network,LAN)是指局限在 10 km 范围的一种小区域内使用的网络。它配置容易,微机相对集中。局域网具有传输速率高(10 Mb/s～10 Gb/s)、误码率低、成本低、容易组网、易维护、易管理、使用方便灵活等特点。局域网一般位于一个建筑物或一个单位内,不存在寻径问题,不包括网络层,目前被广泛应用于连接校园、企业以及机关的个人计算机或工作站,以利于彼此共享资源和数据通信。局域网网络结构一般比较规范,传送误码率较低,一般在 10^{-10}～10^{-6} 之间。

2) 城域网

城域网(Metropolitan Area Network,MAN)主要是由城市范围内的各局域网之间互联而成的,形成专用的网络系统。其覆盖范围一般为 $10 \sim 100$ km,采用 IEEE 802.6 标准,传输速率为 $50 \sim 100$ Kb/s,如果采用光纤传输,速率为 $10 \sim 100$ Mb/s。传送误码率小于 10^{-6}。

3) 广域网

广域网(Wide Area Network,WAN)又称远程网,是一种远距离的计算机网络,其覆盖范围远大于局域网和城域网,通常可以覆盖一个省、一个国家,可以从几十千米到几千千米。由于距离远,信道的建设费用高,因此很少有单位像局域网那样铺设自己的专用信道,通常是租用电信部门的通信线路,如长途电话线、光缆通道、微波及卫星等。网络结构不规范,可以根据用户需要随意组网。其传送误码率比较低,一般在 $10^{-5} \sim 10^{-3}$ 之间。

4) 互联网

国际互联网是一个全球性的计算机互联网络,也称为"Internet""因特网""网际网"或"信息高速公路"等,它是数字化大容量光纤通信网络或无线电通信、卫星通信网络与各种局域网组成的高速信息传输通道。它以松散的连接方式将各个国家、各个地区、各个机构且分布在世界每个角落的局域网、城域网和广域网连接起来,组成的目前世界上最大的计算机通信信息网络,它遵守 TCP/IP 协议。对于 Internet 中各种各样的信息,所有人都可以通过网络的连接来共享和使用。

2. 按网络的拓扑结构分类

按网络的拓扑结构分类,计算机网络可以分为总线型、星型、环型、树型和混合型网络。例如,以总线拓扑结构组建的网络称为总线型网络,以星型拓扑结构组建的网络称为星型网络。

3. 按信息交换方式分类

按照网络中信息交换的方式,计算机网络可以分为电路交换网、分组交换网、报文交换网、帧中继交换网、信元交换网等。Internet 是分组交换网,ATM 是信元交换网。

4. 按使用范围分类

按照网络使用范围划分,计算机网络可以分为公共网和专用网。

小　结

计算机网络是计算机技术与通信技术相结合的产物。它是将分布在不同地理位置上的具有独立功能的多个计算机系统,通过通信设备和通信线路相互连接起来,在网络软件的管理下实现数据传输和资源共享的系统。

计算机网络是由资源子网和通信子网组成的,其主要功能是资源共享和数据通信。计算机网络的拓扑结构有总线型、星型、环型、树型、混合型。根据网络覆盖范围与规模分类,计算机网络可以分为局域网、城域网和广域网。目前,计算机网络研究与应用的主要问题是 Internet 技术及应用、高速网络技术与信息安全技术。移动计算网络、网络多媒体计算、网络并行计算与网络分布式计算正成为网络新的研究与应用的热点。

习　题

一、单项选择

1. 下列哪一项属于网络软件? _____

A. TCP/IP　　　　　　B. IP 地址　　　　　　C. DOS 操作系统　　　　D. Modem

2. 网络是分布在不同地理位置的多个独立的_____的集合。

A. 局域网系统　　　B. 多协议路由器　　　C. 操作系统　　　D. 自治计算机

3. 建设宽带网络的两个关键技术是骨干网技术和_____。

A. Internet 技术　　B. 接入网技术　　　C. 分组交换技术　　D. 局域网技术

4. 计算机网络与多机系统的主要区别是_____。

A. 结构复杂程度　　B. 带宽　　　C. 覆盖范围　　　D. 耦合度

5. 计算机网络中实现互联的计算机之间是_____进行工作的。

A. 并行　　　B. 相互制约　　　C. 串行　　　D. 独立

6. 一座大楼内的一个计算机网络系统,属于_____。

A. LAN　　　B. MAN　　　C. WAN　　　D. PAN

7. 下面哪一项是局域网的特征_____。

A. 分布在一个较广阔的地理范围之内

B. 连接物理上相近的设备

C. 提供给用户一个高带宽的访问环境

D. 速率高

8. 下列哪一项不是 ARPAnet 的主要特点?_____

A. 资源共享　　　B. 分散控制　　　C. 分组交换　　　D. 集中控制

9. 最早的计算机分组交换网是_____。

A. Internet　　　B. ARPAnet　　　C. Nfnet　　　D. Ethernet

10. 目前,_____结构是局域网中最常用的拓扑结构。

A. 环型网络　　　B. 树型网络　　　C. 网状网络　　　D. 星型网络

11. 根据计算机网络覆盖的地理范围来分,网络可分为局域网、城域网和_____。

A. Internet　　　B. WAN　　　C. MAN　　　D. LAN

12. 计算机系统以通信子网为中心,通信子网处于网络的_____。

A. 前端　　　B. 内层　　　C. 外层　　　D. 中层

13. 计算机网络中可以共享的资源包括_____。

A. 硬件、软件、数据、通信信道　　　　B. 主机、外设、软件、通信信道

C. 硬件、程序、数据、通信信道　　　　D. 主机、程序、数据、通信信道

14. 对局域网来说,网络控制的核心是_____。

A. 工作站　　　B. 网卡　　　C. 网络服务器　　　D. 网络互联设备

二、填空题

1. 计算机网络是现代_____技术与_____技术密切结合的产物。

2. 通信子网主要由_____和_____组成。

3. 局域网常用的拓扑结构有总线、_____、_____三种。

4. 计算机网络按网络的作用范围可分为_____、_____和_____三种。

5. 局域网的英文缩写为_____,城域网的英文缩写为_____,广域网的英文缩写为_____。

6. 计算机网络的功能主要表现在硬件资源共享、_____、_____。

7. 决定局域网特性的主要技术要素为_____、_____、_____。

三、问答题

1. 什么是计算机网络？

2. 计算机网络的发展可分为哪几个阶段？各阶段的特点是什么？

3. 什么是多机系统？它与分布式计算机系统的区别是什么？

4. 计算机网络系统的拓扑结构有哪些？它们各有什么优缺点？

5. 通信子网与资源子网分别由哪些主要部分组成？其主要功能是什么？

第2章 数据通信基础知识

2.1 基本概念

2.1.1 信息、数据和信号

通信的目的是为了交换信息，信息一般指数据、消息中所包含的意义。信息的载体可以包含语音、音乐、图形图像、文字和数据等多种媒体。计算机的终端产生的信息一般是字母、数字和符号的组合。为了传送这些信息，首先要将每一个字母、数字或括号用二进制代码表示。

ASCII 码是美国信息交换标准代码，ASCII 码用 7 位二进制数来表示一个字母、数字或符号。任何文字，比如一段新闻信息，都可以用一串二进制 ASCII 码来表示。对于数据通信过程，只需要保证被传输的二进制代码在传输过程中不出现错误，而不需要理解传输的二进制代码所表示的信息内容。被传输的二进制代码称为数据（Data）。

信号是数据在传输过程中的表示形式。在通信系统中，数据以模拟信号或数字信号的形式由一端传输到另一端。模拟信号和数字信号如图 2-1 所示。模拟信号是一种波形连续变化的电信号，它的取值可以是无限个，如语音信号；而数字信号是一种离散信号，它的取值是有限的，在实际应用中通常以数字"1"和"0"表示两个离散的状态。计算机、数字电话和数字电视等处理的信号都是数字信号。

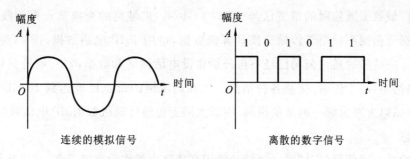

图 2-1　模拟信号和数字信号

2.1.2 数据通信及数据通信网

1. 数据通信

数据通信是计算机与计算机或计算机与终端之间的通信。它传送数据的目的不仅是为了交换数据,更主要是为了利用计算机来处理数据。可以说,它是将快速传输数据的通信技术和数据处理、加工及存储的计算机技术相结合,从而给用户提供及时准确的数据。自从有了数据通信,不仅解决了大量数据的传输、转接和高速处理问题,提高了计算机的利用率,而且显著扩大了计算机的应用范围,使计算机系统的能力得以充分发挥。

2. 数据通信网

传输交换数据的通信网络称为数据通信网络。数据通信网传输交换的信息用"0"、"1"表示,传输交换的数据单元是一个个的数据包,在不同的数据通信网络中,数据包称为报文、分组、数据帧、信元等。

电报网络是最早的数据通信网络,在计算机网络出现之前,电报网络也用于传输计算机数据。初期的电报通信是点对点的通信,在发明使用电报交换机之后,建立了自动电报交换网络。电报网络传输交换的数据单元是一个个的数据块,这些数据块称为"报文",报文由报头和数据两部分组成。

最早的计算机网络 ARPAnet 采用了分组交换技术,分组交换网传输交换的数据单元是"分组"。分组是比报文更短的数据块。每个分组由头部和数据两部分组成。

随着 Internet 的数据量剧增,分组交换网远不能满足要求,于是带宽更宽、时延更小的 ATM 交换网络投入运行。ATM 网络传输交换的数据单元称为"信元",每个信元有 5 B 的头部和 48 B 的数据。

近年来,数据通信网节点交换机采用线速路由器,直接运行 IP 协议。数据通信网传输交换的数据单元是"IP 报文",IP 报文由报文头部和数据组成。IP 协议是 Internet 的支撑协议,使用 IP 协议的数据通信网络能与 Internet 无缝连接。

3. IP 信息网络

早期的数据通信网络的节点交换机采用存储转发方式,转发时延比较大,链路带宽也不宽,因此只能用于非实时的数据传输。随着光纤链路的应用和高速路由器应用于数据通信网,我国现在的广域数据通信网的带宽已经达到 40 Gb/s。广域网的交换节点采用线速路由器。现在广域数据通信网不但用于传输交换计算机数据,也用于 IP 电话数据、IPTV 视频数据的传输和交换。一些新的通信公司已经不再分别建设电话网络和数据网络,而是只建设一个统一的 IP 信息网络,用于传输、交换各种信息。现在局域网的带宽已经达到 10 Gb/s。一些企业、学校建立以太网为统一的通信网络,在以太网上传输计算机数据、IP 电话数据、IPTV 数据及其他信息。

现在新的数据通信网(广域网、城域网)使用高速路由器作为交换设备,直接运行 IP 协议,传输交换 IP 数据报,用 IP 数据报承载各种信息。局域网虽不直接运行 IP 协议,但能很好地支持 IP 协议,IP 数据报被封装在局域网的数据帧中传输、交换。数据通信网络的各个数据终端将计算机数据、语音数据、视频数据及其他数据封装为 IP 数据报交给网络传输、交换。数据通信网执行 IP 协议,传输交换 IP 数据报,这样的数据通信网称为 IP 信息网络,如图 2-2 所示。

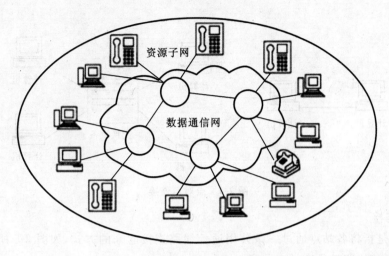

图 2-2　传输多种信息的 IP 信息网络

2.2　数 据 传 输

2.2.1　数据传输方式

按照数据在传输信道上的流向,数据通信可以分为单工通信、半双工通信和全双工通信。

在单工通信方式中,信号只能向一个方向传输,任何时候都不能改变信号的传输方向,即信号的发送端和接收端是固定的,如图 2-3(a)所示。单工通信采用两线制。无线广播和电视广播都是单工通信。

在半双工通信方式中,信号可以双向传送,但在同一时刻,信号只能向一个方向传送,即信号传送是交替进行的,如图 2-3(b)所示。无线对讲采用的是半双工通信。

在全双工通信方式中,通信双方可以同时发送和接收,通信双方都具有发送器和接收器,通信的效率和传输速率高,如图 2-3(c)所示。电话采用的是全双工通信。

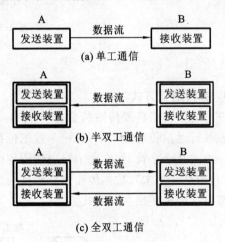

图 2-3　数据通信传输模式

2.2.2　通信线路连接方式

在数据通信的发送端和接收端之间,可以采用不同的线路连接方式,常用的有以下两种。

1. 点对点连接

点对点连接就是在发送端和接收端之间采用一条线路连接,使用的线路可以是专用线路、租用线路或交换线路的连接方式,如图 2-4 所示。

点对点通信连接方式具有结构简单、容易控制等优点,适合于传送信息量大、传输速率要求高的场合。

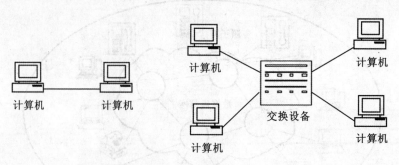

图 2-4　点对点连接

2. 多点连接

多点连接是指将各站点通过一条公用通信线路连接起来的方式,如图 2-5 所示。在多点连接方式中,通信线路被所有站点共享。

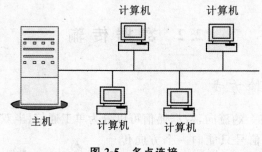

图 2-5　多点连接

2.2.3　数据通信方式

1. 并行通信方式

并行通信是指将要传输的数据分成组,组中的各位用多条线同时进行传输,如图 2-6 所示。在并行通信传输方式中,每一个数据位都有自己的数据传输线。并行传输速度快,一次可传输一个或几个字符,但它比串行通信所用的电缆多,因而其通信成本较高,常用在传输距离较短(几米至几十米)、数据传输速率较高的场合。一般计算机内部或计算机与外围设备间的短距离数据传输使用并行方式。

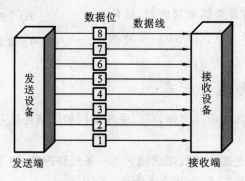

图 2-6　并行通信方式

2．串行通信方式

串行通信是指数据在一条信道上一位一位地依次传输,每一位数据占据一个固定的时间长度,如图 2-7 所示。其只要少数几条线就可以在系统间交换信息,特别适用于计算机与计算机、计算机与外设之间的远距离通信,但串行通信的传输速率比较慢。串行通信的特点是收、发双方只需要一条传输信道,易于实现,成本低,但传输速率比较低。目前计算机网络中普遍采用串行通信方式。

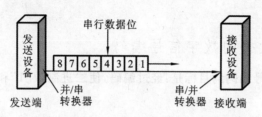

图 2-7　串行通信方式

3．基带传输

在信道上,数据是由变化的信号携带的,这些信号的变化表现为一定的频率特征。通常将由计算机或终端产生的未经调制过的呈矩形的方波信号所固有的频率范围称为基本频带,简称基带。数据被直接转换成原始的电信号,称为基带信号。在数字通信信道中,直接传输基带信号,称为基带传输。传输基带信号的信道称为基带信道。

基带传输原理:在发送端,将计算机中的二进制数据经编码转换器转换为适合在信道上传输的基带信号;在接收端,经解码器将基带信号还原成与发送端相同的数据。基带传输适合于近距离的传输。

4．频带传输

频带传输是指将数字信号变成一定频率范围内的模拟信号,在某一频带内传送的方式,即利用模拟信道实现数字信号的传输。

频带传输原理:在发送端将数字信号调制成一定频率的载波信号,载波信号经模拟信道传输到接收端,接收端再将载波信号解调成数字信号。频带传输方式的通信过程如图 2-8 所示。

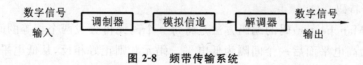

图 2-8　频带传输系统

2.2.4　数据同步

1．位同步

位同步是指接收端和发送端的二进制位信号在时间上一致,因此接收端要有一个位同步脉冲序列,作为位时钟的定时信号,这个序列中的脉冲位置和发送端的信号位开始时间和终止时间要保持一致,从而实现发送端信号和接收端信号同步的目的。这样接收端就能确定从哪个时间起到哪个时间止为一个二进制位。根据这一信号的波形,就能区别该位是"0"或"1"。

2．字符同步

字符同步是指在发送的字符前面增加一个起始位,字符的后面插入一个或两个终止位,这样当每个字符的起始位到达接收端以后,就启动接收端的调制解调器工作,然后在起始位和终止位之间均分成几份,每一份就是一个二进制位。因为发送一个字符就要发送起始位,所以传输效率有所损失。字符同步方式也称为异步同步方式。

2.3 数据编码

为了使信号便于传输,往往要对信号进行编码。信号的编码是用数字信号或模拟信号表示二进制数码的方法。

2.3.1 数字数据的数字信号编码

数字数据的数字信号编码的目标是:经过编码,使二进制数"1"和"0"的特性有利于传输,如图 2-9 所示。

图 2-9 数字数据的数字信号编码

数字信号的编码方法是用脉冲信号的不同组合来表示二进制数码的方法。在数字信号编码中的码元与时钟信号同步。常用的数字信号编码有以下几种方法。

(1) 不归零码。

不归零(Non Return to Zero,NRZ)码的编码方法是用高电压表示逻辑"1",低电压表示逻辑"0",而且在一个码元时间内,电压总是不归零,如图 2-10(a)所示。NRZ 的缺点是,当连续出现"1"或"0"时,难以分辨相邻位之间的界定,使发送方和接收方之间不能保持同步,需采用其他方法才能保持收发同步。

(2) 不归零见一反转码。

不归零见一反转(Non Return to Zero Invert,NRZI)码是 NRZ 码的变种,如图 2-10(b)所示。其编码规则为:二进制数"1",在每个周期开始时进行电平的转换,即低到高或高到低的转换;二进制"0",在每个周期开始时无电平转换。

(3) 曼彻斯特码。

曼彻斯特(Manchester)码的编码方法是将每一个码元再分成两个相等的间隔。码元 1 是在前一个间隔为高电平而后一个间隔为低电平。码元 0 则正好相反,从低电平变到高电平,如图2-10(c)所示。曼彻斯特码的信号电压的跳变发生在一个码元的中间位置,这有利于发送和接收之间保持同步,因此这种编码又称为自同步编码。

(4) 差分曼彻斯特码。

差分曼彻斯特(Differential Manchester)码的编码方法是:若码元为 1,则其前半个码元的电平与上一个码元的后半个码元的电平一样;若码元为 0,则其前半个码元的电平与上一个码元的后半个码元的电平相反,如图 2-10(d)所示。无论码元是 1 或 0,在每个码元的正中间时刻,一定要有一次电平的转换。

曼彻斯特码和差分曼彻斯特码都是归零码(RZ),其特点是:自同步;无直流分量;差错检测;最大调制率是 NRZ 的两倍。在 10 Mb/s 的以太网中,使用曼彻斯特码;在标记环网中,使用差分曼彻斯特码。

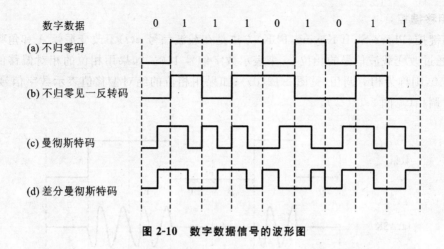

图 2-10　数字数据信号的波形图

2.3.2　数字数据的调制编码

调制(Modulate)：在发送端，将数字信号变换成能在模拟信道上传输的模拟信号，其过程称为调制。

解调(Demodulate)：在接收端，将模拟信号还原成数字信号的过程称为解调。

调制解调器(Modem)：实现数字信号和模拟信号转换的设备，称为调制解调器。

在数据通信过程中，若发送端和接收端以双工方式进行通信，则需要一个调制解调器。图 2-11 所示的是计算机通过调制解调器进行通信的过程。

图 2-11　计算机通过 Modem 进行通信的过程

由于模拟信号是具有一定频率的连续载波信号，可用下式表示其载波，即

$$u(t) = A\sin(\omega t + \varphi_0)$$

式中：A 为波形的幅度；ω 为角频率；φ_0 为波形的相位；t 为时间。

因此，在载波 $u(t)$ 中，可以根据 A、ω、φ_0 三个可改变的量，来实现模拟信号的编码。

数字数据调制的基本方法有：频移键控(FSK)、幅移键控(ASK)和相移键控(PSK)三种。图 2-12 所示的是对数字数据"0100110"使用不同调制方法后的波形。

1. 幅移键控

幅移键控(Amplitude-Shift Keying，ASK)方法是通过改变载波信号振幅来表示数字信号的 0 和 1。例如，可以用载波幅度为 A 表示数字 1，而用载波幅度为 0 表示数字 0，载波信号的参数 ω 和 φ_0 不变。ASK 信号波形如图 2-12(a)所示。

幅移键控 ASK 信号实现容易，技术简单，但抗干扰能力较差。

2. 频移键控

频移键控(Frequency-Shift Keying，FSK)方法是在载波信号 $u(t)$ 不改变振幅 A 和相位 φ_0 的情况下，通过改变载波信号的频率 ω 来表示数字信号 1、0。例如，可以用角频率 ω_1 表示数字 1，而用角频率 ω_2 表示数字 0。FSK 信号波形如图 2-12(b)所示。

频移键控信号实现容易，技术简单，抗干扰能力较强，是目前最常用的调制方法之一。

3. 相移键控

相移键控(Phase-Shift Keying,PSK)方法是在载波信号 $u(t)$ 不改变振幅 A 和角频率 ω 的情况下,通过改变载波信号的相位 φ_0 来表示数字信号 1、0。如果用相位的相对偏移值表示数字信号 1、0,则称为相对调相(见图 2-12(d));如果用相位的绝对偏移值表示数字信号 1、0,则称为绝对调相(见图 2-12(c))。

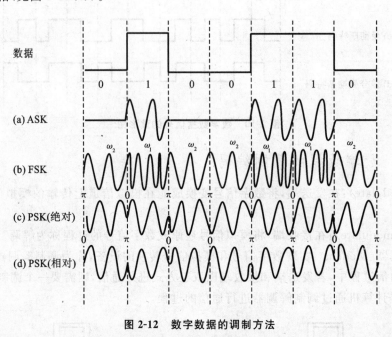

图 2-12　数字数据的调制方法

2.3.3　模拟数据的数字信号编码

由于数字信号在信道传输过程中具有失真小、误码率低和传输速率高等特点,因此常将模拟信号进行数字化,实现模拟信号的数字传输,提高传输质量。模拟信号的数字编码通常采用脉冲编码调制方法(PCM),简称脉码法。模拟信号数字化编码过程包括采样、量化和编码三个步骤,如图 2-13 所示。

图 2-13　模拟数据的编码方法

1. 采样

每隔一定的时间,以采样频率 F_s 把模拟信号值取出,即把时间上连续的模拟信号转换成时间上离散的采样信号。

采样定理:若采样频率 $F_s \geq 2F_{max}$(F_{max} 为最高频率或带宽),则采样后的离散序列可无失真地恢复出原始的连续模拟信号。

2. 量化

将所采样的值转换成整数值,形成离散的整数值序列,即使连续的模拟信号变为时间轴上的离散值。

3. 编码

由于整数都可以转换成对应的二进制数,因此将离散的整数值转换成相应的二进制数码。

例如,声音的带宽为 4000 Hz,采样速率为 8000 次/秒,用 8 位二进制编码,则信道的数据传输速率为 8 b×8000/s＝64000 b/s＝64 Kb/s。

2.4 信道复用技术

为了提高传输媒介的利用率,降低成本,提高有效性,人们提出了复用问题。多路复用是指在数据传输系统中,允许两个或两个以上的数据源共享一条公共传输媒介,就像每个数据源都有它自己的信道一样。所以,多路复用是一种将若干个彼此无关的信号合并为一个能在一条公共信道上传输的复合信号的方法。

信道复用(又称多路复用)技术是指在同一传输介质上"同时"传送多路信号的技术。因此,多路复用技术也就是在一条物理信道上建立多条逻辑通信信道的技术。

多路复用技术的实质就是共享物理信道,更加有效地利用通信线路。

信道复用工作原理:首先,将一个区域的多个用户信息通过多路复用器(MUX)汇集到一起;然后,将汇集起来的信息群通过一条物理线路传送到接收设备的复用器;最后,接收设备端的多路复用器再将信息群分离成单个的信息,并将其一一发送给多个用户。这样就可以利用一对多路复用器和一条物理通信线路来代替多套发送设备、接收设备和多条通信线路。多路复用技术的工作原理如图2-14所示。

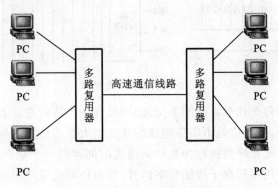

图 2-14 多路复用技术的工作原理

常用的多路复用技术有:频分多路复用(Frequency Division Multiplexing,FDM)、时分多路复用(Time Division Multiplexing,TDM)、波分多路复用(Wavelength Division Multiplexing,WDM)和码分多路复用(Code Division Multiplexing,CDM)等。

2.4.1 频分多路复用

频分多路复用(FDM)就是按照频率区分信号的方法,即将具有一定带宽的信道分割为若干个有较小频带的子信道,每个子信道供一个用户使用,这样在信道中就可同时传送多个不同频率的信号。被分开的各子信道的中心频率不相重合,且各信道之间留有一定的空闲频带(也叫保护频带),以保证数据在各子信道上的可靠传输。频分多路复用实现的条件是信道的带宽远远大于每个子信道的带宽,如每个子信道的信号频率在几十、几百或几千赫兹,而共享信道的频率则在几百兆赫兹或更高。如图 2-15 所示,输入 N 路具有相同带宽 W 的数据,线路上的频带是每个数据源的带宽的 N 倍以上,将线路的频带划分成 N 个带宽大于 W 且互不重叠的窄频带,分别作为 N 路输入数据源的子信道。在接收端的分离设备则利用已调信号的不同频

图 2-15 频分多路复用

段将各路信号分离出来,恢复为 N 路输出数据。

频分多路复用技术适用于模拟信号。例如,将频分多路复用技术用在电话系统中,传输的每一路语音信号的频谱一般在 300~3000 Hz,通常双绞线电缆的可用带宽是 100 kHz,因此,在同一对双绞线上可采用频分复用技术传输多达 24 路的电话信号。

2.4.2 时分多路复用

时分多路复用(TDM)是将传输时间划分为许多个短的互不重叠的时隙,而将若干个时隙组成时分复用帧,用每个时分复用帧中某一固定序号的时隙组成一个子信道,每个子信道所占用的带宽相同,如图 2-16 所示。

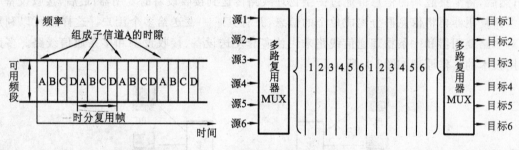

图 2-16 时分多路复用

时分多路复用利用每个信号在时间上交叉,可以在一个传输通道上传输多个数字信号,这种交叉可以是位一级的,也可以是由字节组成的块或更大量的信息。与频分多路复用类似,专门用于一个信号源的时间片序列被称为是一条通道时间片的一个周期(每个信号源一个),也称为一帧。时分多路复用不局限于传输数字信号,模拟信号也可以同时交叉传输。另外,对于模拟信号,时分多路复用和频分多路复用结合起来使用也是可能的。一个传输系统可以频分许多条通道,每条通道再用时分多路复用来细分。

TDM 又分为同步时分复用(Synchronous Time Division Multiplexing,STDM)和异步时分复用(Asynchronous Time Division Multiplexing,ATDM)两类。

1. 同步时分复用

同步时分复用(STDM)采用固定时间片分配方式,即将传输信号的时间按特定长度连续地划分成特定时间段(一个周期),再将每一时间段划分成等长度的多个时隙,每个时隙以固定的方式分配给各路数字信号,各路数字信号在每一时间段都顺序分配到一个时隙,如图 2-17所示。其中,一个周期的数据帧是指所有输入设备在某个时隙发送数据的总和,比如第一周期,4 个终端分别占用一个时隙发送 A、B、C 和 D,则 ABCD 就是一帧。

由于在同步时分复用方式中,时隙预先分配且固定不变,无论时隙拥有者是否传输数据都会占有一定时隙,这就形成了时隙浪费,其时隙的利用率很低。为了克服 STDM 的缺点,引入了异步时分复用技术。

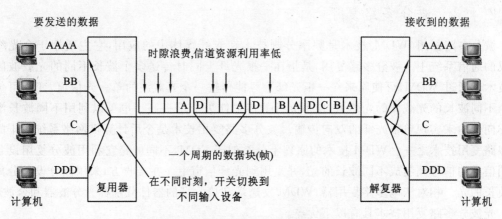

图 2-17　同步时分多路复用的工作原理

2. 异步时分复用

异步时分复用(ATDM)技术又称为统计时分复用技术,它能动态地按需分配时隙,以避免每个时间段中出现空闲时隙。ATDM 就是只有当某一路用户有数据要发送时才把时隙分配给它;当用户暂停发送数据时,则不给它分配时隙。这样电路的空闲时隙可用于其他用户的数据传输,如图 2-18 所示。假设一个传输周期为 3 个时隙,一帧有 3 个数据。复用器轮流扫描每一个输入端,先扫描第 1 个终端,将其数据 A1 添加到帧里,然后扫描第 2 个终端、第 3 个终端,并分别添加数据 B2 和 C3,此时,第一个完整的数据帧形成。此后,接着扫描第 4 个终端、第 1 个终端和第 2 个终端,将数据 D4、A1 和 B2 形成帧,如此反复地连续工作。

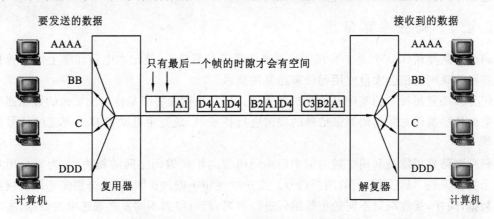

图 2-18　异步时分多路复用的工作原理

在扫描的过程中,若某个终端没有数据,则接着扫描下一个终端。因此,在所有的数据帧中,除最后一帧外,其他所有帧均不会出现空闲的时隙,这就提高了信道资源的利用率,也提高了传输速率。

另外,在 ATDM 中,每个用户可以通过多占用时隙来获得更高的传输速率,而且传输速率可以高于平均速率,最高速率可达到电路总的传输能力,即用户占有所有的时隙。例如,电路总的传输能力为 28.8 Kb/s,3 个用户公用此电路,在同步时分复用方式中,每个用户的最高速率为 9600 b/s,而在 ATDM 方式中,每个用户的最高速率可达 28.8 Kb/s。

2.4.3　波分多路复用

波分多路复用(WDM)技术是频率分割技术在光纤媒体中的应用,它主要用于全光纤网组成的通信系统中。波分多路复用,是指在一根光纤上同时传送多个波长不同的光载波的复用技术。通过 WDM,可使原来在一根光纤上只能传输一个光载波的单一光信道,变为可传输多个不同波长的光载波的光信道,使得光纤的传输能力成倍提高。也可以利用不同波长沿不同方向传输来实现单根光纤的双向传输。波分多路复用技术是今后计算机网络系统主干的信道多路复用技术之一。WDM 技术的原理十分类似于 FDM,不同的是它利用波分复用设备将不同信道的信号调制成不同波长的光,并复用到光纤信道上。在接收方,采用波分设备分离不同波长的光。相对于电多路复用器,WDM 发送端和接收端的器件分别称为分波器和合波器。

光波分多路复用技术具有以下优点。

(1) 在不增建光缆线路或不改建原有光缆的基础上,使光缆传输容量扩大几十倍甚至上百倍,这在目前线路投资占很大比重的情况下,具有重要意义。

(2) 目前使用的光波分多路复用器主要是无源光器件,它结构简单、体积小、可靠性高、易于光纤耦合、成本低且无中继传输距离长。

(3) 在光波分复用技术中,各波长的工作系统是彼此独立的,各系统中所用的调制方式、信号传输速率等都可以不一样,甚至模拟信号和数字信号都可以在同一根光纤中用不同的波长来传输。这样,由于光波分复用系统传输的透明性,给使用带来了很大的方便性和灵活性。

(4) 同一个光波分复用器采用掺铒光纤放大器,既可进行合波、又可进行分波,具有方向的可逆性,因此,可以在同一光纤上实现双向传输。

2.4.4　码分多路复用

码分多路复用(CDM)是一种用于移动通信系统的新技术,笔记本电脑和掌上电脑等移动性计算机的联网通信会大量使用码分多路复用技术。

码分多路复用技术的基础是微波扩频通信。扩频通信的特征是使用比发送的数据速率高许多倍的伪随机码对数据的基带信号的频谱进行扩展,形成宽带低功率频谱密度的信号再发射。

码分多路复用就是利用扩频通信中的不同码型的扩频编码之间的相关性,为每个用户分配一个扩频编码,以区别不同的用户信号。发送端可用不同的扩频编码,分别向不同的接收端发送数据;同样,接收端对不同的扩频编码进行解码,就可得到不同发送端送来的数据,实现了多址通信。CDM 的特点是频率和时间资源均为共享。因此,在频率和时间资源紧缺的情况下,CDM 技术是独占优势的,所以这也是 CDM 技术受到关注的原因。

2.4.5　空分多路复用

空分多路复用(SDM)也叫空分多址(SDMA),这种技术是利用空间分割构成不同的信道。在一颗卫星上使用多个天线,各个天线的波束射向地球表面的不同区域。地面上不同地区的地球站,它们在同一时间,即使使用相同的频率进行工作,相互之间也不会形成干扰。

空分多址(SDMA)是一种信道增容的方式,可以实现频率的重复使用,充分利用频率资源。空分多址还可以与其他多址方式相互兼容,从而实现组合的多址技术。

2.5　数据交换技术

　　数据交换技术在交换通信网中实现数据传输是必不可少的。在数据通信的过程中,通信的双方可能有直接相连的线路,也可能没有直接相连的线路,而是通过多个节点的中转才能建立起联系。在通信系统中,信息从信源传到信宿有电路交换和存储交换两大类。常用的交换技术有线路交换、报文交换和分组交换(包交换)3 种。

2.5.1　线路交换

　　电路交换(circuit switching)也叫线路交换,它是一种直接的线路交换方式,通信双方在通信时建立起一条专用的传输通道,通信完毕后断开。专用的传输通道既可以是物理通道,也可以是逻辑通道。逻辑通道是由节点内部电路对节点间传输路径经过适当选择、连接而完成的,是一条由多个节点和多条节点间传输路径组成的链路。

　　经由线路交换的通信过程包括:链路建立、数据传输和链路拆除三个过程。

1. 链路建立

　　如图 2-19 所示,假定主机 A 与主机 B 要进行通信,那么在通信子网中,节点 1 是源节点,节点 6 是目的节点。通信开始时,主机 A 向节点 1 发出通信请求(比如电话通信中的拨号),要求连接到主机 B。节点 1 根据通信线路的负载、费用等情况选择一条可通向节点 6 的空闲线路,比如选择到节点 3。节点 3 依据同样的原则选择节点 4,节点 4 选择节点 6。节点 6 已有专线连接到主

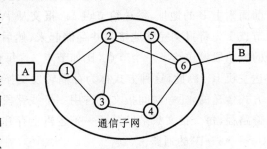

图 2-19　线路交换的过程

机 B。至此,一条从 A 至 B 的通路就建立了起来。A 与 B 通过 A→1→3→4→6→B 的专用线路实行数据传输。

2. 数据传输

　　链路建立完成后,就可以在这条临时的专用通道上传输数据。

　　在传输数据的过程中,任何别的站点都不能再使用 A→1,1→3,3→4,4→6 及 6→B 这几段线路。

3. 链路拆除

　　数据传输完毕,主机 A 向主机 B 发出拆线请求指令或主机 B 向主机 A 发出拆线请求指令,请求终止信息传输。假设主机 A 向主机 B 发出拆线请求指令,若主机 B 接受释放请求,则发回释放应答信息,于是沿通路各个线路段将予以拆除,使各个线路段成为可用资源。

　　线路交换方式的优点:

　　(1) 传输延迟小,通路建立起来后,唯一的延迟就是电信号的传输时间,其传输时延是固定不变的;

　　(2) 通路一旦建立起来就不会再有竞争者争用线路,因此,线路交换非常适合话音等实时性传输业务;

　　(3) 信息编码方法、信息格式以及传输控制程序等都不受限制,即可向用户提供透明的通路。

线路交换的缺点：

（1）建立通路所需的时间比较长；

（2）线路的利用率很低，因为通信双方之间的通路一旦建立，即使双方不传送信息，整个通路上的任何一个线路段也不能为其他用户使用，直到线路拆除为止。

2.5.2　报文交换

在电话通信中，由于讲话双方总是一个在讲、一个在听，因此线路空闲时间约占接通时间的 50%。如果考虑到讲话过程中的停顿，那么线路空闲时间还要多一些。不过，这样的情况被认为还是可以容忍的。在计算机通信中，由于人机交互（如敲键盘、阅读屏幕）的时间比计算机进行通信的时间要多得多，如采用线路交换方式，线路空闲时间可高达 90% 以上。这一方面浪费了宝贵的通信资源，另一方面使用户承担了许多无谓的通信费用。因此，计算机通信采用线路交换被认为是行不通的。计算机数据交换一般采用另一种数据交换方式，即存储转发方式或称报文交换。

存储转发方式不要求交换网为通信的双方预先建立一条专用的数据通道。如图 2-19 所示，如果主机 A 想发送一条信息（在数据交换网中称为一份报文）给主机 B，可在待发的报文前面附上 B 的地址，发送给节点 1。报文从 A 发到节点后，A→1 之间的线路段就变成空的。节点 1 先将报文完整地接收并存储起来，然后根据各路径的负载、代价及空闲情况等选择合适的线路段发送给下一个节点，比如节点 3。每个节点都对报文进行这样的"存储转发"，最终到达主机 B。因此，这种方式称为存储转发交换方式。可见，报文在交换网中完全是按照接力的方式传送的，任一时间报文只占用一个线路段。通信的双方事先并不知道报文所要经过的传输路径，每个报文只是经过了一条逻辑上存在的通路。比如本例中，A 站的报文经过"A→1→3→4→6→B"的通路。

在存储转发方式中，任何时刻一份报文只在一个线路段上传输，每一个线路段对报文的可靠性负责。这样带来的好处是：

（1）不必要求每段线路传输速率相同，因而也就不必要求两端计算机工作于相同的速度；

（2）在通信时不需要建立一条专用的通路，任何时刻一份报文只占有一条线路段，不必占用整个通路，这大大提高了通信资源的利用率，同时没有建立和拆除线路所需的等待和时延；

（3）每一个节点在存储转发中都有校验、纠错功能，数据传输的可靠性高。

报文交换的缺点是：由于采用了对完整报文的存储转发，要求各站点和网中节点有较大的存储空间，以保存整个报文。另外，由于每个节点都要把报文完整地接收、存储、检错、纠错、转发，因而产生了节点时延，并且报文交换对报文的长度没有限制，这样长报文在传输时可能长时间地占用某两节点间的链路，不利于实时交互通信。

目前计算机通信网几乎无一例外全都采用存储转发方式，因此有时也把数据通信子网称为交换网。

2.5.3　报文分组交换

报文交换每次存储转发以一份报文为传输单位。报文（Message），就是收发双方要交换的一份信息，如一份文件、一个通知或者一个程序等。因此，报文可以很长，也可以很短。这就带来一个很大的问题：各个节点的存储空间应该设多大呢？太大了，传输短报文时是一种浪费；太小了，传输长报文时又不够用。因此，实际应用中采用的是所谓分组交换。分组交换与报文交换依据完全相同的机理,唯一的区别在于参与交换(即存储转发)的数据单元的长度不同。分组交换的数据单元不再是一份完整的报文,而称为分组(packet)或包。一个交换网的分组其长度是固定的,一般为 1000～2000 B。通信双方要交换一份报文时,往往将报文分割成若干个分组,每个分组都附上地址及其他控制信息,然后这些分组按序发送到交换网。交换网采用以下两种不同的传输方式传送这些来自同一份报文的分组。

1. 数据报方式

交换网对进网的任一个分组都当作独立的"小报文"进行处理,而不管它是属于哪一个报文。仍以图 2-19 为例进行说明,假定主机 A 将待传的报文划分成 3 个分组(M1、M2 和 M3),按照 M1、M2、M3 的顺序发送给节点 1。节点 1 每收到一个分组先存储起来,然后分别对它们进行单独的路径选择。比如可能将 M1 送往节点 3,将 M2 送往节点 2,将 M3 也送往节点 2。具体送往哪个节点,完全取决于当时各线路段的情况。下一个节点对每一个收到的分组也依此处理。在本例中,M1 可能经过 1→3→4→6 到达 B,M2 经过 1→2→6 到达 B,而 M3 则经过 1→2→5→6 到达 B。由于每个分组都带有终点地址,所以虽然它们不一定通过相同的路径,但最终都能到达目的节点 6。这些分组达到目的节点的顺序也可能被打乱,这就要求目的节点(节点 6 或主机 B)负责分组的排序和重新装配成报文。

2. 虚电路方式

分组交换的虚电路方式是:发送站在发送报文之前,先发送一个"请求发送"报文,这个报文很短,一般只有几十位,一个分组就可以包容。请求发送报文携带有目的地址,进入交换网后,会走过某一条路径到达目的站。请求报文经过的路径应作为待发送报文通往目的站的路径,该报文的所有分组都要沿着这条路径进行存储转发式传输,不允许节点对分组作单独的处理和另选路径。仍然以图 2-19 为例,假设 A 站的报文分为 M1、M2、M3 三个报文要送往 B 站去。A 站首先发一个"呼叫请求"分组给节点 1,要求连接到 B 站。节点 1 根据路径选择的原则将这一请求分组转发到节点 2,节点 2 又将该分组转发给节点 6,由节点 6 通知 B 站,这样就初步建立起一条 A→1→2→6→B 的逻辑通路。如果 B 站准备好接收报文,就发送一个"呼叫接收"分组给节点 6,沿着 6→2→1 的路径到达 A,从而 A 确认这条通路已经建立,并给这条通路分配一个逻辑通路号。此后,M1、M2、M3 都附上这一逻辑通路号,顺序沿着这条通路到达目的站 B。全部分组到达 B 站后,任一站都可发送一个"清除请求"分组取消这条通路。

虚电路交换的主要特点是:要求一个报文的所有分组都必须沿着预先建立的虚拟通路进行传输。但这条通路是一条虚拟的,它不像线路交换方法那样,通信双方独占整个通路,而是任何时刻分组只占用一个线路段,所有的分组都要经过同样的路径进行存储转发。

3. 报文分组交换的特点

报文分组交换的特点如下:

(1) 线路的利用率高;

(2) 不同种类的终端可以相互通信;

(3) 信息传输可靠。

2.6　差错控制技术

数据在信道上传输的过程中,由于线路热噪声的影响、信号的衰减、相邻线路间的串扰和外界的干扰等,会造成发送的数据与接收的数据不一致而出现差错。差错控制是检测和纠正数据通信中可能出现差错的方法,保证数据传输的正确性。

2.6.1 差错控制方法

最常用的差错控制方法是差错控制编码。数据信息在向信道发送之前,先按照某种关系附加上一定的冗余位,构成一个码字后再发送,这个过程称为差错控制编码过程。接收端收到该码字后,检查信息位和附加的冗余位之间的关系,以检查传输过程中是否有差错发生,这个过程称为检验过程。差错控制编码可分为检错码和纠错码。

1. 检错码

检错码是能自动发现差错的编码。接收端能够根据接收到的检错码对接收到的数据进行检查,进而判断传送的数据单元是否有错。当发现传输错误时,通常采用差错控制机制进行纠正。常用的差错控制机制通过反馈重发的方法实现纠错目的。自动反馈重发(Automatic Request for Repeater,ARQ)有两种:停止等待方式和连续工作方式。

1) 停止等待的 ARQ 协议方式

在停止等待方式中,发送方在发送完一个数据帧后,要等待接收方的应答帧的到来。正确的应答帧表示上一帧数据已经被正确接收,发送方在接收到正确的应答帧(ACK)信号之后,就可以发送下一帧数据。如果收到的是表示出错的应答帧信号(NAK),则重发出错的数据帧。

为了保证按序交付,发送站对所发送的帧进行编号。由于每次只发送一帧,因此停止等待协议只使用一个比特进行编号,其编号只有两个值 0 和 1。第一次发送 0 号帧,第二次就发送 1 号帧,第三次再发送 0 号帧,依此类推。在发送确认帧时,也要确认接收到哪一个序号的数据帧。习惯记法用 ACK 表示确认。因此,ACK_0 表示已正确收到了 1 号的帧,并期待收到编号为 0 的帧。同理,ACK_1 表示已正确收到了编号为 0 的帧,并期待收到编号为 1 的帧。

图 2-20 所示的是在各种情况下,停止等待的 ARQ 的工作原理。

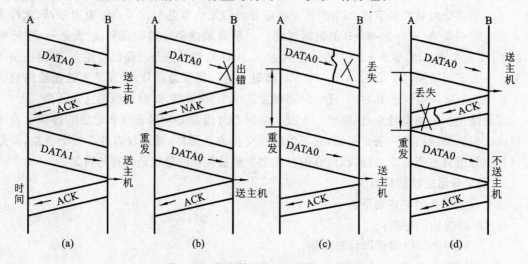

图 2-20 停止等待的 ARQ 的工作原理

(1) 数据在传输过程中不出差错的正常情况。

如图 2-20(a)所示,节点 B 收到一个正确的数据帧后,立即交付给主机 B,并向主机 A 发送一个确认帧 ACK。当主机 A 收到确认帧 ACK 后,再发送下一个数据帧,由此实现了接收端对发送端的流量控制。

（2）数据在传输过程中出现差错的情况。

如图 2-20(b)所示，接收端检验出收到的数据帧出现差错时，向主机 A 发送一个否认帧 NAK，以表示主机 A 应重发出错的那个数据帧。主机 A 可多次重发，直到收到主机 B 发来的确认帧 ACK 为止。

（3）数据帧丢失的情况。

图 2-20(c)所示，主机 A 发送的 0 号数据帧在传输过程中丢失了，节点 B 不向节点 A 发送任何应答帧。由于节点 A 收不到应答帧，或是应答帧发生了丢失（如图 2-20(d)所示的情况）。主机 A 就会一直等待下去，这时会出现死锁现象。

解决死锁的方法是使用定时器。发送站 A 每次发送完一个数据帧，就启动一个超时计时器。若到了超时计时器所设置的重传时间，发送站 A 仍收不到接收站 B 的确认帧，A 就重传前面所发送的数据帧。

（4）应答帧丢失的情况。

如图 2-20(d)所示，由于应答帧丢失，超时重发使主机 A 重发数据帧，而主机 B 则会收到两个相同的数据帧。由于主机 B 无法识别重发的数据帧，致使在其收到的数据中出现重复帧的差错。

重复帧是一种不允许出现的差错。解决的方法是，使每一个数据帧带上不同的发送序号。每发送一个新的数据帧，则将其发送序号加 1。若接收端收到发送序号相同的数据帧，就应将重复帧丢掉，同时必须向主机 A 发送一个确认帧 ACK。

2）连续 ARQ 协议方式

实现连续 ARQ 协议的方式有两种：拉回方式和选择重发方式。

（1）拉回方式。

在拉回方式中，发送方可以连续向接收方发送数据帧，接收方对接收的数据帧进行校验，然后向发送方发回应答帧，如果发送方连续发送了 1～5 号数据帧，从应答帧中得知 2 号帧的数据传输错误，那么发送方将停止当前数据帧的发送，重发 2、3、4、5 号数据帧。拉回状态结束后，再接着发送 6 号数据帧。图 2-21 所示的是连续 ARQ 的工作原理。

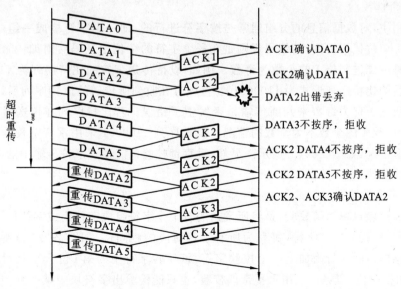

图 2-21　连续 ARQ 的工作原理

连续 ARQ 协议连续发送数据帧提高了信道的利用率,但在重传时要从出错的那一帧开始连续重传,重传出错帧的同时又重传已经正确传送的数据帧。连续发送帧提高了发送效率,而连续重传使传送效率降低。若传输信道的传输质量较差导致误码率较大时,与停止等待协议相比,连续 ARQ 协议传输效率并不具有优势。

(2)选择重发方式。

选择重发方式与拉回方式不同之处在于:如果在发送完编号为 5 的数据帧时,接收到编号 2 的数据帧传输出错的应答帧,那么,发送方在发完 5 号数据帧后,只重发 2 号数据帧。选择重发完成之后,再接着发送编号为 6 的数据帧。显然,选择重发方式的效率将高于拉回方式。

检错码在反馈重发的方法中使用。它的生成简单,容易实现,编码和解码的速度较快,目前被广泛应用于有线通信中,如计算机网络中使用。常用的检错码有奇偶校验码、CRC 循环冗余码等。

2. 纠错码

纠错码是不仅能发现差错而且能自动纠正差错的编码。在纠错码编码方式中,接收端不但能发现差错,而且能够确定二进制码元发生错误的位置,从而加以纠正。在使用纠错码纠错时,要在发送数据中含有大量的"附加位"(又称"非信息"位),因此,传输效率较低,实现起来复杂,编码和解码的速度慢,造价高,一般应用于无线通信场合。例如,汉明码就是一种纠错码。

2.6.2 常用的检错控制编码

1. 奇偶校验码

奇偶校验码是一种最简单的检错码,其编码规则是:首先将所要传送的信息分组,然后在一个码组内诸信息元后面附加有关校验码元,使得该码组中码元"1"的个数为奇数或偶数,前者称为奇校验,后者称为偶校验。

这种码是最简单的检错码,实现起来容易,因而被广泛采用。

在实际的数据传输中,奇偶校验又分为垂直奇偶校验、水平奇偶校验和垂直水平奇偶校验。

1)垂直奇偶校验

实际运用中,对数据信息的分组通常是按字符进行的,即一个字符构成一组,又称字符奇偶校验。以 7 单位代码为例,其编码规则是在每个字符的 7 位信息码后附加一个校验位 0 或 1,使整个字符中二进制位 1 的个数为奇数。例如,设待传送字符的比特序列为 1100001,则采用奇校验码后的比特序列形式为 11000010。接收方在收到所传送的比特序列后,通过检查序列中 1 的个数是否仍为奇数来判断传输是否发生了错误。若比特序列在传送过程中发生错误,就可能会出现 1 的个数不为奇数的情况。发送序列 1100001 采用垂直奇校验后可能会出现的三种典型情况,如图 2-22(a)所示。显然,垂直奇校验只能发现字符传输中的奇数位错,而不能发现偶数位错。

2)水平奇偶校验

水平奇偶校验也称为组校验,是将所发送的若干个字符组成字符组或字符块,形式上看相当于一个矩阵,每行为一个字符,每列为所有字符对应的相同位,如图 2-22(b)所示。在这一组字符的末尾即最后一行附加上一个校验字符,该校验字符中的第 i 位分别是对应组中所有字符第 i 位的校验位。显然,采用水平奇偶校验,也只能检验出字符块中某一列中的 1 位或奇数位出错。

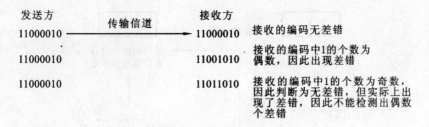

(a) 垂直奇校验示例

字母	前7行为对应字母的ASCII码, 最后一行是水平奇校验编码(粗体)
a	1100001
b	1100010
c	1100011
d	1100100
e	1100101
f	1100110
g	1100111
校验位	**0011111**

(b) 水平奇校验示例

字母	最后一行是水平奇校验编码,最后 一列是垂直奇校验编码(均为粗体)
a	11000010
b	11000100
c	11000111
d	11001000
e	11001011
f	11001101
g	11001110
校验位	**00111110**

(c) 垂直水平奇校验示例

图 2-22　奇偶校验码示例

3）垂直水平奇偶校验

垂直水平奇偶校验又称方块校验,它既对每个字符做垂直校验,同时也对整个字符块做水平校验,奇偶校验码的检错能力可以明显提高。图 2-22(c)所示的是一个垂直水平奇校验的例子。采用这种校验方法,如果有两位传输出错,则不仅从每个字符中的垂直校验位中反映出来,同时也在水平校验位中得到反映。因此,这种方法有较强的检错能力,基本能发现所有一位、两位或三位的错误,从而使误码率降低 2～4 个数量级,被广泛地用在计算机通信和某些计算机外设的数据传输中。

但是从总体上讲,虽然奇偶校验方法实现起来较简单,但检错能力仍然较差,故这种校验一般只用于通信质量要求较低的环境。

2. 循环冗余校验码 CRC

循环冗余校验码（Cycle Redundancy Check, CRC）是一种被广泛采用的多项式编码。CRC 码由两部分组成:前一部分是 k+1 个比特的待发送信息;后一部分是 r 个比特的冗余码。由于前一部分是实际要传送的内容,因此是固定不变的,CRC 码的产生关键在于后一部分冗余码的计算。冗余码的计算中要用到两个多项式:f(x) 和 G(x)。其中,f(x) 是一个 k 阶多项式,其系数是待发送的 k+1 个比特序列;G(x) 是一个 r 阶的生成多项式,由发收双方预先约定。

CRC 校验的基本工作原理如图 2-23 所示。例如,假设实际要发送的信息序列是 1010001101,收发双方预先约定了一个 5 阶（r=5）的生成多项式 $G(x) = x^5 + x^4 + x^2 + 1$,那么可参照下面的步骤来计算相应的 CRC 码。

(1) 以发送的信息序列 1010001101(10 个比特)作为 f(x) 的系数,得到对应的 f(x) 为 9 阶

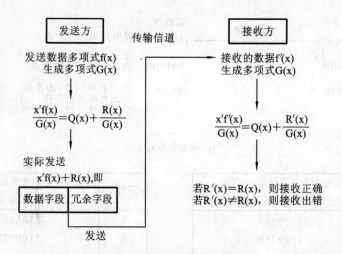

图 2-23 CRC 校验的基本原理

多项式：

$$f(x)=1 \cdot x^9+0 \cdot x^8+1 \cdot x^7+0 \cdot x^6+0 \cdot x^5+0 \cdot x^4+1 \cdot x^3+1 \cdot x^2+0 \cdot x+1$$

（2）获得 $x^r f(x)$ 的表达式 $x^5 f(x)=x^{14}+x^{12}+x^8+x^7+x^5$，该表达式对应的二进制序列为 101000110100000，相当于信息序列向左移动 $r(=5)$ 位，低位补 0。

（3）计算 $x^5 f(x)/G(x)$，得到 r 个比特的冗余序列。

$x^5 f(x)/G(x)=(101000110100000)/(110101)$，得余数为 01110，即冗余序列。该冗余序列对应的余式 $R(x)=0 \cdot x^4+x^3+x^2+x+0 \cdot x^5$（注意：若 $G(x)$ 为 r 阶，则 $R(x)$ 对应的比特序列长度为 r）。

另外，由于模 2 除法在做减法时不借位，故相当于在进行异或运算。上述多项式的除法过程如下：

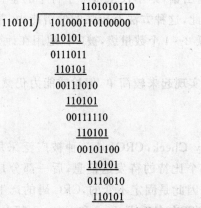

01110 余数，即校验序列($r=5$ 位，r 也是 $G(x)$ 的阶)。

（4）得到带 CRC 校验的发送序列。

即将 $x^r f(x)+R(x)$ 作为带 CRC 校验的发送序列。此例中发送序列为 101000110101110。实际运算时，也可用模 2 减法进行。从形式上看，也就是简单地在原信息序列后面附加上冗余码。

（5）在接收端，对收到的序列进行校验。

对接收数据多项式用同样的生成多项式进行同样的求余运算，若 $R'(x)=R(x)$，则表示数据传输无误,否则说明数据传输过程出现差错。

例如,若收到的序列是 101000110101110,则用它除以同样的生成多项式 $G(x) = x^5 + x^4 + x^2 + 1$(即 110101)后,所得余数为 0,因此收到的序列无差错。

CRC 校验方法是由多个数学公式、定理和推论得出的。CRC 中的生成多项式对于 CRC 的检错能力会产生很大的影响。生成多项式 $G(x)$ 的结构及检错效果是在经过严格的数学分析和实验后才确定的,有着相应的国际标准。常见的标准生成多项式如下:

CRC-12: $G(x) = x^{12} + x^{11} + x^3 + x^2 + 1$

CRC-16: $G(x) = x^{16} + x^{15} + x^2 + 1$

CRC-32: $G(x) = x^{32} + x^{26} + x^{23} + x^{22} + x^{16} + x^{12} + x^{11} + x^{10} + x^8 + x^7 + x^5 + x^4 + x^2 + x + 1$

CRC 校验具有很强的检错能力,理论证明,CRC 能够检验出下列差错:

①全部的奇数个错;

②全部的两位错;

③全部长度小于或等于 r 位的突发错,其中,r 是冗余码的长度。

可以看出,只要选择足够的冗余位,就可以使漏检率减少到任意小的程度。由于 CRC 码的检错能力强,且容易实现,因此是目前应用最广泛的检错码编码方法之一。CRC 码的生成和校验过程可以用软件或硬件方法来实现,如可以用移位寄存器和半加法器方便地实现。

小　　结

数据通信是计算机与计算机或计算机与终端之间的通信;数据通信网是传输交换数据的通信网。数据通信网络的各个数据终端将各种信息封装为 IP 数据报交给网络传输、交换。数据通信网执行 IP 协议,传输交换 IP 数据报,这样的数据通信网称为 IP 信息网络。数据传输的方式分基带、频带和宽带传输;并行和串行传输;同步和异步传输;单工、半双工和全双工数据传输。基带传输中数据信号的编码方式主要有:不归零码、不归零见一反转码、曼彻斯特码、差分曼彻斯特码。

数字信号调制有三种基本方式:幅移键控、频移键控和相移键控。

在数据通信中,为了保证传输数据的正确性,收发两端必须保持同步。收发同步的方式有比特同步和帧同步。数据的交换方式有电路交换、报文交换和分组交换,ATM 交换是电路交换和分组交换的结合。

差错控制编码是指数据信息在向信道发送之前,先按照某种关系附加上一定的冗余位,构成一个码字后再发送。在接收端收到该码字后,检查信息位和附加的冗余位之间的关系,以检查传输过程中是否有差错发生。

习　　题

1. 数据通信过程中涉及的主要技术问题有哪些?

2. 什么是基带传输和频带传输? 它们分别要解决什么样的关键问题?

3. 何谓单工、半双工和全双工传输,请举例说明它们的应用场合。

4. 在串行传输过程中需解决什么问题? 采用什么方法解决?

5. 数据交换的方式有哪几种? 各有什么优缺点?

6. ARQ 有哪几种方式？分析其过程。

7. 在基带传输中采用哪几种编码方法，试用这几种方法对数据"01001001"进行编码（画出编码图）。

8. 试通过计算求出下面的正确答案。

（1）条件：

①CRC 校验的生成多项式为：$G(x) = x^5 + x^4 + x^2 + 1$；

②要发送的数据比特序列为：100011010101（12 比特）。

（2）要求：

①经计算求出 CRC 校验码的比特序列；

②写出含有 CRC 校验码的、实际发送的比特序列。

第3章 网络体系结构与网络协议

本章从最基本的概念出发,对 OSI 参考模型、TCP/IP 协议及参考模型,以及网络协议标准化、制定国际标准的组织进行介绍,以便读者能够循序渐进地学习与掌握以上的主要内容。

3.1 网络体系结构的概念

随着计算机技术和网络技术的飞速发展,计算机网络系统的功能不断加强、规模与应用不断扩大。面对越来越复杂的计算机网络系统,必须采用网络体系结构的方法来描述网络系统的组织、结构和功能,将网络系统的功能模块化、接口标准化,使网络具有更大的灵活性,进而简化网络系统的建设、扩大和改造工作,提高网络系统的性能。

世界上第一个网络系统结构是 IBM 公司于 1974 年提出的 SNA 网络。在此之后,许多公司提出了各自的网络体系结构。这些网络体系结构的共同之处在于它们都采用了分层结构,但其层次的划分、功能的分配与采用的技术术语均不相同。随着信息技术的发展,异种计算机系统互联及不同计算机网络的互联成为人们迫切需要解决的课题。网络体系结构的概念就是在这种条件下应运而生的。

3.1.1 网络协议

1. 网络协议的定义

计算机网络是由多个互联的节点组成的,节点之间需要不断地交换数据与控制信息。为了让节点间交换信息时做到有条不紊,必须对节点先做一些约定规则,当节点间交换数据时,节点只需遵守这些约定规则就行。一个协议就是一组控制数据通信的规则。网络协议(Network Protocol)是指为进行网络中的数据交换而建立的规则、标准或约定。一个网络协议包括语法、语义和时序三个要素。

(1) 语法:是指数据与控制信息的结构或格式,确定通信时采用的数据格式、编码及信号电平等。

(2) 语义:由通信过程的说明构成,它规定了需要发出何种控制信息完成何动作以及做出何种应答,对发布请求、执行动作及返回应答予以解释,并确定用于协调和差错处理的控制信息。

(3) 时序:是对事件实现顺序的详细说明,指出事件的顺序及速度匹配。

人们形象地把它描述为:语法——表示怎么讲? 语义——表示讲什么? 时序——表示何时讲?

2. 网络协议的特点

网络系统的体系结构是有层次的,通信协议也被分为多个层次,在每个层次内又可分为若干子层次,协议各层次有高低之分。

只有当通信协议有效时,才能实现系统内各种资源共享。如果通信协议不可靠,则会造成通信混乱和中断。

在设计和选择协议时,不仅要考虑网络系统的拓扑结构、信息的传输量、所采用的传输技术、数据存取方式,还要考虑到其效率、价格和适应性等问题。

3.1.2 网络体系结构的基本概念

网络体系就是为了完成计算机间的通信合作,把每个计算机互联的功能划分成有明确意义的层次,规定了同层次进程通信的协议及相邻层之间的接口及服务。这些同层次进程通信的协议以及相邻层之间的接口统称为网络体系结构。

1. 协议

协议(Protocol)是指一种通信规约。为了保证计算机网络中大量计算机之间有条不紊地交换数据,就必须制定一系列的通信协议。

2. 层次

层次(Layer)是人们对复杂问题处理的基本方法。其解决方法是:将总体要实现的很多功能分配在不同的层次中,每个层次要完成的及实现的过程有明确规定;不同的系统被分成相同的层次;不同系统的同等层具有相同的功能;高层使用低层提供的服务时,并不需要知道低层服务的具体办法。层次结构对复杂问题采取"分而治之"的模块化方法,可以大大降低复杂问题处理的难度。

3. 接口

接口(Interface)是指同一节点内相邻层之间交换信息的连接点。同一节点的相邻层之间存在着明确规定的接口,低层向高层通过接口提供服务。只要接口不变,低层功能不变,低层功能的具体实现方法就不会影响整个系统的工作。

4. 体系结构

网络体系结构是对计算机网络应该实现的功能进行精确的定义,而这些功能是用什么样的硬件和软件去完成的,则是具体的实现问题。体系结构是抽象的,而实现是具体的,是指能够运行的一些硬件和软件。它是把网络层次结构模型与各层次协议的集合定义为计算机网络体系结构(Network Architecture),即体系结构。

3.1.3 网络体系结构的分层原理

为了实现计算机之间的通信并减少协议设计的复杂性,大多数网络采用分层结构来进行组织。在划分层次结构时,通常应遵守以下原则。

(1) 每一个功能层都有自己的通信协议规范,这些协议有着相对的独立性,其自身的修改不会影响其他层次的协议。

(2) 层间接口必须清晰,上下层之间有接口协议规范,跨越接口的信息量应尽可能地少。

(3) 两主机间建立在同等层之间的通信会话,应有同样的协议规范。

(4) N 层通过接口向 N−1 层提出服务请求,而 N−1 层则通过接口向 N 层提供服务。

(5) 层数应适中,既不能太多,又不能太少。若层数太少,则会使每一层的协议太复杂;若层数太多,则会在描述和综合各层功能的系统工程任务时遇到较多的困难。

(6) 一般为四到七层。

在分层结构中,N 层是 N−1 层的用户,也是 N+1 层服务的提供者。分层结构的好处是:

①独立性强,高层并不需要知道低层是如何实现的,而仅需要知道该层通过层间接口所提供的服务;

②灵活性好,当任何一层发生变化时,只要层间接口保持不变,则其他各层均不受影响,此外,当某一层提供的服务不再需要时,甚至可以将该层取消;

③各层都可采用最合适的技术来实现,各层实现技术的改变不影响其他层;

④易于实现和维护,整个系统分解为若干个易处理的部分,使得一个庞大而复杂的系统的实现和维护变得容易控制;

⑤有利于促进标准化,这主要是因为每层的功能与所提供的服务已有明确的说明。

通常每一层所要实现的一般功能往往是下面的一种功能或多种功能。

差错控制:目的是使网络端对端的相应层次的通信更加可靠。

流量控制:避免发送端送数据过快,造成接收端还来不及接收。

分段和重装:发送端把要发送的数据块划分为更小的单位,在接收端再将其还原。

复用和分用:发送端几个高层会话复用一条低层的连接,在接收端再进行分用。

连接建立和释放:在交换数据前,先交换一些控制信息,以建立一条逻辑连接。当数据传送结束时,将连接释放。

3.1.4　通信协议

所谓通信协议是指为了保证通信双方能正确而自动地进行数据通信制定的一整套约定。约定包括对数据格式、同步方式、传送速度、传送步骤、检验纠错方式以及控制字符定义等问题做出统一规定,通信双方必须共同遵守。因此,通信协议也称为通信控制规程,或传输控制规程,它属于 ISO 的 OSI 七层参考模型中的数据链路层。

目前,采用的通信协议有两类:异步协议和同步协议。同步协议又有面向字符、面向比特以及面向字节计数三种。

3.2　ISO/OSI 参考模型

ISO(International Standard Organization)即国际标准化组织,成立于 1947 年,是世界上最大的国际标准化组织。其宗旨是促进世界范围内的标准化工作,以便于国际间的物资、科学、技术和经济方面的合作与交流。随着网络技术的进步和各种网络产品的涌现,不同的网络产品和网络系统互联问题摆在了人们的面前。1977 年,ISO 专门成立了一个委员会。

3.2.1　OSI 参考模型的基本概念

1. OSI 参考模型的提出

1974 年,国际标准化组织发布了著名的 ISO/IEC 7498 标准,它定义了网络互联的七层框架,即开放系统互联参考模型 OSI/RM(Open Systems Interconnection/Reference Model)。在 OSI 框架下,进一步详细规定了每一层的功能,以实现开放系统环境中的互联性、互操作性和应用的可移植性。

2. OSI 参考模型的概念

在 OSI 中,所谓"开放"是指只要遵循 OSI 标准,系统就可以与位于世界上任何地方、同样遵守同一标准的其他任何系统进行通信。在 OSI 标准的制定过程中,采用的方法是将整个庞大而复杂的问题划分为若干个容易处理的小问题。

（1）体系结构（Architecture）：OSI/RM 定义了开放系统的层次结构、层次之间的相互关系及各层所包括的可能的服务。它是作为一个框架来协调和组织各层协议的制定，也是对网络内部结构最精练的概括与描述。

（2）服务定义（Service Definition）：OSI 的服务定义详细地说明了各层提供的服务。某一层的服务就是该层及其以下各层的一种能力，它通过接口提供给更高一层。各层提供的服务与这些服务怎样实现无关。同时，各种服务定义还定义了层与层之间的接口及各层使用的原语，但不涉及接口是怎样实现的。

（3）协议规格说明（Protocol Specification）：OSI 标准中的各种协议精确地定义了应当发送什么样的控制信息，以及应当用什么样的过程来解释这个控制信息。协议的规格说明有最严格的约束。

OSI/RM 并没有提供一个可以实现的方法，只是描述了一些概念，用来协调进程间通信标准的规定。在 OSI 范围内，只有各种协议是可以被实现的，各种产品只有与 OSI 协议相一致才能互联。也就是说，OSI 参考模型并不是一个标准，而是一个制定标准时所使用的概念性框架。

3.2.2　OSI 参考模型的结构

ISO 将整个网络的通信功能划分为七个层次，并规定了每层的功能以及不同层如何协作完成网络通信。OSI 的七层由低层到高层的次序分别为：物理层、数据链路层、网络层、传输层、会话层、表示层和应用层，如图 3-1 所示。划分层次的主要原则是：

（1）网络中各节点都有相同的层次；

（2）不同节点的同等层次具有相同的功能；

（3）同一节点内相邻层间通过接口通信；

（4）每一层可以使用下一层提供的服务，并向上层提供服务；

（5）不同节点的同等层通过协议来实现对等层之间的通信。

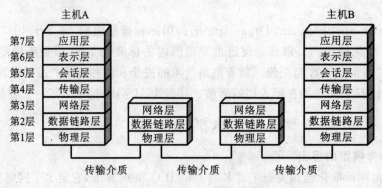

图 3-1　OSI 参考模型的结构

3.2.3　OSI 参考模型的各层功能

OSI 参考模型的各层功能如下。

1. 物理层

在 OSI 参考模型中，物理层（Physical Layer）是参考模型的最底层，其目的是提供网内两系统间的物理接口并实现它们之间的物理连接。物理层的主要功能：为通信的网络节点之间建立、管理和释放数据电路的物理连接，并确保在通信信道上传输可识别的透明比特流信号和时钟信号；为数据链路层提供数据传输服务。服务层的数据传输单元是比特（bit）。

物理层提供的服务：

(1) 物理连接；

(2) 物理服务数据单元；

(3) 顺序化（接收物理实体收到的比特顺序，与发送物理实体所发送的比特顺序相同）；

(4) 数据电路标志；

(5) 故障情况报告；

(6) 服务质量指标。

物理层的 4 个基本特性如下。

(1) 机械特性：指明接口所用接线器的形状和尺寸、引线数目和排列、固定和锁定装置等。

(2) 电气特性：指明在接口电缆上什么样的电压表示 0 或 1。

(3) 功能特性：指明某条线上出现的某一电平的电压表示何种意义。

(4) 规程特性：指明对于不同功能的各种可能事件的出现顺序及各信号线的工作规则。

(5) 物理层完成的其他功能：数据的编码、调制技术、通信接口标准。

2. 数据链路层

在 OSI 参考模型中，数据链路层（Data Link Layer）是 OSI 参考模型的第二层，其目的是屏蔽物理层特征，面向网络层提供几乎无差错、高可靠传输的数据链路，确保数据通信的正确性。数据链路层的主要功能是：数据链路的建立与释放，数据链路服务单元的定界、同步、定址、差错控制和流量控制，以及数据链路层管理。

在数据链路层中需要解决如下两个问题：

(1) 数据传输管理，包括信息传输格式、差错检测与恢复、收发之间的双工传输争用信道等；

(2) 流量控制，协调主机与通信设备之间数据传输的匹配。

数据链路层协议可分为两类：面向字符的通信规程和面向比特的通信规程。

数据链路层的具体功能如下。

(1) 生成帧：数据链路层要将网络层传来的数据分成可以管理和控制的数据单元，称为帧。因此，数据链路层的数据传输是以帧为数据单位的。

(2) 物理地址寻址：数据帧在不同的网络中传输时，需要标志出发送数据帧和接收数据帧的节点。因此，数据链路层要在数据帧中的头部加入一个控制信息（DH），其中包含了源节点和目的节点的地址。

(3) 流量控制：数据链路层必须控制发送数据帧的速率，如果发送的数据帧太多，就会使目的节点来不及处理而造成数据丢失。

(4) 差错控制：为了保证物理层传输数据的可靠性，数据链路层需要在数据帧中使用一些控制方法，检测出错或重复的数据帧，并对错误的帧进行纠错或重发。数据帧中的尾部控制信息（DT）就是用来进行差错控制的。

(5) 接入控制：当两个或更多的节点共享通信链路时，由数据链路层确定在某一时间内该由哪一个节点发送数据，接入控制技术也称为介质访问控制技术。

3. 网络层

在 OSI 参考模型中,网络层(Network Layer)是参考模型的第 3 层。网络层的主要功能是,通过路由选择算法为分组通过通信子网选择最适当的路径,并为分组中继,激活和终止网络连接,数据的分段与合段,差错的检验和恢复,以及实现流量控制、拥塞控制。网络层的数据传输单元是分组(Packet)。

(1)逻辑地址寻址:数据链路层的物理地址只是解决了在同一网络内部的寻址问题,而当一个数据包要从一个网络传送到另一个网络时,就需要使用网络层的逻辑寻址。当传输层传递给网络层一个数据包时,网络层就在这个数据包的头部加入控制信息,其中就包含了源节点和目的节点的逻辑地址。

(2)路由功能:在网络层中怎样选择一条合适的传输路径将数据从源节点传送到目的节点是至关重要的,尤其是从源节点到目的节点存在多条路径时,就存在选择最佳路径的问题。路由选择是根据一定的原则和算法在存在的传输通路中选出一条通向目的节点的最佳路径。

(3)流量控制:尽管在数据链路层中有流量控制问题,而在网络层中同样有流量控制问题,但是它们两者不相同。数据链路层中的流量控制是在两个相邻节点间进行的,而网络层中的流量控制完成数据包从源节点到目的节点过程中的流量控制。

(4)拥塞控制:在通信子网中,由于出现过量的数据包而引起网络性能下降的现象称为拥塞。为了避免出现拥塞现象,要采用能防止拥塞的一系列方法对网络进行拥塞控制。拥塞控制的目的主要是解决如何获取网络中发生拥塞的信息,从而利用这些信息进行控制,以避免由于拥塞出现数据包丢失。

4. 传输层

在 OSI 参考模型中,传输层(Transport Layer)是参考模型的第 4 层。传输层的主要功能是,向用户提供可靠的端到端(End-To-End)服务。传输层向高层屏蔽了下层数据通信的细节,因此,它是计算机通信体系结构中关键的一层。

传输层是资源子网与通信子网的接口和桥梁。传输层下面的网络层、数据链路层和物理层都属于通信子网,可完成有关的通信处理,向传输层提供网络服务;而其上的会话层、表示层和应用层都属于资源子网,完成数据处理功能。传输层在这里起承上启下的作用,是整个网络体系结构中的关键部分。

传输层在网络层提供服务的基础上为高层提供两种基本服务:面向连接的服务和面向无连接的服务。

5. 会话层

在 OSI 参考模型中,会话层(Session Layer)是参考模型的第 5 层。它是利用传输层提供的端到端的服务向表示层或会话用户提供会话服务。会话层的主要功能是,负责维护两个节点之间的会话连接的建立、管理和终止,以及数据的交换。在 ISO/OSI 环境中,所谓一次会话,就是指两个用户进程之间为完成一次完整的通信而进行的过程,包括建立、维护和结束会话连接。我们平时下载文件时使用的"断点续传"就是工作在会话层。

6. 表示层

在 OSI 参考模型中,表示层(Presentation Layer)是参考模型的第 6 层。表示层的主要功能是,用于处理在两个通信系统中交换信息的表示方式,主要包括数据格式变换、数据加密与解密、数据压缩与恢复等功能。

7. 应用层

在 OSI 参考模型中,应用层(Application Layer)是参考模型的第 7 层,为最高层,是直接面向用户的一层,是计算机网络与最终用户间的界面。从功能划分看,OSI 参考模型的下面 6 层协议解决了支持网络服务功能所需的通信和表示问题。应用层的主要功能是,为应用程序提供网络服务。应用层需要识别并保证对方通信的可用,使得协同工作的应用程序之间同步,建立传输错误纠正与保证数据完整性控制机制。

3.2.4　OSI 参考模型的工作原理

在 OSI 参考模型中,通信是在系统实体之间进行的。除了物理层外,通信实体的对等层之间只有逻辑上的通信,并无直接的通信,较高层的通信要使用较低层提供的服务。在物理层以上,每个协议实体顺序向下送到较低层,以便使数据最终通过物理信道达到它的对等层实体。

图 3-2 描述了数据在 OSI 参考模型中的流动过程。如网络用户 A 向网络用户 B 传送文件,则传输过程如下。

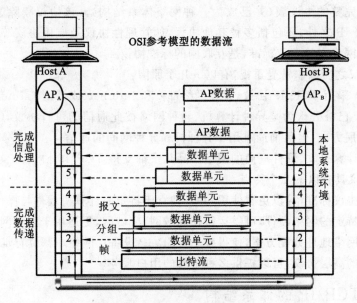

图 3-2　OSI 环境中的数据流

(1) 当应用进程 A 的数据传送到应用层时,应用层数据加上本层控制报头后,组织成应用层的数据服务单元,然后再传输到表示层。

(2) 表示层接收到应用层传输过来的数据单元后,加上本层的控制报头,组成表示层的数据服务单元,再传输给会话层。依此类推,数据传送到传输层。

(3) 传输层接收到会话层传送过来的数据单元后,加上本层的控制报头,组成传输层的数据服务单元,即人们通常所说的报文(Message),然后再传送到网络层。

(4) 网络层对传输层传过来的报文进行分组。因为网络数据单元的长度有限,而且传输层的报文较长,为了更方便地传输,必须将报文分成多个较短的数据段,每段前加上网络层的控制报头,形成网络层的数据服务单元,然后再传送到数据链路层。

(5) 数据链路层接收到网络层传过来的数据单元后,加上数据链路层的控制信息,构成数据链路层的数据服务单元,它被称为帧(Frame),然后再传送到物理层。

（6）物理层接收到数据链路层的数据单元后以比特流的方式通过传输介质传输出去。当比特流到达目的节点计算机 B 后，再从物理层依次上传。在传输过程中，每层对各层的控制报头进行处理，处理完后将数据上交其上层，最后将进程 A 的数据送给计算机 B。

尽管应用进程 A 的数据在 OSI 环境中经过复杂的处理过程才能送到另一台计算机的应用进程 B，但对于每台计算机的应用进程来说，OSI 环境中数据流的复杂处理过程是透明的。应用进程 A 的数据好像是"直接"传送给应用进程 B，这就是开放系统在网络通信过程中最本质的作用。

3.3　TCP/IP 参考模型

TCP/IP（Transmission Control Protocol/Internet Protocol）的中文名是传输控制协议/网际协议。它起源于美国 ARPAnet，起初是为美国国防部高级计划局网络间的通信设计的。由于 TCP/IP 协议是先于 OSI 模型开发的，因此并不符合 OSI/RM 标准。但是现在的 TCP/IP 协议已成为一个完整的协议簇（并已成为一种网络体系结构）。该协议簇除了传输控制协议 TCP 和网际协议 IP 之外，还包括多种其他协议，如管理性协议及应用协议等。当今 TCP/IP 协议已被公认为网络中的工业标准，是互联网的标准协议。

TCP/IP 协议之所以非常受重视，有以下几个原因：

（1）Internet 采用 TCP/IP 协议，各类网络都要和 Internet（或借助于 Internet）相互连接；

（2）TCP/IP 已被公认为是异种计算机、异种网络彼此通信的可行协议，OSI/RM 虽然被公认为网络的发展方向，但目前尚难用于异种机和异种网间的通信；

（3）各主要计算机软、硬件厂商的网络产品几乎都支持 TCP/IP 协议。

TCP/IP 协议具有以下几个特点：

（1）开放的协议标准，可以免费使用，并且独立于特定的计算机硬件与操作系统；

（2）独立于特定的网络硬件，可以运行在局域网、广域网，更适用于互联网中；

（3）统一的网络地址分配方案，使得整个 TCP/IP 设备在网络中都具有唯一的 IP 地址；

（4）标准化的高层协议，可以提供多种可靠的用户服务。

3.3.1　TCP/IP 的体系结构

TCP/IP 协议也采用分层结构，与 OSI 参考模型相比，TCP/IP 协议的体系结构分为四个层次，如图 3-3 所示，从高到低依次是：应用层（Application Layer）、传输层（Transport Layer）、网络互联层（Internet Layer）、网络接口层（Network Interface Layer）。

其中 TCP/IP 参考模型的应用层与 OSI 参考模型的应用层、表示层和会话层相对应；TCP/IP 参考模型的传输层与 OSI 参考模型的传输层对

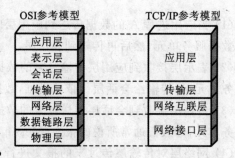

图 3-3　OSI 参考模型与 TCP/IP 参考模型

应；TCP/IP 参考模型的网络互联层与 OSI 参考模型的网络层对应；TCP/IP 参考模型的网络接口层与 OSI 参考模型的数据链路层和物理层相对应。

3.3.2　TCP/IP 参考模型各层的功能

TCP/IP 参考模型的各层功能如下。

1. 网络接口层

在 TCP/IP 参考模型中,网络接口层是最低层,包括能使用 TCP/IP 与物理网络进行通信的协议,其作用是负责通过网络发送和接收数据报。网络接口层与 OSI 参考模型的数据链路层和物理层相对应,TCP/IP 标准对网络接口层并没有给出具体的规定。

2. 网络互联层

在 TCP/IP 参考模型中,网络互联层是参考模型的第 2 层,它相当于 OSI 参考模型的网络层。网络互联层所执行的主要功能是处理来自传输层的分组,将源主机的报文分组发送到目的主机上,源主机与目的主机既可以在同一个网上,又可以在不同的网上。

网络层有四个主要的协议:网际协议 IP、Internet 控制报文协议 ICMP、地址解析协议 ARP 和逆地址解析协议 RARP。网络层的主要功能是使主机可以把分组发往任何网络并使分组独立地传向目标(可能经由不同的网络)。这些分组到达的顺序和发送的顺序可能不同,因此如果需要按顺序发送及接收时,高层必须对分组排序。这就像一个人邮寄一封信,不管他准备邮寄到哪个国家,他仅需要把信投入邮箱,这封信最终会到达目的地。这封信可能会经过很多国家,每个国家可能有不同的邮件投递规则,但这对用户是透明的,用户不必知道这些投递规则。另外,网络层的网际协议 IP 的基本功能是,无连接的数据报传送和数据报的路由选择,即 IP 协议提供主机间不可靠的、无连接数据报传送。互联网控制报文协议 ICMP 提供的服务有:测试目的地的可达性和状态、报文不可达的目的地、数据报的流量控制、路由器路由改变请求等。地址转换协议 ARP 的任务是查找与给定 IP 地址相对应主机的网络物理地址。反向地址转换协议 RARP 主要解决物理网络地址到 IP 地址的转换。

3. 传输层

TCP/IP 的传输层提供了两个主要的协议,即传输控制协议 TCP 和用户数据报协议 UDP,它的功能是使源主机和目的主机的对等实体之间可以进行会话。其中 TCP 是面向连接的协议。所谓连接,就是两个对等实体为进行数据通信而进行的一种结合。面向连接服务是在数据交换之前,必须先建立连接。当数据交换结束后,则应终止这个连接。面向连接服务具有连接建立、数据传输和连接释放这三个阶段。在传送数据时是按序传送的。用户数据报协议是无连接的服务。在无连接服务的情况下,两个实体之间的通信不需要先建立好一个连接,因此其下层的有关资源不需要事先进行预定保留。这些资源将在数据传输时动态地进行分配。无连接服务的另一特征就是它不需要通信的两个实体同时是活跃的(即处于激活态)。当发送端的实体正在进行发送时,它才必须是活跃的。无连接服务的优点是灵活方便和比较迅速。但无连接服务不能防止报文的丢失、重复或失序。无连接服务特别适合于传送少量零星的报文。

4. 应用层

TCP/IP 体系结构中并没有 OSI 的会话层和表示层,TCP/IP 把它都归结到应用层。所以,应用层包含所有的高层协议,并且总是不断增加新的协议。目前,应用层协议主要有以下几种:

(1) 远程登录协议(Telnet);

(2) 简单邮件传送协议(Simple Mail Transfer Protocol,SMTP);

（3）域名服务（Domain Name System，DNS）；

（4）文件传输协议（File Transfer Protocol，FTP）；

（5）超文本传输协议（Hyper Text Transfer Protocol，HTTP）；

（6）简单网络管理协议（Simple Network Management Protocol，SNMP）。

3.3.3　OSI 参考模型与 TCP/IP 参考模型的比较

ISO 制定的 OSI/RM 国际标准，并没有成为事实上的国际标准，取而代之的是 TCP/IP。OSI/RM 和 TCP/IP 有着共同之处，那就是都采用了层次结构模型。它们在某些层次上有着相似的功能，但也有不同，即各自有自己的特点。

1. OSI 参考模型与 TCP/IP 参考模型的共同点

（1）OSI 参考模型与 TCP/IP 参考模型的设计目的都是网络协议和网络体系结构标准化。

（2）都采用了层次结构，而且都是按功能分层。

（3）两者都是计算机通信的国际性标准。OSI 是国际通用的，而 TCP/IP 则是当前工业界的事实标准。

（4）两者都是基于一种协议集的概念。协议集是一簇完成特定功能的相互独立的协议。

（5）各协议层次的功能大体上相同，都存在网络层、传输层和应用层。两者都可以解决异构网互联。

2. OSI 参考模型与 TCP/IP 参考模型的不同点

（1）OSI 参考模型与 TCP/IP 参考模型层数不同。OSI 参考模型分为七层，而 TCP/IP 参考模型分为四层。

（2）OSI 参考模型定义了服务、接口和协议 3 个主要的概念，并将它们严格区分。而 TCP/IP 参考模型最初没有明确区分服务、接口和协议。

（3）TCP/IP 虽然也分层，但其层次间的调用关系不像 OSI 那样严格。在 OSI 中，两个第 N 层实体间的通信必须涉及下一层，即第 N−1 层实体。但 TCP/IP 则不一定，它可以越过紧挨着的下层而使用更低层提供的服务。这样做可以提高协议的效率，减少不必要的开销。

（4）TCP/IP 从一开始就考虑到异种网的互联问题，并将互联网协议 IP 作为 TCP/IP 的重要组成部分，但 ISO 和 CCITT 最初只考虑到用一种标准的公共数据网将各种不同的系统互联在一起，并没有考虑网络互联问题，只是后来在网络层中划分出一个子层来完成类似 IP 的功能。

（5）TCP/IP 并重考虑面向连接和无连接服务功能，而 OSI 到后来才考虑无连接服务功能。

（6）TCP/IP 有较好的网络管理功能，而 OSI 到后来才开始考虑这个问题。

（7）对可靠性的强调不同。

所谓可靠性是指网络正确传输信息的能力。OSI 对可靠性的强调是第一位的，协议的所有各层都要检测和处理错误。因此，遵循 OSI 协议组网在较为恶劣的条件下也能做到正确传输信息，但它的缺点是额外开销较大、传输效率比较低。

TCP/IP 则不然，它认为可靠性主要是端到端的问题，为此应该由传输层来解决，因此通信子网本身不进行错误检测与恢复，丢失或损坏的数据恢复只由传输层完成，即由主机承担，这样做的结果是使得 TCP/IP 成为效率最高的体系结构。但如果通信子网可靠性较差，主机的负担就会加重。

(8) 系统中体现智能的位置不同。

OSI 认为,通信子网是提供传输服务的设施。因此,智能性问题,如监视数据流量、控制网络访问、记账收费,甚至路由选择、流量控制等都由通信子网解决,这样留给本端主机的事情就不多了。

相反,TCP/IP 则要求主机参与几乎所有的智能性活动。

(9) OSI 参考模型大而全并且效率很低,难以实现,但是其很多的研究结果、方法与概念对今后网络的发展具有很好的指导意义。TCP/IP 协议虽然应用相当广泛,但是 TCP/IP 参考模型的研究却很薄弱。

3. OSI 参考模型与 TCP/IP 参考模型的缺点

1) OSI 参考模型自身缺陷

(1) OSI 模型各层的功能和重要性相差较大。会话层和表示层在大多数网络中没有,数据链路层和网络层任务繁重。

(2) 服务定义和协议较复杂,难以完全实现。

(3) 受通信思想所支配,较少考虑计算机的特点。

(4) OSI 模型大而全,运行效率较低。

2) TCP/IP 模型自身缺陷

(1) TCP/IP 模型中的网络接口层本身不是一层,应该把物理层和数据链路层区分开来。

(2) TCP/IP 在服务、接口和对协议上区别不是很清楚。

小　　结

网络体系结构和网络协议是网络技术中两个最基本的概念。计算机网络是由多个互联的计算机节点组成的,要想节点之间能做到有条不紊地交换数据,每个节点必须遵守事先约定好的规则。这些为网络数据交换而制定的规则、约定或标准被称之为协议。对于结构复杂的网络来说,最好的组织形式是层次结构模型。计算机网络协议就是按照层次结构模型来组织的。网络层次结构模型与各层协议的集合定义为计算机网络体系结构。

ISO 定义的 OSI/RM 模型,即开放系统互联参考模型是七层结构的模型,它定义了开放系统的层次结构、层次之间的相互关系及各层所包括的可能的服务,对推动网络协议的标准化的研究起到了重要作用。

TCP/IP 协议是 Internet 中的标准协议,它是一个协议簇,对 Internet 的发展起到了重要的推动作用。TCP/IP 协议最先只是 ARPAnet 的通信协议,由于它抓住了有利时机,目前已成为事实上的工业标准。

习　　题

一、选择题

1. 在 TCP/IP 协议中,UDP 协议是一种＿＿＿＿＿＿＿。

A. 传输层协议　　　　B. 表示层协议　　　　C. 网络接口层协议　　　D. 互联层协议

2. 在 OSI 中,同一节点内各层之间通过＿＿＿＿＿＿相互通信。

A. 协议 　　　　　　B. 应用程序 　　　　　　C. 接口 　　　　　　D. 硬件

3. 在 OSI 中,数据链路层传输的数据单位是_____。

A. 报文 　　　　　　B. 分组 　　　　　　C. 帧 　　　　　　D. 比特流

4. 在 OSI 中,下面不属于物理层物理特性的有_____。

A. 机械特性 　　　　　　B. 传输方式 　　　　　　C. 电气特性 　　　　　　D. 线路的连接

5. 在 OSI 中,下面不是网络层完成的有_____。

A. 逻辑地址寻址 　　　　B. 路由功能 　　　　C. 接入控制 　　　　D. 拥塞控制

6. _____是指为网络数据交换而制定的规则、约定与标准。

A. 接口 　　　　　　B. 网络协议 　　　　　　C. 层次 　　　　　　D. 体系结构

7. 在 OSI 参考模型中,_____处于模型的最底层。

A. 传输层 　　　　　　B. 网络层 　　　　　　C. 物理层 　　　　　　D. 数据链路层

8. 通信子网的最高层是_____。

A. 网络层 　　　　　　B. 传输层 　　　　　　C. 表示层 　　　　　　D. 应用层

9. 在网络分层结构中,_____是 N 层的服务提供者。

A. N−1 层 　　　　　　B. N 层 　　　　　　C. N+1 层 　　　　　　D. N+2 层

10. 用户由_____提供服务。

A. 应用层 　　　　　　B. 传输层 　　　　　　C. 数据链路层 　　　　　　D. 物理层

11. 除物理层外,其他同等层之间的通信称为_____。

A. 双工通信 　　　　　　B. 单工通信 　　　　　　C. 物理通信 　　　　　　D. 逻辑通信

12. 下列哪一层能标志两相邻系统之间数据电路的标识符?_____

A. 物理层 　　　　　　B. 网络层 　　　　　　C. 数据链路层 　　　　　　D. 传输层

13. 下列叙述中哪一项不是数据报服务的特征?_____

A. 要求路由选择 　　　　B. 按序到达 　　　　C. 采用全网地址 　　　　D. 不需要连接

14. 会话层的目的是_____。

A. 用于建立、维持相邻节点之间的连接

B. 可为 DCE 和目的 DCE 建立连接

C. 一个面向应用的连接

D. 建立和维持端-端之间的连接

二、填空题

1. 分层结构的好处有:独立性强、功能简单、_____和_____。

2. 数据链路层协议可分为两类:_____和_____。

3. 一个网络协议主要由以下 3 个要素组成:语法、_____和_____。

4. 网络层的主要用途是为实现_____和_____之间的通信建立、维护和终止网络连接,并通过网络连接交换网络服务数据单元。

5. 网络层差错检测的目的是_____;恢复功能是指_____。

6. 现代计算机网络的网络层中提供了两种类型的服务,它们是_____和_____。

7. 对传输层协议的要求取决于两个因素:_____和_____。

三、简答题

1. 简述网络通信协议的三要素。

2. 简述网络体系结构分层原理。

3. 简述 OSI 划分层次的原则。

4. 简述物理层提供的服务。

5. 比较 OSI 参考模型与 TCP/IP 参考模型的异同点。

第4章 计算机局域网技术

在计算机网络发展过程中,局域网技术一直是最为活跃的领域之一。局域网是在一个较小的范围,如一间办公室、一幢楼或一个校园,利用通信线路将众多计算机及外设连接起来,以达到高速数据、视频等通信及资源共享的目的。以太网(Ethernet)是其典型代表。目前局域网技术已经在企业、机关、学校乃至家庭中得到了广泛的应用。采用局域网技术的校园网、企业网是学校、企业的统一通信平台,依据此平台,可以开发各种通信子业务。本章介绍局域网体系结构、以太网原理、以太网交换机工作原理及物理层标准,分析虚拟局域网原理和划分方法,交换机性能优化,交换机的基本管理与配置等实用知识和技能。

4.1 局域网概述

4.1.1 局域网的特点

计算机互联信息共享是最重要、最基本的信息共享方式之一,速度快、错误少、效率高是对这种共享方式的最基本要求。总的来说,局域网具有如下主要特点。

(1) 局域网覆盖有限的地理范围,可以满足机关、公司、学校、部队、工厂等有限范围内的计算机、终端及各类信息处理设备的联网需求。

(2) 局域网具有传输速率高(通常在 $10\sim10000$ Mb/s)、误码率低(通常低于 10^{-8})的特点,因此,利用局域网进行的数据传输快速可靠。

(3) 局域网通常由一个单位或组织建设和拥有,服务于本单位的用户,其网络易于建立、维护和管理。

(4) 局域网可以根据不同的性能需要选用多种传输介质,如双绞线、同轴电缆、光纤等有线传输介质和微波、红外线等无线传输介质。

(5) 局域网协议模型只包含 OSI 参考模型低三层(即通信子网)的内容,但其介质访问控制比较复杂,所以局域网的数据链路层又细分为两层。

4.1.2 常见的局域网拓扑结构

局域网与广域网的一个重要区别在于它们的地理覆盖范围,并由此两者采用了明显不同的技术。"有限的地理范围"使得局域网在基本通信机制上选择了"共享介质"方式和"交换"方式,并相应地在传输介质的物理连接方式、介质访问控制方法上形成自己的特点。一般来说,决定局域网特性的主要技术要素是网络拓扑结构、传输介质和介质访问控制方法。

在网络拓扑上,局域网所采用的基本拓扑结构包括总线型、环型和星型。

1. 总线型拓扑结构

总线型拓扑结构如图 4-1 所示,所有的站点都直接连接到一条作为公共传输介质的总线上。总线通常采用同轴电缆作为传输介质,所有节点都可以通过总线发送或接收数据,但一段时间内只允许一个节点利用总线发送数据。当一个节点利用总线以"广播"方式发送信号时,其他节点都可以"收听"到所发送的信号。

图 4-1　典型的总线型局域网

由于总线作为公共传输介质为多个节点所共享,因此在总线型拓扑结构中就有可能出现同一时刻有两个或两个以上节点利用总线发送数据的情况,从而导致冲突(collision)。冲突会使接收节点无法从所接收的信号中还原出有效的数据从而造成数据传输的失效,因此需要提供一种机制用于解决冲突问题。

总线拓扑结构的优点是:结构简单,实现容易,易于安装和维护,可靠性较好,价格低廉。

总线拓扑结构的缺点是:传输介质故障难以排除,并且由于所有节点都直接连接在总线上,因此主干线上的任何一处故障都会导致整个网络的瘫痪。

2. 环型拓扑结构

在环型拓扑结构中,所有的节点通过相应的网卡,使用点对点线路连接,并构成一个闭合的环,如图 4-2(a)所示。环型拓扑也是一种共享介质环境,多个节点共享一条环通路,数据在环中沿着一个方向绕环逐站传输。为了确定环中节点在什么时候可以传送数据帧,这种结构同样要提供介质访问控制以解决冲突问题。

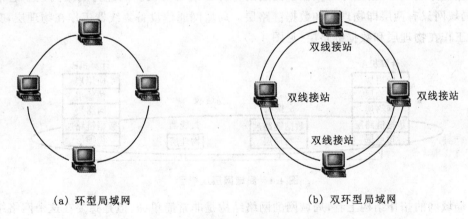

(a) 环型局域网　　　　　　　　　　　　(b) 双环型局域网

图 4-2　环型、双环型局域网示意图

由于信息包在封闭环中必须沿每个节点单向传输,因此环中任何一段的故障都会使各站之间的通信受阻。为了增加环型拓扑的可靠性,还引入了双环拓扑,如图 4-2(b)所示。双环拓扑在单环拓扑的基础上在各站点之间再连接了一个备用环,这样,当主环发生故障时,可利用备用环继续工作。

环型拓扑结构的优点是:能够较有效地避免冲突。

环型拓扑结构的缺点是:环型结构中的网卡等通信部件比较昂贵且环的管理相对复杂。

3. 星型拓扑结构

星型拓扑结构由一个中央节点和一系列通过点到
点链路接到中央节点的末端节点组成。图 4-3 所示的
是星型拓扑结构的示例,各节点以中央节点为中心相
连接,各节点与中央节点以点对点的方式连接。任何
两节点之间的数据通信都要通过中央节点,中央节点
集中执行通信控制策略,完成各节点间通信连接的建
立、维护和拆除。

图 4-3　星型局域网

星型拓扑结构的优点是:连线简单,管理方便,可扩充性强,组网容易。利用中央节点可方
便地提供和重新配置网络连接,且单个连接点的故障只影响一个设备,不会影响全网,容易检
测和隔离故障,便于维护。

星型拓扑结构的缺点是:每个站点直接与中央节点相连,需要大量电缆;另一方面如果中
央节点产生故障,则全网不能工作,因此对中央节点的可靠性和冗余度要求很高。

应该指出,不同的局域网拓扑各有优劣。在实际组网时,应根据具体情况,选择一种合适
的拓扑结构或采用混合拓扑结构。顾名思义,混合拓扑结构由几种基本的局域网拓扑结构共
同组成。

4.1.3　局域网协议及模型

局域网标准 DIX Ethernet V2 规范了以太网的数据传输与传输数据单元,并成为 TCP/IP
体系结构的数据链路层的固定标准。由此可见,在物理层透明传输比特流的基础上局域网工
作在数据链路层,并严格遵守着数据链路层的各种标准与协议。因此为局域网建立通信模型
的话,局域网只有两层即物理层和数据链路层。局域网通信设备集线器工作在物理层,交换机
则主要工作在物理层和数据链路层(见图 4-4)。

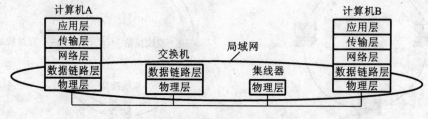

图 4-4　局域网层次模型

从局域网的拓扑结构上看,局域网的网络结构是非常简单的,但是想要在这个网络结构里
实现可靠的高速通信却并不简单。可以把局域网比作同在一个会议室里开会的许多人,这些
开会的人就好比网络节点,每个网络节点都想和其他一个或多个节点进行交流沟通。但是这
样的沟通并不轻松,因为到会的多个人同时发言或者同时和别人进行交流时,他们之间的谈话
会相互干扰,最后可能会导致一片嘈杂,所有人都不能够完全听清大家到底在说什么。局域网
通信也是一样,因为大多数的局域网都是共享通信信道的(如总线型局域网共享一条总线等),
所有计算机发送的信息在共享信道里以广播的方式进行传输,共享信道一次只允许为一个网
络节点传送信息,如果两个节点同时向共享信道里发送信息,那么这些信息将会相互干扰,任
何节点接收到的将是干扰变形的错误信息。

怎样才能使局域网里的计算机有序可靠地进行高速数据通信呢? 在开会的时候为了会议

能有序地进行都要设置会议主席一职来主持会议,局域网里可以用类似会议主席功能的中央节点来控制和转换整个网络的通信,这就是我们所说的星型拓扑结构的局域网。这里向局域网里添加了一个中央节点来让网络通信有序进行,这是硬件的方式,但在现实中并不一定都是星型网络,它们很多都是总线型的或者总线型与星型混合的网络。在这样的网络里必须制订出有效的协议来规范通信过程。这个协议就是 DIX Ethernet V2 标准中著名的 CSMA/CD(Carrier Sense Multiple Access with Collision Delection)协议,即载波监听多点接入/碰撞检测协议。

这个协议大体上是确保同一时间共享通信信道只为一个发送信息的网络节点服务。这就好比在会议上规定一次只允许一个人说话,其他人只能倾听。

"多点接入"说明满足这个协议的计算机网络必须像总线型局域网一样可以在共享信道(总线)上多点接入计算机,并且任何接入的网络节点的缺失和故障都不会影响整个网络通信。现行局域网的拓扑结构大多都满足这个要求。

"载波监听"是指每一个网络节点在发送信息时并不知道共享通信信道是否被占用,因此在发送数据前必须先检测一下共享通信信道。如果没有发现则发送数据,否则,等待一定的时间后继续检测共享信道并判断是否可以发送。

"碰撞检测"是为了防止多个网络节点同时发送数据信号而制订的。因为在监测共享信道时其实是检测其上的信号电压,传输介质上传送的是电信号,如果正在传送数据,共享信道上的信号电压比没有传送信道空闲时的要大。但这样的监测并不准确,因为电信号的传输速度是有限的,只有电信号传送至本节点,本节点的电压才会有所变化,因此多个网络节点同时发送数据信号是存在的。当两个节点同时发送数据信号时,两种信号会在共享信道里发生"碰撞"导致两种信号都严重失真,而信号电压的摆动值也会超过一定的界限。一旦检测到碰撞,必须全部停止,然后等待一段随机时间再次发送。所以所有的节点在发送数据时必须一边发送,一边监测信号电压的摆动值。

显然,在使用 CSMA/CD 协议时,一个网络节点不可能同时发送和接收,多个网络节点也不可能同时相互通信,因此这样的网络进行的不是全双工通信,而是双向交替通信,即半双工通信。

CSMA/CD 规范了整个局域网数据传输的过程,那么传输数据单元是如何规定的呢?

数据链路层的传输数据单元称为数据帧。数据帧是将物理层处理的比特流进行有效分组(见图 4-5),分为一个个传输数据单元,而后对其进行封装形成的。

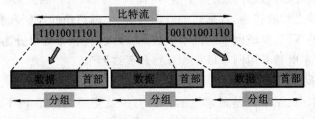

图 4-5 数据中帧示意图

为了使这些数据单元能够被正确的网络节点所接收,必须建立一套地址系统,每一台计算机都有自己的地址,数据帧可把接收自己的计算机地址写入帧头中,方便转发者和接收者阅读确认。这种数据链路层中的地址称为 MAC 地址,物理地址或硬件地址。一个计算机只有一个物理地址,它被固化到该计算机的网卡上,而且这个物理地址是全球唯一的,因此世界上所有的 MAC 地址与计算机是一一对应的关系。在计算机网络中要想找到某一台计算机,只要知道它的 MAC 地址就可以了,就好像只要知道人的身份证号码就可以轻松地找到对应的人一样。以太网的 MAC 地址长度为 48 b 即六个字节,如一个用十六进制表示的 MAC 地址为 AC-DE-48-00-00-80。要想查一查某个计算机的硬件地址,可以进入 DOS 系统,输入 ipconfig/all 命令来查看。如图 4-6 所示,此计算机的 MAC 地址为 00-06-1B-DE-48-BF。

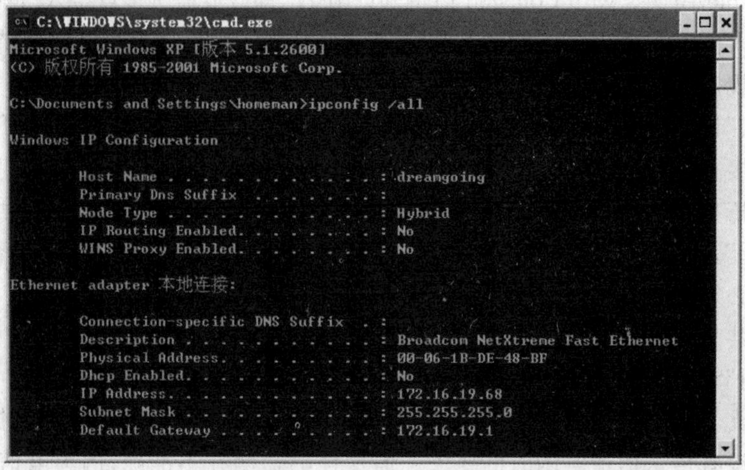

图 4-6　查看计算机的 MAC 地址

4.2　架设局域网的硬件设备

要想把多个计算机连接成局域网,需要多种硬件设备,如网卡、集线器、交换机、网线等。

4.2.1　网络适配器(网卡)

网卡又名网络适配器(Network Interface Card,NIC)。它是计算机和网络线缆之间的物理接口,是一个独立的附加接口电路。任何计算机要想连入网络都必须确保在主板上接入网卡。因此,网卡是计算机网络中最常见也是最重要的物理设备之一。网卡的作用是将计算机要发送的数据整理分解为数据包,转换成串行的光信号或电信号送至网线上传输;同样也把网线上传过来的信号整理转换成并行的数字信号,提供给计算机。因此,网卡的功能可概括为:并行数据和串行信号之间的转换、数据包的装配与拆装、网络访问控制和数据缓冲等。

根据工作对象的不同,局域网中的网卡(也称为以太网网卡)可以分为普通计算机网卡、服务器专用网卡、笔记本电脑专用网卡(PCMCIA)和无线网卡。

1. 普通计算机网卡

普通计算机网卡(见图 4-7)是最常见的。我们一般使用的都是 PCI 网卡,因为这种网卡买来后只要插入到主板的 PCI 插槽里即可使用,没有主板类型和接口的限制,非常方便。这种网卡称为"兼容网卡"。还有一种常见的 ISA 总线网卡是直接集成到主板上的,装入驱动程序后就可以使用。普通网卡按照总线类型,可分为有 ISA 网卡、PCI 网卡和 EISA 网卡三种;按照速度,可分为 10 M 网卡、100 M 网卡、10/100 M 自适应网卡和 1000 M 网卡等。现在日常用的都是 10/100 M 自适应网卡,它可以用于 10 M 和 100 M 两种速度的以太网。为了连入网线,网卡上一般都有一个 RJ-45 标准接口,这种接口可以使得双绞线上的水晶头接入。

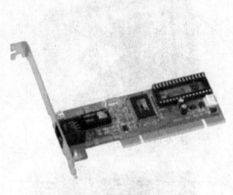

图 4-7　普通计算机网卡

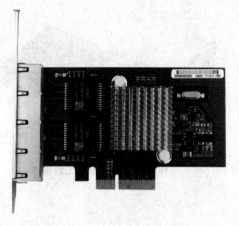

图 4-8　四端口 10/100 M 自适应双速服务器网卡

2. 服务器专用网卡

服务器专用网卡(见图 4-8)是为了适应网络服务器的工作特点而专门设计的,它的主要特征是在网卡上采用了专用的控制芯片,大量的工作由这些芯片直接完成,从而减轻了服务器CPU 的工作负荷。但这类网卡的价格较贵,一般只安装在一些专用的服务器上,普通用户很少使用。

3. 笔记本电脑专用网卡

笔记本电脑专用网卡(见图 4-9)是专门为笔记本电脑设计的,为了适应笔记本电脑的工作方式,PCMCIA 以小为主要特点,在其上可外接一根转接线,根据转接线的不同,分别与双绞线和细缆相连,也可以是无线的。PCMCIA 的外观结构与普通网卡有显著不同。随着笔记本电脑功能的不断增多和体积的不断缩小,现在的 PCMCIA 已经向

图 4-9　PCMCIA

复合功能的方向发展,相继出现了二合一、三合一的 PCMCIA。三合一卡是集局域网连接、Internet接入和收发传真为一体的网卡,即有一个专门用来连接局域网的接口,传真和调制解调器共用同一个接口。

4. 无线网卡

无线网卡是在无线局域网的覆盖下通过无线连接网络进行上网使用的无线终端设备。具体来说,无线网卡就是可以利用无线来上网的一个装置,但是有了无线网卡还需要一个可以连接的无线网络,如果家里或者所在地有无线路由器或者无线 AP 的覆盖,就可以通过无线网卡以无线的方式连接无线网络上网。

无线网卡按照接口的不同可以分为多种:第一种是台式机专用的 PCI 接口无线网卡(见图 4-10);第二种是笔记本电脑专用的 PCMCIA 接口网卡(见图 4-11);第三种是 USB 无线网卡(见图 4-12),这种网卡不管是台式机用户还是笔记本用户,只要安装了驱动程序,就可以使用。在选择时要注意的一点就是,只有采用 USB2.0 接口的无线网卡才能满足 802.11 g 或802.11 g＋的需求。

除此之外,还有笔记本电脑中应用比较广泛的 MINI-PCI 无线网卡(见图 4-13)。MINI-PCI 为内置型无线网卡,其优点是无需占用 PC 卡或 USB 插槽,并且免去了随身携带一张 PC卡或 USB 卡的麻烦。

目前这几种无线网卡在价格上差距不大,在性能上也差不多,按需而选即可。

图 4-10　PCI 接口无线网卡

图 4-11　PCMCIA 接口网卡

图 4-12　USB 无线网卡

图 4-13　MINI-PCI 无线网卡

4.2.2　局域网的传输介质

网络中各站点之间的数据传输必须依靠某种传输介质来实现。传输介质种类很多,适用于局域网的传输介质主要有三类:双绞线、同轴电缆和光导纤维。

1. 双绞线

双绞线(Twisted Pair Cable)由绞合在一起的一对导线组成,这样做减少了各导线之间的相互电磁干扰,并具有抗外界电磁干扰的能力。双绞线电缆可以分为两类:屏蔽型双绞线(STP)和非屏蔽型双绞线(UTP)。屏蔽型双绞线外面环绕着一圈保护层,有效减小了影响信号传输的电磁干扰,但相应增加了成本,如图 4-14 所示。而非屏蔽型双绞线没有保护层,易受电磁干扰,但成本较低。

图 4-14　屏蔽型双绞线

非屏蔽型双绞线广泛用于星型拓扑的以太网,采用新的电缆规范,如 10Base-T 和 100Base-T,可使非屏蔽型双绞线达到 10 Mb/s 以至 100 Mb/s 的传输速率。双绞线的优势在于它使用了电信工业中已经比较成熟的技术,因此,对系统的建立和维护都要容易得多。在不需要较强抗干扰能力的环境中,选择双绞线特别是非屏蔽型双绞线,既利于安装,又节省了成本,所以非屏蔽型双绞线往往是办公环境下网络介质的首选。双绞线的最大缺点是抗干扰能力不强,特别是非屏蔽型双绞线。非屏蔽型双绞线两头一般都会用水晶头包裹好,这个水晶头其实就是一个 RJ-45 接头,可以插入到网卡、交换机和集线器的 RJ-45 接口里,从而促成各种网络设备的互联,如图 4-15 所示。

图 4-15　RJ-45 接头非屏蔽型双绞线

2. 同轴电缆

同轴电缆由内、外两个导体组成,且这两个导体是同轴线的,所以称为同轴电缆。在同轴电缆中,内导体是一根导线,外导体是一个圆柱面,两者之间有填充物。外导体能够屏蔽外界电磁场对内导体信号的干扰,如图 4-16 所示。

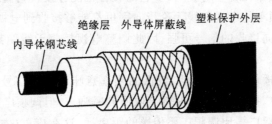

图 4-16　同轴电缆

同轴电缆既可以用于基带传输,又可以用于宽带传输。基带传输时只传送一路信号,而宽带传输时则可以同时传送多路信号。用于局域网的同轴电缆都是基带同轴电缆。

3. 光导纤维

光导纤维简称光纤。对于计算机网络而言,光纤具有无可比拟的优势。光纤由纤芯、包层及护套组成。纤芯由玻璃或塑料组成,包层则是玻璃的,使光信号可以反射回去,沿着光纤传输;护套则由塑料组成,用于防止外界的伤害和干扰,如图 4-17 所示。

(a) 光缆　　　　　　　　　(b) 内核与包层之间形成全反射

图 4-17　光纤

光波由发光二极管或激光二极管产生,接收端使用光电二极管将光信号转为数据信号。光导纤维传输损耗小、频带宽、信号畸变小,传输距离几乎不受限制,且具有极强的抗电磁干扰能力,因此,光纤现在已经被广泛地应用于各种网络的数据传输中。

4.2.3　无线传输介质

双绞线、同轴电缆和光纤都属于有线传输介质。有线传输介质不仅需要铺设传输线路,而且连接到网络上的设备也不能随意移动。而若采用无线传输介质,则不需要铺设传输线路,数字终端可以在一定范围内移动,非常适合那些难以铺设传输线路的边远山区和沿海岛屿,也为大量的便携式计算机入网提供了条件。目前,最常用的无线传输介质有无线电广播、微波、红外线和激光等,每种方式使用某一特定的频带。一个新的广播电台开始广播前,必须得到通信委员会的批准才能使用某一频率广播,在美国使用的频带由美国联邦通信委员会(FCC)调控,因此不同的通信方式不会相互干扰。

1. 无线电广播

提到无线电广播,最先想到的就是调频(FM)广播和调幅(AM)广播。无线电传送包括短波、民用波段(CB)以及甚高频(VHF)和超高频(UHF)的电视传送。

无线电广播是全方向的,也就是说不必将接收信号的天线放在一个特定的地方或某个特定的方向。例如,无论汽车在哪里行驶,只要它的收音机能够接收到当地广播电台的信号就能够收到电台的广播;屋顶上的电视天线无论指向哪里都能够接收到电视信号,但电视接收天线对着无线广播信号的方向接收的信号更强,因此调整电视接收天线使其指向发射台的方向可以接收到更清晰的图像。

调幅广播比调频广播使用的频率低,较低的频率意味着它的信号更易受到大气的干扰。如果在雷雨天收听调幅广播,每次闪电时都会收听到噼啪声,但调频广播就不会受到雷电的干扰。可是频率较低的调幅广播比调频广播传送的距离远,这在夜里(太阳的干扰减弱时)更明显。

短波和民用波段无线电广播也都是用很低的频率。短波无线电广播必须得到批准,而且限制在某一特定的频率范围。任何拥有相应设备的人都可以收听到这些广播。

电视台使用的频率比无线电广播电台使用的频率高,广播电台只传送声音,而电视台用较高的频率传送图像和声音的混合信号。甚高频电视台使用 2～12 频道传送信号,超高频电视台使用的是大于 13 的频道。电视频道不同就是传送信号的频率不同,电视机在每个频道以不同的频率接收不同的信号。

2. 微波通信

微波是指频率为 0.3～300 GHz 的电波,但主要是使用 2～40 GHz 的频率。微波通信是把微波作为载波信号,用被传输的模拟信号或数字信号来调制它,进行无线通信。它既可传输模拟信号,又可传输数字信号。由于微波段的频率很高,频段范围也很宽,故微波信道的容量很大,可同时传输大量信息。

微波能穿透电离层而不反射到地面,故只能使微波沿地球表面由源地址向目标地址直线传输。然而地球表面是曲面,因此微波的传播距离受到限制,一般只有 50 km 左右。若采用 100 m 高的天线塔,传播距离才能达到 100 km。微波通信有两种主要方式,即地面微波接力通信和卫星通信。

地面微波接力通信是在一条无线通信信道的两个终端之间,建立若干个微波中继站,中继站把前一站送来的信号放大后,再发送到下一站,这就是所谓的接力。相邻站之间必须直视,不能有障碍物,而且微波的传播受恶劣天气的影响,保密性比电缆的差。

卫星通信是将微波中继站放在人造卫星上,形成卫星通信系统。所以通信卫星本质上是一种特殊的微波中继站,它用上面的中继站接收从地面发来的信号,加以放大后再发回地面。这样,只要用 3 个相差 120° 的卫星便可覆盖整个地球。在卫星上可装多个转发器,它们以一种频率段(5.925～6.425 GHz)接收从地面发来的信号,再以另一频率段(3.7～4.2 GHz)向地面发回信号,频带的宽度是 500 MHz,每一路卫星信道的容量相当于 100000 条音频线路。卫星通信的最大特点是通信距离远,而且通信费用与通信距离无关,当通信距离很远时,租用一条卫星音频信道远比租用一条地面音频信道便宜。卫星通信和微波接力通信相似,频带宽、容量大、信号所受的干扰小、通信稳定。但卫星通信的传播时延大,无论两个地面站相距多远,从一个地面站经卫星到另一个地面站的传播时延总在 250～300 μs 之间,比地面微波接力通信链路和同轴电缆链路的传播时延都大。

3. 红外线通信

红外线通信是利用红外线来传输信号,在发送端设有红外线发送器,接收端设有红外线接收器。发送器和接收器可以任意安装在室内或室外,但它们之间必须在可视范围内,中间不能有障碍物。红外线信道有一定的带宽,当传输速率为 100 Kb/s 时,通信距离可大于 16 km;当传输速率为 1.5 Mb/s 时,通信距离为 1.6 km。红外线具有很强的方向性,很难窃听、插入和干扰,但传输距离有限,易受环境(如雨、雾和障碍物)的干扰。

4. 激光通信

激光通信是利用激光束来传输信号,即将激光束调制成光脉冲,以便传输数据,因此激光通信与红外线通信一样是全数字的,不能传输模拟信号。激光通信必须配置一对激光收发器,而且要安装在视线范围内。激光的频率比微波的高,因此可获得更高的带宽。激光具有高度的方向性,因而很难窃听、插入和干扰,但同样易受环境的影响,传播距离不会很远。激光通信与红外线通信的不同之处在于,激光硬件会发出少量的射线而污染环境。

4.2.4　几种介质的安全性比较

数据通信的安全性是一个重要的问题。不同的传输介质具有不同的安全性。双绞线和同轴电缆用的都是铜导线,传输的是电信号,因而容易被窃听。数据沿导线传送时,简单地用另外的铜导线搭接在双绞线或同轴电缆上即可窃取数据,因此铜导线必须安装在不能被窃取的地方。

从光缆上窃取数据很困难,光线在光缆中必须没有中断才能正常传送数据。如果光缆断开或被窃听,就会立刻知道并且能够查出。光缆的这个特性使窃取数据很困难。

广播(无线电或微波)传送是不安全的,任何人使用接收天线都能接收数据。地面微波传送、卫星微波传送和无线电广播都存在这个问题。提高广播传送数据安全性的唯一方法是给数据加密。给数据加密类似于给电视信号编码,例如,有线电视机不用解码器就无法收看被编码的电视频道。

4.3　局域网设备

4.3.1　集线器

集线器的英文为“Hub”(见图 4-18)。它的主要功能是对接收到的信号进行再生整形放大,以扩大网络的传输距离,同时把所有节点集中在以它为中心的节点上。集线器工作在网络最底层,不具备任何智能,它只是简单

图 4-18　集线器

地把电信号放大,然后转发给所有接口。集线器一般只用于局域网,需要加电,可以把数个计算机用双绞线连接起来组成一个简单的网络。

集线器通常具有如下功能和特性:

(1) 可以是星型以太网的中央节点,工作在物理层;

(2) 对接收到的信号进行再生整形放大,以扩大此信号网络的传输距离;

(3) 一般采用 RJ-45 标准接口;

(4) 以广播的方式传送数据;

(5) 无过滤功能,无路径检测功能;

(6) 不同速率的集线器不能级联。

可以用集线器、双绞线、计算机和计算机中的网卡组成如图 4-19 所示的一个简单的星型共享式局域网。第一台计算机首先把需要传输的信息通过网卡转换成网线上传送的信号,并发至集线器,加电的集线器将这些信号放大,而后不经过任何处理就直接广播到集线器的所有端口(八个)。第二台计算机从它接入集线器的端口接收信号,并通过它的网卡转换成数字信息,由此这个通信过程就完成了。从这个过程可见,集线器只是完成简单的传送信号的任务,毫无智能而言,可以把它简单地虚拟成一根连接两台计算机的网线,因此它工作在物理层。图4-19 所示的集线器共有八个端口,无论哪个端口上接入计算机都可以接收并读取上述第一台计算机发送的信息,这样不能确保传输信息的安全性。如果端口较多,集线器的广播量会增大,整个网络的性能也会变差。

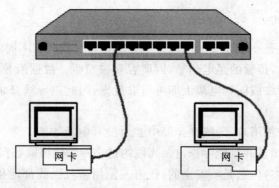

图 4-19 共享式以太网

4.3.2 交换机

交换机(Switch)又称网桥(见图 4-20)。在外形上交换机和集线器很相似,并且都应用于局域网,但是交换机是一个拥有智能和学习能力的设备。交换机接入网络后可以在短时间内学习掌握此网络的结构以及与它相连计算机的相关信息,并且可以对接收到的数据进行过滤,而后将数据包送至与目的主机相连的接口。因此,交换机比集线器传输速度更快,内部结构也更加复杂。一般可用交换机组建局域网或者用它把两个网络连接起来(例如,学校机房就用交换机把机房的局域网接入校园网)。

交换机通常具有如下功能和特性:

(1) 可以是星型以太网的中央节点,工作在数据链路层;

(2) 可以过滤接收到的信号,并把有效传输信息按照相关路径送至目的端口;

(3) 一般采用 RJ-45 标准接口;

3COM 10/100 24端口交换机　　　　Cisco Catalyst 3750 系列交换机

图 4-20　交换机

（4）参照每个计算机的接入位置，有目的地传送数据；

（5）有过滤功能和路径检测功能；

（6）不同类型的交换机和集线器可以相互级联。

可以用交换机、双绞线、计算机和计算机中的网卡组成图 4-21 所示的一个简单的星型交换式局域网。当交换机的端口被接入计算机后，交换机便进入了一个"学习"阶段。在这个阶段中，交换机需要获得每台计算机的 MAC 地址并建立一张"端口/MAC 地址映射表"，通过这张表交换机将自己的端口与接入交换机上的计算机联系起来。如图 4-21 所示的两台计算机，交换机学到的映射关系为：第一台计算机连接在端口 3 上，它的 MAC 地址为 00-50-BA-27-5D-A1；第二台计算机连接在端口 5 上，它的 MAC 地址为 00-06-1B-DE-48-BF。现在第一台计算

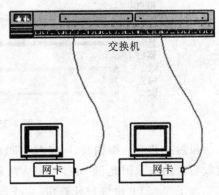

图 4-21　交换式以太网

机要向第二台计算机发送信息，发送的源地址（发送者的地址）是 00-50-BA-27-5D-A1，目的地址（接收者的地址）是 00-06-1B-DE-48-BF，第一台计算机把这两个物理地址写入待发送的数据帧里，并通过端口 3 送至交换机。交换机读取数据帧，提取这两个地址，并与"端口/MAC 地址映射表"进行对比，发现在表中目的地址 00-06-1B-DE-48-BF 对应端口 5。于是这里交换机建立了一条第一台计算机与第二台计算机通信的路径：第一台计算机→端口 3→端口 5→第二台计算机。第一台计算机与第二台计算机要交换的信息都通过这个路径传送。由此可见，交换机工作在数据链路层，可以读取数据帧。送入交换机中的所有数据都会参照映射表进行过滤，并最终建立此数据的通信路径。

4.4　局域网的组建

利用硬件设备组建或接入局域网，并不是一件困难的事情。因为局域网结构简单，技术成熟，造价低廉，所以只要少许学习，多加练习，便可以熟练地掌握局域网组网技术。

4.4.1　制作非屏蔽双绞线

在局域网中，现在基本上用的传输介质都是非屏蔽双绞线。因为同轴电缆不易于布线，已经很少使用，屏蔽双绞线只用于特殊环境中，光纤造价昂贵只适用于长途传输。因此，我们平时组网所说的网线指的是非屏蔽双绞线。

剥开非屏蔽双绞线的外包裹层,里面共有八根铜线,分别由绝缘层包裹,每两根线通过相互绞合成螺旋状而形成一对(见图 4-22)。其中绝缘层被染成橙色和白橙色的形成一对,绿色和白绿色形成一对,蓝色和白蓝色形成一对,棕色和白棕色形成一对。把这八根铜线进行编号,橙 2 和白橙 1,绿 6 和白绿 3,蓝 4 和白蓝 5,棕 8 和白棕 7,如图 4-23 所示。

图 4-22　非屏蔽双绞线

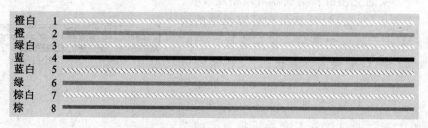

图 4-23　非屏蔽双绞线的编号

虽然一共有八根铜线,但是只用四根线:橙 2 和白橙 1 是发送数据的线,绿 6 和白绿 3 是接收数据的线。因此,通常接线的方法就是要把 1、2 线和 3、6 线接起来。

为了将 UTP 电缆与计算机、集线器、交换机等设备连起来,首先需要统一它们的接口,这个接口就是 RJ-45 接口。因此,为了让非屏蔽双绞线拥有这样的接头,把双绞线的两头用水晶头(也称为 RJ-45 水晶头)包裹起来。包裹方法是,把八根铜线按照编号(见图 4-24)插入水晶头里,并用 RJ-45 专用剥线/夹线钳(见图 4-25)压紧。

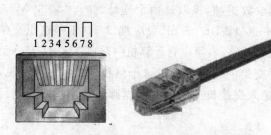

图 4-24　双绞线在水晶头中的排序位置

图 4-25　剥线/夹线钳

如图 4-24 所示,RJ-45 水晶头的排线方法是:将水晶头的腹部,即水晶头的铜片朝上方,且面向自己,八根铜线按照编号从左边开始由 1 到 8 依次排开。

1. 直通非屏蔽双绞线的制作

无论是连接还是制作网线,都必须遵循一个基本规则:自己的发线要与对方的收线相连;自己的收线要与对方的发线相连。也就是说,必须要把白橙 1、橙 2 和白绿 3、绿 6 连接起来。

直通非屏蔽双绞线线内的线对排序如图 4-26 所示。这里的八根线均按照原序号交叉排列,依次为白橙、橙、白绿、蓝、白蓝、绿、白棕、棕,这样的排序称为 568B 线序。那么这样排列是否违反上述基本规则呢?

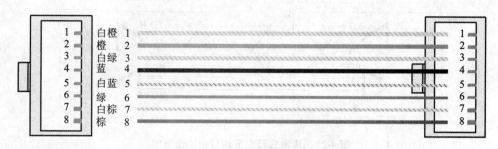

图 4-26　直通非屏蔽双绞线内的线对排序

答案是否定的,因为连接直通线的设备内部的收线和发线进行了交叉。比如说计算机与集线器相连需要直通线,这里计算机的发线要与集线器的收线相连,计算机的收线要与集线器的发线相连,如图 4-27 所示,由于集线器内部的收线和发线进行了交叉,因此两边的布线规则都是 568B,使用直通线非常合适。

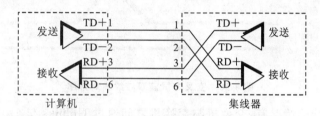

图 4-27　例图

除了计算机与集线器外,需要使用直通线的情况还有:将交换机或 Hub 与路由器连接;计算机(包括服务器和工作站)与交换机或 Hub 连接。

由上述可得,双绞线两头布线都相同的就是直通线。这里的布线规则有 568B 线序,还有568A 线序。568A 线序的布线排列从左到右依次为:白绿、绿、白橙、蓝、白蓝、橙、白棕、棕。两边同是 568B 或 568A 线序的都是直通线。

2. 交叉非屏蔽双绞线的制作

计算机与集线器连接使用的是直通线,那么集线器与集线器之间级联需要什么样的电缆呢?

这要分两种不同的情况,一种是集线器的直通级联端口与另一集线器的普通交叉端口相连,如图 4-28 所示。显然这里需要直通线,两边的布线都是 568B 线序。

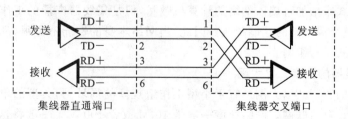

图 4-28　两集线器直通端口与交叉端口相连示意图

另一种是集线器的普通交叉端口与另一个集线器的普通交叉端口相连,如图 4-29 所示。在这里的双绞线一边的线序是 568B:1,2,3,4,5,6,7,8;另一边的线序为 568A:3,6,1,4,5,2,7,8。正好 1 和 3 相接,2 和 6 相接,符合双方收线与发线相连的原则。这样的双绞线就是所谓的交叉非屏蔽双绞线,简称交叉线。因此,双绞线两头的线序都不一样,比如一头是

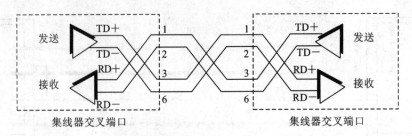

图 4-29　两集线器交叉端口相连示意图

568B,那另一方一定是 568A,这样的线就是交叉线(见图 4-30)。

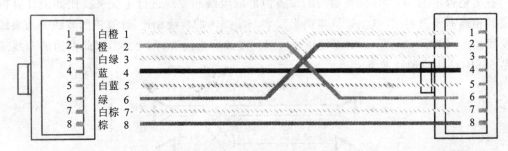

图 4-30　交叉非屏蔽双绞线线对排序

　　需要使用交叉线的情况有:交换机与交换机之间通过 Uplinks 口连接;Hub 与交换机连接;Hub 与 Hub 之间连接;两台 PC 直接相连;路由器接口与其他路由器接口连接;Ethernet 接口的 ADSL Modem 连接到 PC 的网卡接口。

　　一般在制作完网线后,都要进行双绞线连通性测试。测试工具是电缆测试仪,如图 4-31 所示。

图 4-31　电缆测试仪

4.4.2　共享式以太网组网

　　一般把仅用集线器、非屏蔽双绞线与计算机互联而形成的局域网称为共享式以太网。这种局域网用于网络规模不大,并且需要联网的计算机相对比较集中的情况。比如学生寝室里六台计算机的联网,一间办公室或者一层楼所有计算机的联网等。当然由于集线器的端口是有限的,因此共享式以太网只能连接有限个计算机。有的时候可以用集线器级联的方式来增加可接入网络的计算机数量,但是集线器广播的工作原理导致了连接的计算机越多,整个局域网的性能越差。因此,当网络本身的性能不是很好时,通常不主张用集线器级联的方式进行组网。

1. 单一集线器的共享式以太网

　　单一集线器的共享式以太网适宜于小型工作组规模的局域网,典型的单一集线器一般可以支持 2～24 台计算机联网。网络速度一般是 10 M 或者 100 M。一般将这种网络应用于局限于一个房间里的计算机互联的局域网组网。

　　早期的集线器、网卡,甚至网线都分为 10 M 和 100 M 的两种。要想配置 10 M 的局域网必须使用 10 M 的集线器、网卡和网线,同理,100 M 的局域网也必须使用 100 M 的网络设备。并且两种不同速率的设备不能混用,这给组网的用户带来了很大的麻烦。如今的网卡、网线以及集线器已经都是 10 M/100 M 自适应式,也就是说它们都可以自己适应 10 M 和 100 M 的网速,并能够正常运行,所以现在从市面上买来的以太网设备基本上都可以直接接入以太网并且无需担心不匹配的情况。

单一集线器结构的以太网配置方案(组成网络如图 4-32 所示):

(1) 10 M 和 100 M 自适应网卡;

(2) 超五类非屏蔽双绞线;

(3) 10 M 和 100 M 自适应集线器;

(4) 每段 UTP 电缆最大长度 100 m。

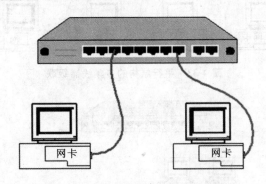

图 4-32　单集线器结构以太网示意图

2. 多集线器级联的共享以太网

当需要联网的计算机数超过单一集线器所能提供的端口数时,或者需要联网的计算机位置相对比较分散(如多个房间的计算机)并且网络性能比较好(如百兆网络)时,可以考虑使用多集线器级联的共享以太网。

计算机与集线器的普通接口连接时需要使用直通线,而多个集线器相互级联所使用的网线按照连接端口的不同,也是不一样的。集线器上提供一个上行端口,专门用来同其他集线器级联。当一台集线器的上行端口与另一台集线器的普通端口进行级联时,需要使用直通线。而当集线器不提供上行端口或者上行端口被占用的情况下,只有把两台集线器的端口进行级联,这时需要使用交叉线。

多集线器级联的以太网配置方案:

(1) 10 M 和 100 M 自适应网卡;

(2) 超五类非屏蔽双绞线;

(3) 10 M 和 100 M 自适应集线器;

(4) 每段 UTP 电缆的最大长度 100 m;

(5) 任意两个节点之间最多可以经过两个集线器;

(6) 集线器之间的电缆长度不能超过 5 m;

(7) 整个网络的最大覆盖范围为 500 m 以内;

(8) 网络中不能出现环路。

这里一定要强调的是网络中绝对不能出现环路。因为集线器是以广播的方式传送数据的,一旦网络中出现一个或多个损坏和错误的数据包,并且这些数据包不能被任何计算机接收处理,那么它们就会被各个集线器任意地广播到网络的每个端口、每条线路中去。如果网络再出现环路,数据包会在这条环路中不断地循环传输下去,从而导致线路资源严重占用,网络性能急剧变坏。

多集线器级联的以太网可以采用两种结构：平行结构（见图 4-33）和树型结构（见图 4-34）。

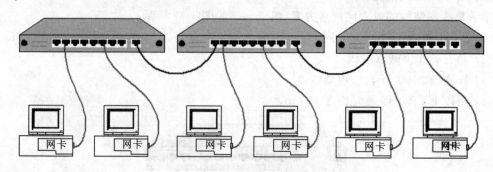

图 4-33　平行结构的多集线器级联

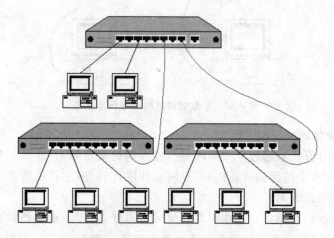

图 4-34　树型结构的多集线器级联

4.4.3　交换式以太网组网

交换式以太网与共享式以太网的组网非常相近，只不过是把网络当中的集线器换成了交换机（见图 4-35）。集线器和交换机在外表上是很难区分的，但如前所述，它们在工作原理上有本质性的不同，就是因为这个本质性的不同，导致了这两种局域网的性能和工作效率都不一样。共享式以太网的性能相对较弱，覆盖范围相对较小，因为集线器广播数据的工作方式占用和消耗了大量的信道资源，最终各网络节点所分得的带宽大大减少。例如，一个学生寝室里有五台计算机，现用一台集线器把它们连成一个共享式以太网并接入校园网。如果校园网的网速是 10 Mb/s 的话，那么每台计算机能得到的带宽只有 2 Mb/s。

如果把上例的集线器换成交换机，整个网络就变成交换式以太网，而每台计算机所得到的带宽增加至 10 Mb/s。这种巨大的变化来源于交换机的使用，由前可知，交换机可以为通信双方建立通信路径。比如上例中交换机可为五台计算机建立五个单独的与校园网的通信路径，由于五台计算机可能同一时间在网上做不同的事，所需要网络的数据也不同，所以五个通信路径所传输的数据可能毫无联系，就好像每一台计算机都独享了校园网的宽带一样，每台计算机的带宽都是 10 Mb/s。

就是因为交换机这样的智能化设备的加入，使得交换式以太网比共享式以太网网性能更好，覆盖范围更大。通常喜欢用交换机互联一个房间里的所有计算机，并把它们接入更大的计

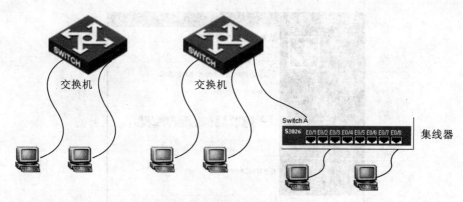

图 4-35　交换式以太网

算机网络(如校园网),或者先用集线器把一层楼的每个房间里的计算机互联成一个个共享式
以太网,然后再用交换机与这些集线器级联并接入 Internet,如图 4-36 所示。此外,与集线器
一样,现在市面上买到的交换机都是 10 M/100 M 自适应式的,都可以接入计算机网络中直接
使用。

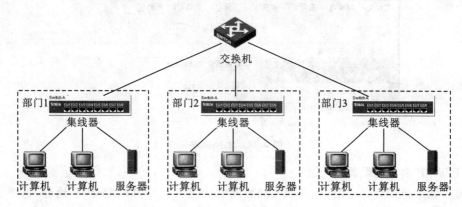

图 4-36　例图

4.4.4　局域网的软件配置以及网络连通性测试

局域网硬件安装完毕后,要想使用这个局域网还必须安装相应的软件,如网络操作系统和
网卡驱动程序等。下面就来介绍相关网络软件的安装以及运用命令来测试网络的连通性。

1. 网卡驱动程序的安装

安装网卡的计算机必须要装入网卡驱动程序,才可以使网卡正常工作,并连入网络。网卡
驱动程序因网卡和操作系统的不同而异,一般随同网卡一起发售,但有些常用的驱动程序也可
以在操作系统安装盘中找到。

安装网卡驱动的方法是:单击 Windows 7 桌面的"开始"→"控制面板"→"添加硬件"选
项,打开如图 4-37 所示的对话框。直接单击"下一步"按钮,可直接搜索未安装驱动程序的所
有硬件,从指定的路径中读取驱动程序并安装。

一般地,普通计算机的网卡驱动程序是不用安装的。因为现在大多数操作系统都已经集
成了网卡驱动程序,只要网卡一经安装,操作系统就会自动进行识别,并配以适当的驱动程序
使其正常运行。只要装上了网卡驱动程序,网卡运行正常,都能在"网络连接"中找到"本地连

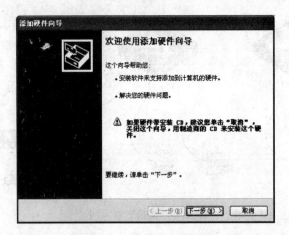

图 4-37　添加硬件安装向导

接"图标,如图 4-38 所示。

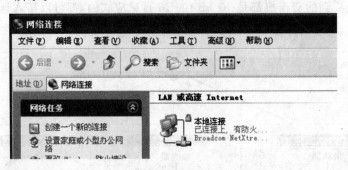

图 4-38　本地连接

2. TCP/IP 信息的配置

安装了网卡驱动程序之后,还必须为局域网中的每一台计算机配置 IP 地址,这样它们之间才可以相互识别,相互通信,配置方法如下。

(1) 单击 Windows 7 桌面的"开始"→"控制面板"→"网络连接"选项,如图 4-38 所示,找到"本地连接",打开其属性,如图 4-39 所示。

(2) 选中"Internet 协议(TCP/IP)"选项,单击"属性"按钮,打开图 4-40 所示的对话框。

(3) 在图 4-40 中相应位置填入 IP 地址、子网掩码、网关等 TCP/IP 信息即可。这里要注意的是,为一个局域网的所有计算机配置的 IP 地址一定是连续的。比如一个局域网里共有三台计算机,首先设置它们的网关都是 172.16.19.1,子网掩码都是 255.255.255.0。三台计算机的 IP 地址依次可设置为 172.16.19.68,172.16.19.69,172.16.19.70 三个连续的 IP。

最后可以在 DOS 命令行输入 ipconfig /all 来对本机的 IP 地址进行确认,如图 4-41 所示。本机的 IP 地址为 172.16.19.68。

3. 网络连通性测试

ping 命令是测试网络连通性最常用的命令。ping 命令测试原理是发送多个数据包到对方主机,对方主机将这些数据包如数返回,由此接收到的数据包的时间和数量来判断网络的连通性。ping 命令的语法十分简单,只要在 ping 命令后加上要测试计算机的 IP 地址即可,如图 4-42 所示。

如图 4-42 所示,本机用 ping 命令向 IP 地址为 172.16.19.69 的计算机发送了四个 32 字

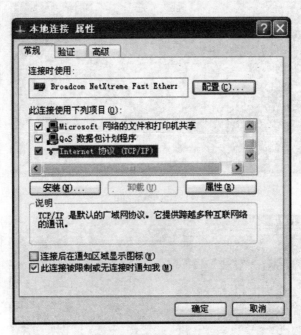

图 4-39　本地连接属性

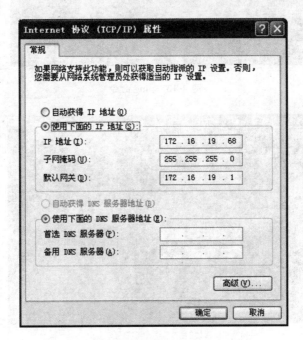

图 4-40　Internet 协议（TCP/IP）属性

节的数据包，并原样被对方返回，都被本机如数地接收到，无一缺失。这说明本机和 IP 地址为
172.16.19.69 的计算机之间在网络硬件上是连通的，两台计算机的网络软件与通信模块也是
正常运行的。当然也有 ping 不通的情况，如图 4-43 所示。这种情况表明两台计算机不是连
通的或者软硬件出现了一定的问题。

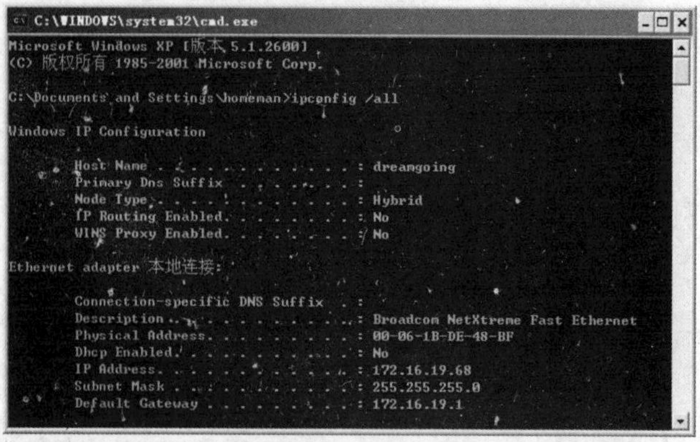

图 4-41　ipconfig /all 命令

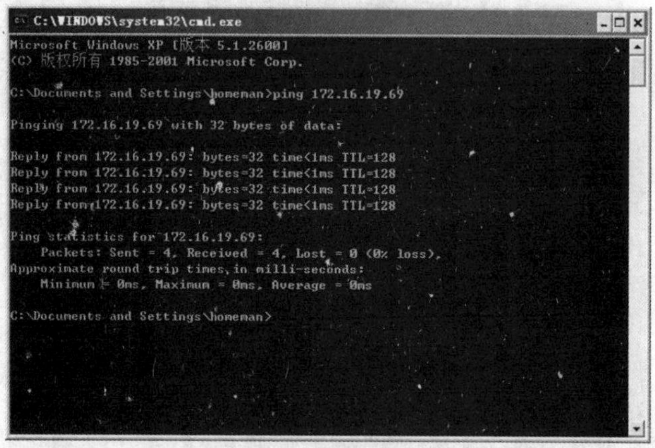

图 4-42　ping 命令

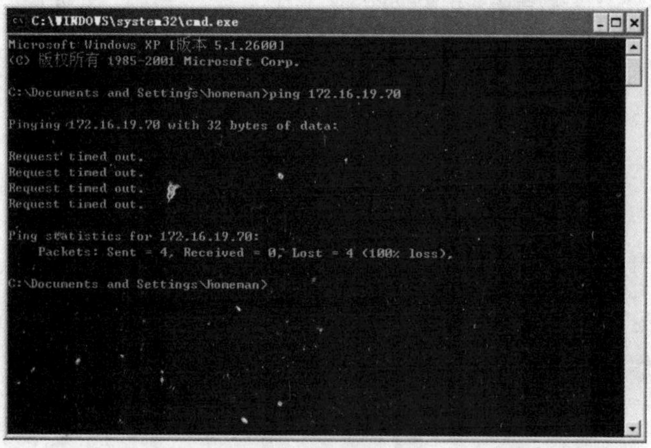

图 4-43　ping 不通

小　　结

　　局域网是一种较小范围内的计算机网络,利用通信线路将众多计算机及外设连接起来,以传输数据、视频、音频等信息及资源共享为目的。通常局域网是学校、企业的统一通信平台。

双绞线是目前使用最广泛的一种有线传输介质。典型的数据传输率为 10 Mb/s、100 Mb/s和1000 Mb/s。

局域网的体系结构是 IEEE 802 参考模型,该模型共分为物理层、MAC 子层、LLC 子层。

CSMA/CD 是较早总线式以太网的半双工通信协议;现在的局域网使用以太网交换机、双绞线、光纤的以太网,实现全双工通信,也支持 CSMA/CD 半双工协议。

局域网的组网设备包括硬件和软件。软件主要是指以网络操作系统为核心的软件系统,硬件组件则主要指计算机及各种设备,包括服务器和工作站、网卡、网络传输介质、网络连接部件与设备等。

以太网的速率有 10 Mb/s、100 Mb/s、1000 Mb/s、10 Gb/s,通信方式有半双工、全双工。以太网的端口协商功能使不同速率、不同通信方式的网络设备能在一个网络中。

习　题

一、填空题

1. _____成为现行的以太网标准,并成为 TCP/IP 体系结构的一部分,即它是数据链路层的全部内容。

2. 常见的局域网的拓扑结构有:_____、_____、_____和_____等。

3. 568A 线序的布线排列从左到右依次为:_____、_____、_____、_____、_____、_____、_____、_____。

4. 568B 线序的布线排列从左到右依次为:_____、_____、_____、_____、_____、_____、_____、_____。

5. 将发送端的_____信号变换成_____信号的过程称为调制,而接收端把_____信号还原成_____信号的过程称为调制。

6. 数字数据是一组_____的数据,模拟数据是一组_____的数据,经过采样、量化、编码后可以转换为_____。

7. 用电路交换技术完成数据传输要经历_____、_____和_____ 3个过程。

8. 为了进行数据传输,在数据传输之前先要在发送站与接收站之间建立一条逻辑通路,这种交换方式称为_____。

二、简答题

1. 简述集线器是怎样工作的?

2. 简述交换机是怎样工作的?

3. 请仔细观察和询问学校机房或者你所在的寝室楼的计算机网络拓扑结构,并绘制出来。

4. 请你利用寝室里的多台计算机,使用双绞线、交换机等器件组建一个局域网,并接入Internet。

第5章 网络互联技术

随着计算机技术、计算机网络技术和通信技术的飞速发展,以及计算机网络的广泛应用,单一的网络环境已经不能满足社会对信息网络的需求,需要一个将两个或多个计算机互联在一起的互联网环境,以实现更广泛的资源共享和信息交流。全世界最大的网际互联网 Internet 的成功,以及 Internet 突飞猛进的发展和人们接入 Internet 的热情,都证明了计算机网络的互联越来越被人类社会所需要。因此,现在计算机网络互联技术越来越受到人们的关注,引起人们的重视。现代的计算机网络不仅要解决把计算机连起来的问题,还要很好地解决怎样将不同的计算机网络连起来的问题。

5.1 网络互联概述

计算机网络互联是利用网络互联设备及相应的技术措施和协议把两个以上的计算机网络连起来,以实现更大程度的数据通信和资源共享。互联的网络和设备可以是同种类型的网络、不同类型的网络,以及运行不同网络协议的设备与系统。计算机网络互联的目的是使一个网络上的用户能够访问其他计算机网络上的资源,使不同网络上的用户能够相互通信和交流信息,以实现更大范围的资源共享和信息交流。

网络互联有两方面的内容:一是将多个独立的、小范围的网络连接起来构成一个较大范围的网络;二是将一个节点多、负载重的大网络分解成若干个小网络,再利用互联技术把这些小网络连接起来。

网络互联的功能有以下两个。

(1) 基本功能:是指网络互联所必需的功能,如寻址和路由选择等。

(2) 扩展功能:是指各种互联网提供不同服务时所需的功能,如协议转换、分组长度控制、排序和差错检测等。

网络互联有以下 4 种形式。

(1) 局域网与局域网互联,即 LAN-LAN。例如,以太网与令牌环之间的互联。

(2) 局域网与广域网互联,即 LAN-WAN。例如,使用公用电话网、分组交换网、DDN、ISDN、帧中继等连接远程局域网。

(3) 广域网与广域网互联,即 WAN-WAN。例如,专用广域网与公用广域网的互联。

(4) 局域网通过广域网互联。即 LAN-WAN-LAN。

下面介绍网络互联中的常见概念。

互联(Interconnection):是指在两个网络之间至少存在一条物理连接线路,它为两个网络之间的逻辑连接提供物理基础。如果两个网络的通信协议相互兼容,则两个网络之间就能进行数据交换。

互通(Intercommunication):是指互联的两个网络之间有逻辑连接并可进行数据交换。

互操作(Interoperability):是指网络中不同计算机系统之间具有访问对方资源的能力。互操作是在互通的基础上实现的。

互联、互通与互操作是 3 个不同的概念,它们表示不同层次的含义。但三者之间又有密切关系:互联是网络互联的基础,互通是网络互联的手段,互操作是网络互联的目的。

由于计算机网络系统是分层次实现的,上层协议往往支持多种下层协议,并且对上层协议而言,下层协议的差异性被隐蔽起来了,似乎不存在一样。因此,网络互联可以在不同的层次上实现。在每个层次上的互联都需要一个中间连接设备,以便当信息包从一个网络传送到另一个网络时,做必要的转换。我们把中间设备称为网间互联设备。根据互联设备作用在 OSI 参考模型的哪一层,通常有以下几种类型。

(1) 物理层互联。物理层互联的设备是中继器或集线器。中继器在两个相同局域网之间复制并传送二进制位信号,即复制每一个比特流。集线器的工作原理与中继器的相同,集线器又称多端口中继器。

(2) 数据链路层互联。数据链路层互联的设备是网桥(bridge)或交换机。网桥互联两个独立的局域网,在局域网之间存储转发数据帧。交换机也称为多端口的网桥。

(3) 网络层互联。网络层互联的设备是路由器或三层交换机。路由器在不同的逻辑子网及异构网络之间转发数据分组。

(4) 高层互联。传输层及以上各层协议不同的网络之间的互联属于高层互联,高层互联的设备是网关(Gateway)。网关可以工作在传输层以上,具有协议转换功能。

5.2　网络互联解决方案

网络互联是 ISO/OSI 参考模型的网络层或 TCP/IP 体系结构的网络互联层需要解决的问题。网络互联可以采用面向连接的和面向非连接的两种解决方案。

5.2.1　面向连接的解决方案

面向连接的解决方案要求两个节点在通信时建立一条逻辑通道,所有的信息单元沿着这条逻辑通道传送。路由器将一个网络中的逻辑通道连接到另一个网络中的逻辑通道,最终形成一条从源节点至目的节点的完整通道。

在图 5-1 中,节点 A 和节点 B 通信时形成了一条逻辑通道。该通道经过网络 1、网络 2 和网络 4,并利用路由器 i 和路由器 m 连接起来。一旦该通道建立起来,节点 A 和节点 B 之间的信息传输就会沿着该通道进行。

面向连接的解决方案要求互联网中的每一个物理网络(见图 5-1 中的网络 1、网络 2、网络 3 和网络 4)都能够提供面向连接的服务,而这样的要求并不现实。

5.2.2　面向非连接的解决方案

与互联网面向连接的解决方案不同,面向非连接的解决方案并不需要建立逻辑通道。网络中的信息单元被独立对待,这些信息单元经过一系列的网络和路由器,最终到达目的节点。

图 5-2 所示的是一个面向非连接的解决方案示意图。当主机 A 需要发送一个数据单元 P1 到主机 B 时,主机 A 首先进行路由选择,判断 P1 到达主机 B 的最佳路径。如果它认为 P1 经过路由器 i 到达主机 B 是一条最佳路径,那么主机 A 就将 P1 投递给路由器 i。路由器 i 收

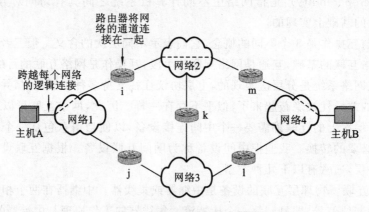

图 5-1　面向连接的解决方案

到主机 A 发送的数据单元 P1 后,根据自己掌握的路由信息为 P1 选择一条到达主机 B 的最佳路径,从而决定将 P1 传递给路由器 k 还是 m。这样,P1 经过多个路由器的中继和转发,最终将到达目的主机 B。

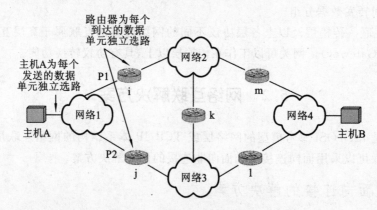

图 5-2　面向非连接的解决方案

如果主机 A 需要发送另一个数据单元 P2 到主机 B,那么主机 A 同样需要对 P2 进行路由选择。在面向非连接的解决方案中,由于设备对每一数据单元的路由选择独立进行,因此数据单元 P2 到达目的主机 B 可能经过了一条与 P1 完全不同的路径。

面向非连接的互联解决方案是一种简单而实用的解决方案。目前流行的互联网都采用了这种方案。

IP(Internet Protocol)是面向非连接的互联解决方案中最常使用的协议。尽管 IP 协议不是国际标准,但由于它效率高、互操作性好、实现简单、比较适合于异构网络,因此被众多著名的网络供应商(如 IBM、Microsoft、Novell、Cisco 等)采用,成为事实上的标准。支持 IP 协议的路由器称为 IP 路由器(IP Router),IP 协议处理的数据单元称为 IP 数据报(IP Datagram)。

实际上,世界上最具影响力的 Internet 就是一种计算机互联网。它是由分布在世界各地的、数以万计的、各种规模的计算机网络,借助于网络互联设备——路由器,相互连接而形成的全球性的互联网。这个正以惊人速度发展的 Internet 采用的互联协议就是 IP 协议。高效、可靠的 IP 协议为 Internet 的发展起到了不可低估的作用。

5.3　IP 协议与 IP 层服务

如果说 IP 数据报是 IP 互联网中行驶的车辆,那么 IP 协议就是 IP 互联网中的交通规则,连入互联网的每台计算机及处于十字路口的路由器都必须熟知和遵守该交通规则。发送数据的主机需要按 IP 协议装载数据,路由器需要按 IP 协议指挥交通,接收数据的主机需要按 IP 协议拆卸数据。满载着数据的 IP 数据包从源主机出发,在沿途各个路由器的指挥下就可以顺利地到达目的主机。

IP 协议精确定义了 IP 数据报格式,并且对数据报寻址和路由、数据报分片和重组、差错控制和处理等做出了具体规定。

5.3.1　IP 互联网的工作机理

图 5-3 所示的是一个 IP 互联网示意图,它包含了两个以太网和一个广域网,其中主机 A 与以太网 1 相连,主机 B 与以太网 2 相连,两台路由器除了分别连接两个以太网外还与广域网相连。从图 5-3 中可以看到,主机 A、主机 B、路由器 X 和路由器 Y 都加有 IP 层并运行 IP 协议。由于 IP 层具有将数据单元从一个网转发至另一个网的功能,因此互联网上的数据可以进行跨网传输。

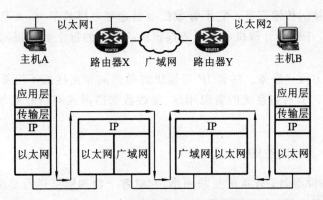

图 5-3　IP 互联网工作机理示意图

如果主机 A 发送数据至主机 B,IP 互联网封装、处理和投递该信息的过程如下。

(1) 主机 A 的应用层形成要发送的数据并将该数据经传输层送到 IP 层处理。

(2) 主机 A 的 IP 层将该数据封装成 IP 数据报,并对该数据报进行路由选择,最终决定将它投递到路由器 X。

(3) 主机 A 把 IP 数据报送交给它的以太网控制程序,以太网控制程序负责将数据报传递到路由器 X。

(4) 路由器 X 的以太网控制程序收到主机 A 发送的信息后,将该信息送到它的 IP 层处理。

(5) 路由器 X 的 IP 层对该 IP 数据报进行拆封和处理。经过路由选择得知该数据必须穿越广域网才能到达目的地。

(6) 路由器 X 对数据再次封装,并将封装后的数据报送到它的广域网控制程序。

(7) 广域网控制程序负责将 IP 数据报从路由器 X 传递到路由器 Y。

(8) 路由器 Y 的广域网控制程序将收到的数据信息提交给它的 IP 层处理。

(9) 与路由器 X 相同,路由器 Y 对收到的 IP 数据报拆封并进行处理。通过路由选择得知,路由器 Y 与目的主机 B 处于同一以太网,可直接投递到达。

(10) 路由器 Y 再次将数据封装成 IP 数据报,并将该数据报转交给自己的以太网控制程序发送。

(11) 以太网控制程序负责把 IP 数据报由路由器 Y 传送到主机 B。

(12) 主机 B 的以太网控制程序将收到的数据送交给它的 IP 层处理。

(13) 主机 B 的 IP 层拆封和处理该 IP 数据报,在确定数据目的地为本机后,将数据经传输层提交给应用层。

5.3.2　IP 层服务

互联网应该屏蔽低层网络的差异,为用户提供通用的服务。具体地讲,运行 IP 协议的互联层为其高层用户提供的服务有以下三个特点。

(1) 不可靠的数据投递服务。这意味着 IP 不能保证数据报的可靠投递,IP 本身没有能力证实发送的报文是否被正确接收。数据报可能在线路延迟、路由错误、数据报分片和重组等过程中受到损坏,但 IP 不检测这些错误。在错误发生时,IP 也没有可靠的机制来通知发送方或接收方。

(2) 面向无连接的传输服务。它不管数据报沿途经过哪些节点,甚至也不管数据报起始于哪台计算机、终止于哪台计算机。从源节点到目的节点的每个数据报都可能经过不同的传输路径。

(3) 尽最大努力投递服务。尽管 IP 层提供的是面向非连接的不可靠服务,但是 IP 并不随意地丢弃数据报。只有当系统的资源用尽、接收数据错误或网络故障等状态下,IP 才被迫丢弃报文。

5.3.3　IP 互联网的特点

IP 互联网是一种面向非连接的互联网络,它对各个物理网络进行高度的抽象,形成一个大的虚拟网络。总的来说,IP 互联网具有如下特点。

(1) IP 互联网隐藏了低层物理网络细节,向上为用户提供通用的、一致的网络服务。因此,尽管从网络设计者角度看 IP 互联网是由不同的网络借助 IP 路由器互联而成的,但从用户的角度看,IP 互联网是一个单一的虚拟网络。

(2) IP 互联网不指定网络互联的拓扑结构,也不要求网络之间全互联。因此,IP 数据报从源主机至目的主机可能要经过若干中间网络。一个网络只要通过路由器与 IP 互联网中的任意一个网络相连,这个网络上的计算机就具有访问整个互联网的能力,如图 5-4 所示。

(3) IP 互联网能在物理网络之间转发数据,信息可以跨网传输。

(4) IP 互联网中的所有计算机使用统一的、全局的地址描述法。

(5) IP 互联网平等地对待互联网中的每一个网络,不管这个网络规模是大还是小,也不管这个网络的速度是快还是慢。实际上,在 IP 互联网中,任何一个能传输数据单元的通信系统均被看作网络(无论该通信系统的特性如何)。因此,大到广域网,小到局域网,甚至两台机器间的点到点连接都被当作网络,IP 互联网平等对待它们。

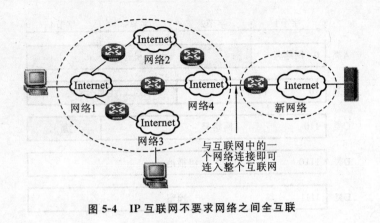

图 5-4 IP 互联网不要求网络之间全互联

5.4 IP 地址

5.4.1 IP 地址的组成及分类

1. IP 地址

IP 地址是网络层的逻辑地址,用于标志数据报的源地址和目标地址。在 Internet 中,一个 IP 地址可唯一地标志出网络上的每个主机。目前主流的 IPv4 协议采用的 IP 地址长度为 4 个字节,即 32 b。在书写时,通常用 4 段十进制数表示(称为点分形式):每段由 0～255 的数字组成,段与段之间用小数点分隔。例如,

二进制形式的 IP 地址为:10101100 10101000 00000000 00011001;

点分形式的 IP 地址为:172.168.0.25。

IP 地址是由地址类别、网络号与主机号三部分组成的,其结构如图 5-5 所示。其中,地址类别用来标志网络类型,网络号用来标志一个逻辑网络,主机号用来标志网络中的一台主机。一台 Internet 主机至少有一个 IP 地址,而且这个 IP 地址是全网唯一的。

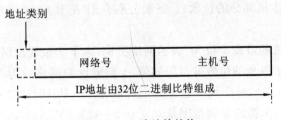

图 5-5 IP 地址的结构

2. IP 地址的分类

在 Internet 中,网络数量是一个难以确定的因素,但是每个网络的规模却是比较容易确定的。众所周知,从局域网到广域网,不同类型的网络规模差别很大,必须加以区别。

因此,按照网络规模大小及使用目的的不同,Internet 的 IP 地址可以分为 5 种类型,包括 A 类、B 类、C 类、D 类和 E 类。5 种 IP 地址的格式如图 5-6 所示。

A 类地址适用于大型网络,B 类地址适用于中型网络,C 类地址适用于小型网络,D 类地址适用于组播,E 类地址适用于实验。一个单位或部门可拥有多个 IP 地址,比如,可拥有 2 个

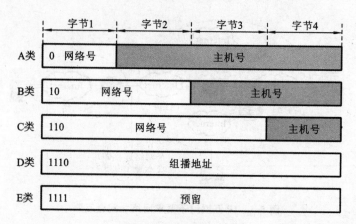

图 5-6　IP 地址的分类

B 类地址和 50 个 C 类地址。地址的类别可从 IP 地址的最高 8 位进行判别,如表 5-1 所示。

表 5-1　IP 地址分类表

IP 地址类	高 8 位数值范围	最高 4 位的值
A	0～127	0××
B	128～191	10××
C	192～223	110×
D	224～239	1110
E	240～255	1111

例如,清华大学的 IP 地址 166.111.4.120 是 A 类地址,北京大学的 IP 地址 162.105.129.11 是 B 类地址,贵州大学的 IP 地址 210.40.0.58 是 C 类地址。

说明:主机位全为 1 的地址表示该网络中的所有主机,即广播地址。

主机位全为 0 的地址表示该网络本身,即网络地址。

网络中分配给主机的地址不包括广播地址和网络地址。因此,网络中可用的 IP 地址数 = 2^n-2(n 为 IP 地址中主机部分的位数)。下面分别介绍 A、B、C、D 和 E 五类 IP 地址。

1) A 类地址

A 类地址用高 8 位的最高 1 位"0"表示网络类别,余下 7 位表示网络号,用低 24 位表示主机号。通过网络号和主机号的位数就可以知道 A 类地址的网络数为 2^7,共 128 个(实际有效的网络数是 $128-2=126$),每个网络包含的主机数为 2^{24},共 16777216 个(实际有效的主机数为 $2^{24}-2=16777214$),A 类地址的范围是 0.0.0.0～127.255.255.255,如图5-7所示。

2) B 类地址

B 类地址用高 16 位的最高 2 位"10"表示网络类别号,余下 14 位表示网络号,用低 16 位表示主机号。因此,B 类地址网络数为 2^{14} 个(实际有效的网络数是 $2^{14}-2=16382$),每个网络号所包含的主机数为 2^{16} 个(实际有效的主机数为 $2^{16}-2=65534$)。B 类地址的范围为 128.0.0.0～191.255.255.255,与 A 类地址类似(网络号和主机号全 0 和全 1 有特殊作用),一台主机能使用的 B 类地址的有效范围是 128.0.0.1～191.255.255.254,如图 5-8 所示。

3) C 类地址

C 类地址用高 24 位的最高 3 位"110"表示网络类别号,余下 21 位表示网络号,用低 8 位

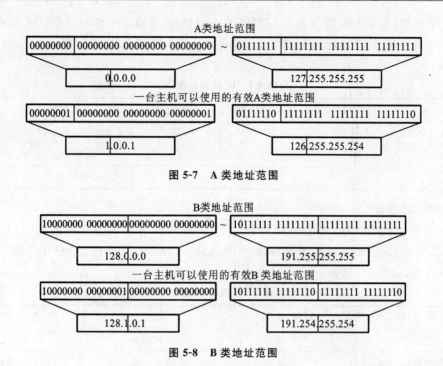

图 5-7　A 类地址范围

图 5-8　B 类地址范围

表示主机号。因此,C 类地址网络个数为 2^{21}(实际有效的为 $2^{21}-2=2097150$)个,每个网络号所包含的主机数为 256(实际有效的主机数为 254)个。C 类地址的范围为 192.0.0.0~223.255.255.255,同样,一台主机能使用的 C 类地址的有效范围是 192.0.1.1~223.255.254.254,如图 5-9 所示。用于标志 C 类地址的第一字节数值范围为 192~223。由于 C 类地址的特点是网络数较多,而每个网络最多只有 254 台主机,因此,C 类地址一般分配给小型的局域网用户。

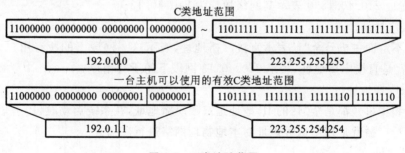

图 5-9　C 类地址范围

4) D 类地址

D 类地址第一字节的前 4 位为"1110"。D 类地址用于组播,组播就是同时把数据发送给一组主机,只有那些已经登记可以接受组播地址的主机才能接收组播数据包。D 类地址的范围是 224.0.0.0~239.255.255.255。

5) E 类地址

E 类地址第一字节的前 4 位为"1111"。E 类地址是为将来预留的,同时也可以用于实验目的,但它们不能被分配给主机。

综上所述,在 Internet 中,各种类别的 IP 地址所能包含的网络个数是不一样的,A 类地址只有 128 个网络,但每个网络拥有 16777216 个主机数;B 类地址拥有 16384 个网络,每个网络拥有 65536 台主机;C 类地址拥有 2097152 个网络,每个网络只能拥有 256 台主机,如表 5-2 所示。

表 5-2　IP 地址分类表

类　别	网络号位数	实际网络数	主机位数	最大主机数	实际主机数
A	7	126	24	16777216	16777214
B	14	16382	16	65536	65534
C	21	2097150	8	256	254

3. 特殊 IP 地址

对于任何一个网络号,其全为"0"或全为"1"的主机地址均为特殊的 IP 地址。例如,210.40.13.0 和 210.40.13.255 都是特殊的 IP 地址。特殊的 IP 地址有特殊的用途,不分配给任何用户使用,如表 5-3 所示。

表 5-3　特殊 IP 地址

网 络 地 址	主 机 地 址	地 址 类 型	用　途
全 0	全 0	本机地址	启动时使用
有网络号	全 0	网络地址	标志一个网络
有网络号	全 1	直接广播地址	在特殊网上广播
全 1	全 1	有限广播地址	在本地网上广播
127	任意	回送地址	回送测试

1) 网络地址

网络地址又称网段地址。网络号不空而主机号全"0"的 IP 地址表示网络地址,即网络本身。例如,地址 210.40.13.0 表示其网络地址为 210.40.13。

2) 直接广播地址

网络号不空而主机号全"1"表示直接广播地址,表示这一网段下的所有用户。例如,210.40.13.255 就是直接广播地址,表示 210.40.13 网段下的所有用户。

3) 有限广播地址

网络号和主机号都是全"1"的 IP 地址是有限广播地址,在系统启动时,还不知道网络地址的情形下进行广播就是使用这种地址对本地物理网络进行广播。

4) 本机地址

网络号和主机号都为全"0"的 IP 地址表示本机地址。

5) 回送测试地址

网络号为"127"而主机号为任意的 IP 地址为回送测试地址。最常用的回送测试地址为 127.0.0.1。

5.4.2　子网技术

出于对管理、性能和安全方面的考虑,许多单位把单一网络划分为多个物理网络,并使用路由器将它们连接起来。子网划分(Subnetting)技术能够使单个网络地址横跨几个物理网络,如图 5-10 所示,这些物理网络统称为子网。

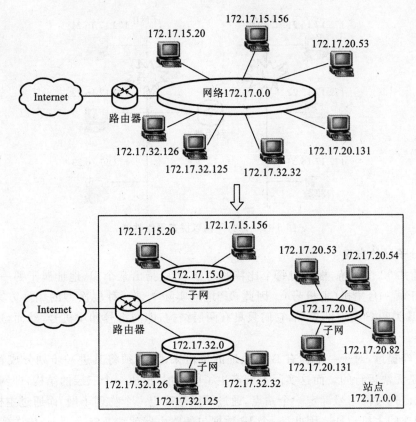

图 5-10　一个大型网络可划分为若干个子网互联

1. 划分子网的原因

划分子网的原因很多,主要有以下三个方面。

(1) 充分使用地址。

由于 A 类网和 B 类网的地址空间太大,造成在不使用路由设备的单一网络中无法使用全部地址,比如,对于一个 B 类网络"172.17.0.0",可以有 $2^{16}-2=65534$ 个主机,这么多的主机在单一的网络下是不能工作的。因此,为了能更有效地使用地址空间,有必要把可用地址分配给多个较小的网络。

(2) 划分管理职责。

当一个网络被划分为多个子网后,每个子网的管理可由子网管理人员负责,使网络变得更易于控制。每个子网的用户、计算机及其子网资源可以让不同子网的管理员进行管理,减轻了由单人管理大型网络的管理职责。

(3) 提高网络性能。

在一个网络中,随着网络用户的增长、主机的增加,网络通信也将变得非常繁忙。而繁忙的网络通信很容易导致冲突、丢失数据包及数据包重传,从而降低了主机之间的通信效率。如果将一个大型的网络划分为若干个子网,并通过路由器将其连接起来,就可以减少网络拥塞,如图 5-11 所示。这些路由器就像一堵墙把子网隔离开,使本地的通信不会转发到其他子网中,只能在各自的子网中进行。

另外,使用路由器的隔离作用还可以将网络分为内、外两个子网,并限制外部网络用户对内部网络的访问,以提高内部子网的安全性。

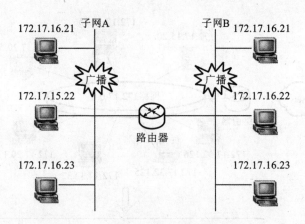

图 5-11　划分子网以提高网络性能

2. 划分子网的方法

IP 地址共 32 个比特,根据对每个比特的划分,可以指出某个 IP 地址属于哪一个网络(网络号)及属于哪一台主机(主机号)。因此,IP 地址实际上是一种层次型的编址方案。对于标准的 A 类、B 类和 C 类地址来说,它们只具有两层结构,即网络号和主机号,然而,这种两层结构并不完善。

前面已经提过,对于一个拥有 B 类地址的单位来说,必须将其进一步划分成若干较小的网络,否则是无法运行的。而这实际上就产生了中间层,形成一个三层的结构,即网络号、子网号和主机号。通过网络号确定一个站点,通过子网号确定一个物理子网,而通过主机号则确定了与子网相连的主机地址。因此,一个 IP 数据包的路由器就涉及三个部分:传送到站点、传送到子网、传送到主机。

子网具体的划分方法如图 5-12 所示。

图 5-12　子网的划分

为了划分子网,可以将单个网络的主机号分为两个部分,其中,一部分用于子网号编址,另一部分用于主机号编址。划分子网号的位数取决于具体的需要。子网所占的比特越多,可以分配给主机的位数就越少,也就是说,在一个子网中所包含的主机越少。假设一个 B 类网络 172.17.0.0,将主机号分为两部分,其中,8 b 用于子网号,另外 8 b 用于主机号,那么这个 B 类网络就被分为 254 个子网,每个子网可以容纳 254 台主机。图 5-13 给出了两个地址,其中一个是未划分子网中的主机 IP,而另一个是子网中的 IP 地址。在图 5-13 中,你也许会发现一个问题,这两个地址从外观上没有任何差别,那么,应该如何区分这两个地址呢? 这正是下面要介绍的内容——子网掩码。

3. 子网掩码

子网掩码(Subnet Mask)也是一个"点分十进制"表示的 32 位二进制数。通过子网掩码,可以指出一个 IP 地址中的哪些位对应于网络地址(包括子网地址),哪些位对应于主机地址。

图 5-13　使用与未使用子网划分的 IP 地址

对于子网掩码的取值,通常是将对应于 IP 地址中网络地址(网络号和子网号)的所有位都设置为"1",对应于主机地址(主机号)的所有位置都设置为"0"。标准的 A 类、B 类、C 类地址都有一个默认的子网掩码,如表 5-4 所示。

表 5-4　A 类、B 类、C 类地址默认的子网掩码

地 址 类 型	点分十进制表示	子网掩码的二进制位			
A	255.0.0.0	11111111	00000000	00000000	00000000
B	255.255.0.0	11111111	11111111	00000000	00000000
C	255.255.255.0	11111111	11111111	11111111	00000000

为了识别网络地址,TCP/IP 对子网掩码和 IP 地址进行"按位与"的操作。"按位与"就是两个比特位之间进行"与"运算,若两个值均为 1,则结果为 1;若其中任意一个值为 0,则结果为 0。针对图 5-13 的例子,在图 5-14 中给出了如何使用子网掩码来识别它们之间的不同。对于标准的 B 类地址,其子网掩码为 255.255.0.0,而划分了子网的 B 类地址,其子网掩码为 255.255.255.0。经过"按位与"运算,可以将每个 IP 地址的网络地址取出,从而知道两个 IP 地址所对应的网络。

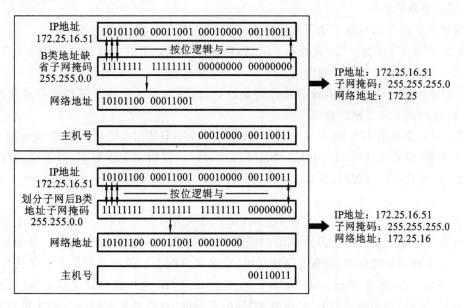

图 5-14　子网掩码的作用

在上面的例子中,涉及的子网掩码都属于边界子网掩码,即使用主机号中的整个字节划分子网,因此,子网掩码的取值不是 0 就是 255。但对于划分子网而言,还会使用非边界子网掩码,即使用主机号的某几位用于子网划分,因此,子网掩码除了 0 和 255 外,还有其他数值。例如,对于一个 B 类网络 172.25.0.0,若将第 3 个字节的前 3 位用于子网号,而将剩下的位用于主机号,则子网掩码为 255.255.224.0。由于使用了 3 位分配子网,所以这个 B 类网络 172.25.0.0 被分为 6 个子网,即 172.25.32.0、172.25.64.0、172.25.96.0、172.25.128.0、172.25.160.0、172.25.192.0。它们的网络地址和主机地址范围如图 5-15 所示,每个子网有 13 位可用于主机的编址。

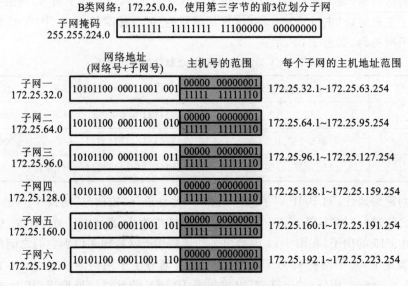

图 5-15　非边界子网掩码的使用

4. 划分子网的规则

网络地址中的子网号做了如下的规定。

(1) 由于网络号全为"0"代表的是本网络,所以网络地址中的子网号也不能全为"0"。子网号全为"0"时,表示的是本子网网络。

(2) 由于网络号全为"1"表示的是广播地址,所以网络地址中的子网号也不能全为"1"。全为"1"的地址用于向子网广播。

例如,对 B 类地址 172.25.0.0 划分子网,使用第 3 字节的前 3 位划分子网,按计算可以划分为 8 个子网(即 000、001、010、011、100、101、110、111),但根据上述规则,对于全为"0"和全为"1"的子网号是不能分配的,所以将 172.25.0 和 172.25.224 忽略了,因而只有 6 个子网可用。

禁止使用子网网络号全为"0"(全 0 子网)和子网网络号全为"1"(全 1 子网)的子网网络。全 0 子网会给早期的路由器选择协议带来问题,全 1 子网与所有子网的直接广播地址冲突。虽然规定了子网划分的原则,但在实际情况中,很多供应商主机的产品可以支持全为"0"和全为"1"的子网,比如,运行 Microsoft 98/NT 2000 的 TCP/IP 主机就可以支持全为"0"和全为"1"的子网。因此,当要使用全为"0"或全为"1"的子网时,首先要证实网络中的主机或路由器是否提供相关支持。此外,对于可变长子网划分和 CIDR,由于属于现代网络技术,已不再是按照传统的 A 类、B 类和 C 类地址的方式工作,因而不存在全 0 子网和全 1 子网的问题,也就是说,全 0 子网和全 1 子网都可以使用。

5. 超网和无类域间路由

目前,在 Internet 上使用的 IP 地址是在 1978 年确立的协议,它由 4 段 8 位二进制数字组成。由于 Internet 协议当时的版本号为 4,因而称为"IPv4"。尽管这个协议在理论上有大约 43 亿个 IP 地址,但并不是所有的地址都得到充分的利用,部分原因在于 Internet 信息中心 InterNIC 把 IP 地址分配给许多机构,而 A 类和 B 类地址所包含的主机数太多,比如,一个 B 类网络 135.41.0.0,在该网络中所包含的主机数可以达到 65534 个,这么多地址显然并没有被充分利用,另外,在一个 C 类网络中只能容纳 254 台主机,而对于拥有上千台主机的单位来说,获得一个 C 类网络地址显然是不够的。

此外,由于 Internet 的迅猛扩展,主机数量急剧增加,它正以非常快的速度耗尽目前尚未使用的 IP 地址,B 类网络很快就要被用完。为了解决当前 IP 地址面临严重的资源不足的问题,InterNIC 设计了一种新的网络分配方法。与分配一个 B 类网络不同,InterNIC 给一个单位分配一个 C 类网络的范围,该范围能容纳足够的网络和主机,这种划分方法实质上是将若干个 C 类网络合并成一个网络,这个合并后的网络就称为超网。例如,假设一个单位拥有 2000 台主机,那么 InterNIC 并不是给它分配一个 B 类的网络,而是分配 8 个 C 类的网络。每个 C 类网络可以容纳 254 台主机,总共 2032 台主机。虽然这种方法有助于节约 B 类网络,但它也导致了新的问题。采用通常的路由选择技术,在 Internet 上的每个路由器的路由表中必须有 8 个 C 类网络表项才能把 IP 包路由到该单位。为防止 Internet 路由器被过多路由淹没,采用了一种称为无类域间路由(CIDR)的技术把多个网络表项缩成一个表项。因此,使用了 CIDR 后,在路由表中只用一个路由表项就可以表示分配给该单位的所有 C 类网络。在概念上,CIDR 创建的路由表项可以表示为:[起始网络,数量],其中,起始网络表示的是所分配的第一个 C 类网络的地址,数量是分配的 C 类网络的总个数。实际上,它可以用一个超网子网掩码来表示相同的信息,而且用网络前缀法来表示。对于超网子网掩码的计算可以用一个实例来说明。比如,要表示以网络 202.78.168.0 开始的连续的 8 个 C 类网络地址,如表 5-5 所示。

表 5-5　8 个 C 类网络地址

C 类网络地址	二 进 制 数			
202.78.168.0	11001010	01001110	10101000	00000000
202.78.169.0	11001010	01001110	10101001	00000000
202.78.170.0	11001010	01001110	10101010	00000000
202.78.171.0	11001010	01001110	10101011	00000000
202.78.172.0	11001010	01001110	10101100	00000000
202.78.173.0	11001010	01001110	10101101	00000000
202.78.174.0	11001010	01001110	10101110	00000000
202.78.175.0	11001010	01001110	10101111	00000000

所有 8 个 C 类网络的前 21 位都是相同的,第 3 个字节中的最后 3 位从 000 变到 111,因此,超网的子网掩码可以用 255.255.248.0 表示,二进制数为"11111111 11111111 11111000 00000000"。若用网络前缀表示法来表示,可表示为 202.78.168.0/21。

6. IPv6 介绍

1969 年美国国防部为适应核战争的通信需要建立了 ARPAnet 实验网,1973 年开发出基于 TCP/IP 协议的 IPv4 原型,其后经 3 次修订,于 1981 年 9 月 IETF 公布了 IPv4 标准规范 RFC791 文件。IPv4 取得了巨大的成功,但早在 1990 年 TCP/IP 专家们就已察觉出它潜伏着下列危机。

(1) 地址枯竭。

在 IP 头标中能够处理的地址数由 IP 地址域的长度决定。IPv4 的地址域为 32 比特,可提供 2^{32}(约 43 亿)个 IP 地址。但将 IP 地址按网络规划分成 A、B、C 三类后,用户可用地址总数显著减少。

(2) 网络号码匮乏。

在 IPv4 中,A 类网络只有 126 个,每个能容纳 16777214 台主机;B 类网络也仅有 16382 个,每个能容纳 65534 台主机;C 类网络虽然主机多达 2097152 个,但每个网络只能容纳 254 台主机。随着 ISP 的剧增,这三类地址很快会被占满,新出现的网络难以加入 Internet。为了克服 IPv4 的三大缺陷,IETF 于 1992 年开始开发 IPv6 协议,2000 年,工作组公布了 RFC 标准。IPv6 比 IPv4 的处理性能更加强大、高效。IPv6 提供了巨大的地址空间。IPv6 的地址空间为 128 比特,拥有 2^{128} 个地址。理论上这一规模能够对地球表面的每一平方米提供 6.65 × 1023 个网络地址,有人比喻地球上的每一粒沙子都可以分得 1 个 IP 地址。也就是说,在 IPv6 下,IP 地址可以充分满足数字化生活的需要,不再需要地址的转换。更重要的是,它将提供更安全、更广阔的应用与服务。我国已在几个主要城市开始试用 IPv6。

为了将网络划分为不同的子网,必须为每个子网分配一个子网号。在划分子网之前,需要确定所需要的子网数和每个子网的最大主机数,有了这些信息后,就可以定义每个子网的子网掩码、网络地址(网络号+子网号)的范围和主机号范围。划分子网的步骤如下。

(1) 确定需要多少子网号来唯一标志网络上的每一个子网。

(2) 确定需要多少主机号来标志每一个子网上的每一台主机。

(3) 定义一个符合网络要求的子网掩码。

(4) 确定标志每一个子网的网络地址。

(5) 确定每一个子网所使用的主机地址范围。

下面以一个具体的实例来说明子网划分的过程。假设要将图 5-16(a)所示的一个 C 类网络划分为图 5-16(b)所示的网络。

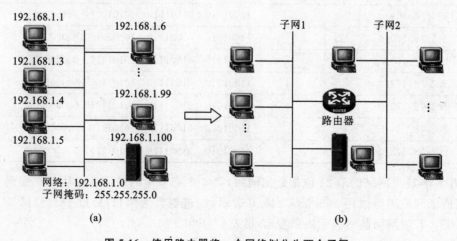

图 5-16　使用路由器将一个网络划分为两个子网

　　由于划分出了两个子网,则每个子网都需要一个唯一的子网号来标志,即需要两个子网号。对于每个子网上的主机及路由器的两个端口,都需要分配一个唯一的主机号,因此,在计算需要多少主机号来标志主机时,要把所有需要 IP 地址的设备都考虑进去。根据图 5-16(a),网络中有 100 台主机,如果再考虑路由器两个端口,则需要标志的主机数为 102 台。假定每个子网的主机数各占一半,即各有 51 个。将一个 C 类地址划分为两个子网,必然要从代表主机号的第 4 个字节中取出若干位用于划分子网。若取 1 位,根据子网划分规则,无法使用;若取 3 位,可以划分 6 个子网,但子网的增多也表示了每个子网容纳的主机数减少,6 个子网每个子网容纳的主机数为 30,而实际的要求是每个子网需要 51 个主机号,若取出两位,可以划分两个子网(即 01、10),每个子网可容纳 62 个主机号(全为 0 和全为 1 的主机号不能分配给主机),因此,取出两位划分子网是可行的,子网掩码为 255.255.255.192,如图 5-17 所示。

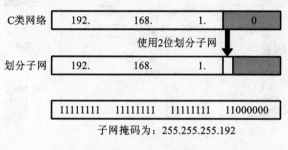

图 5-17　计算子网掩码

　　确定了子网掩码后,就可以确定可用的网络地址:使用子网号的位数列出可能的组合,在本例中,子网号的位数为 2,可能的组合为 00、01、10、11。根据子网划分的规则,全为 0 和全为 1 的子网不能使用,因此将其删去,剩下 01 和 10 就是可用的子网号,再加上这个 C 类网络原有的网络号 192.168.1。因此,划分出的两个子网的网络地址分别为 192.168.1.64 和 192.168.1.128,如图 5-18 所示。

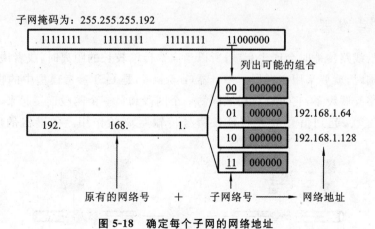

图 5-18　确定每个子网的网络地址

　　根据每个子网的网络地址就可以确定每个子网的主机地址的范围,如图 5-19 所示。
　　对每个子网各台主机的地址配置如图 5-20 所示。

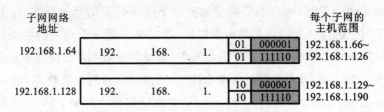

子网网络 地址						每个子网的 主机范围
192.168.1.64	192.	168.	1.	01	000001	192.168.1.66~
				01	111110	192.168.1.126
192.168.1.128	192.	168.	1.	10	000001	192.168.1.129~
				10	111110	192.168.1.190

图 5-19　每个子网的主机地址范围

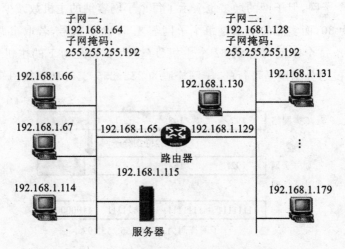

图 5-20　每个子网中每台主机的地址分配

5.5　网络互联设备

　　网络互联设备是实现网络之间物理连接的中间设备。根据网络互联层次的不同,所使用的网络互联设备也不同。本节将具体介绍工作在 OSI 参考模型不同层次上的几种网间互联设备的功能、特点,以及它们的工作原理。

5.5.1　中继器

　　基带信号沿线路传播时会产生衰减,所以当需要传输较长的距离时,或者说需要将网络扩展到更大的范围时,就要采用中继器。中继器(repeater)是 OSI 参考模型中的物理层的设备,是最简单的网络互联设备,它可以将局域网的一个网段和另一个网段连接起来,主要用于局域网与局域网的互联,起到信号放大和延长信号传输距离的作用。中继器的应用如图 5-21所示。

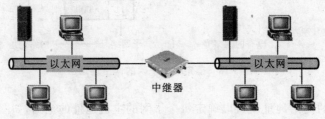

图 5-21　中继器的应用

中继器的主要工作就是复制收到的比特流。当中继器的某个输入端输入"1"，输出端就立即复制、放大并输出"1"。收到的所有信号都被原样转发，并且时延很小。中继器不能过滤网络流量，到达中继器一个端口的信号会发送到所有其他端口上。中继器不能识别数据的格式和内容，错误信号也会原样照发。中继器不能改变数据类型，即不能改变数据链路报头类型，也不能连接不同的网络，如令牌环网和以太网。

中继器最典型的应用是连接两个及两个以上的以太网电缆段，其目的是为了延长网络的长度。但延长是有限的，中继器只能在规定的信号时延范围内进行有效的工作。根据"四中继器原则"，在网络上任何两台计算机之间不能安装超过 4 台中继器，这就是 5-4-3-2-1 规则，或称为 5-4-3 原则，即网络可以被 4 台中继器分成 5 个部分，其中允许 3 个部分有主机，并且主机数目可达该网段规定的最大主机数。例如，在 10Base-5 粗缆以太网的组网规则中规定，每个电缆段最大长度为 500 m，最多可用 4 个中继器连接 5 个电缆段，延长后的最大网络长度为2500 m。

中继器具有如下一些特性。

（1）中继器仅作用于物理层，只具有简单地放大和再生物理信号的功能，所以中继器只能连接完全相同的局域网。也就是说，用中继器互联的局域网应具有相同的协议和速率，如IEEE 802.3 以太网到以太网之间的连接和 IEEE 802.5 令牌环网到令牌环网之间的连接。用中继器连接的局域网在物理上是一个网络。也就是说，中继器把多个独立的物理网络互联成为一个大的物理网络。

（2）中继器可以连接相同传输介质的同类局域网（例如，粗同轴电缆以太网之间的连接），也可以连接不同传输介质的同类局域网（例如，粗同轴电缆以太网与细同轴电缆以太网或粗同轴电缆以太网与双绞线以太网的连接）。

（3）由于中继器在物理层实现互联，所以它对物理层以上各层协议（数据链路层到应用层）完全透明，中继器支持数据链路层及其以上各层的任何协议。也就是说，只有物理层以上各层协议完全相同才可以实现互联。

5.5.2　集线器

集线器（Hub）最初的功能是把所有节点集中在以它为中心的节点上，有力地支持了星型拓扑结构，简化了网络的管理与维护。集线器的网络结构如图 5-22 所示。

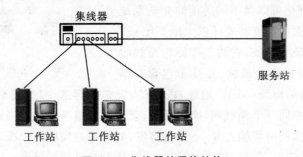

图 5-22　集线器的网络结构

集线器工作在物理层，逐位复制某一个端口收到的信号，放大后输出到其他所有端口，从而使一组节点共享信号。集线器的功能主要有：

（1）信息转发；

（2）信号再生；

（3）减少网络故障。

集线器一般用在以下场合。

（1）连接网络：计算机通过网卡连接到集线器上，集线器再连接网络。

（2）网络扩充：集线器级联，扩充网络接口。

（3）网络分区：不同办公室、楼层可通过集线器集中连接。

集线器的类型主要有以下几种。

（1）被动集线器：被动集线器只是当实体连接点，不处理或检测经过的流量，也不放大或清理信号，只是把一个信号简单地传送给其他端口。

（2）主动集线器：主动集线器提供一定的优化性能和一些诊断能力，当信号不规则（衰减、畸变、乱序）时可以进行再生。

（3）智能集线器：智能集线器可以使用户更有效地共享资源，它可以交换信号，更有效地共享带宽资源，还具有报告异常功能。

5.5.3　网桥

用中继器或集线器扩展的局域网是同一个"冲突域"。在同一个"冲突域"中，所有的主机共用同一条信道。这样，局域网的作用范围，特别是主机数量将受到很大的限制，否则将造成网络性能的严重下降；同时，一个主机发送的信息，冲突域中的所有主机都可以监听到，也不利于网络的安全。要解决这个问题，需要另外一种设备——网桥。

1. 网桥的工作原理

网桥（bridge）又称桥接器，它是一种存储转发设备，常用于互联局域网。网桥的网络结构如图 5-23 所示。

网桥工作在 OSI 参考模型的第二层，它在数据链路层对数据帧进行存储转发，实现网络互联。网桥能够连接的局域网可以是同类网络（使用相同的 MAC 协议的局域网，如 IEEE 802.3 以太网），也可以是不同的网络（使用不同的 MAC 协议和相同的 LLC 协议的网络，如 IEEE 802.3 以太网、IEEE 802.5 令牌环网和 FDDI），而且这些网络可以是不同的传输介质系统（如粗、细同轴电缆以太网系统和光纤以太网系统）。

网桥不是一个复杂的设备，它的工作原理是接收一个完整的帧，然后分析进入的帧，并基于包含在帧

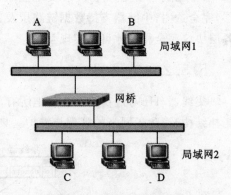

图 5-23　网桥的网络结构

中的信息，根据帧的目的地址（MAC 地址）段，来决定是丢弃这个帧，还是转发这个帧。如果目的站点和发送站点在同一个局域网，换句话说，就是源局域网和目的局域网是同一个物理网络，即在网桥的同一边，网桥将帧丢弃，不进行转发；如果目的局域网和源局域网不在同一个网络时，网桥则进行路径选择，并按着指定的路径将帧转发给目的局域网。网桥的路径选择方法有两种，不同类型的网桥所采用的路径选择方法不同。透明桥通过向后自学习的方法，建立一个 MAC 地址与网桥的端口对应表，通过查表获得路径信息，以此实现路径选择的功能；源路由网桥的路径选择是根据每一个帧所包含的路由信息段的内容而定。

网桥的主要作用是将两个以上的局域网互联为一个逻辑网，以减少局域网上的通信量，提

高整个网络系统的性能。网桥的另一个作用是扩大网络的物理范围。另外,由于网桥能隔离一个物理网段的故障,所以网桥能够提高网络的可靠性。网桥与中继器相比有更多的优势,它能在更大的地理范围内实现局域网互联。网桥不像中继器,只是简单地放大再生物理信号,没有任何过滤作用,而是在转发数据帧的同时,能够根据 MAC 地址对数据帧进行过滤,并且网桥可以连接不同类型的网络。

2. 网桥与广播风暴

从网络体系结构看,网络系统的最底层是物理层,第二层是数据链路层,第三层是网络层。在介绍网桥的工作原理时已经指出,网桥工作在第二层(数据链路层)。网桥以接收数据帧、地址过滤、存储与转发数据帧的方式,来实现多个局域网的互联。网桥根据局域网中数据帧的源地址与目的地址来决定是否接收和转发数据帧。根据网桥的工作原理,网桥对同一个子网中传输的数据帧不转发,因此可以达到隔离互联子网通信量的目的。因为网桥要确定传输到某个目的节点的数据帧要通过哪个端口转发,就必须在网桥中保存一张"端口-节点地址表"。但是,随着网络规模的扩大与用户节点数的增加,会不断出现"端口-节点地址表"中没有的节点地址信息。当带有这一类目的地址的数据帧出现时,网桥将无法决定应该从哪个端口转发。

图 5-24 所示的是网桥与广播风暴的形成过程。图 5-24 中有 4 个局域网(局域网 1、局域网 2、局域网 3 和局域网 4)分别通过端口号为 N.1、N.2、N.3 和 N.4 的端口与网桥相连,通过网桥实现了局域网之间的互联。网桥为了确定接收数据帧的转发路由,需要建立"端口-节点地址表"。如果局域网 4 中节点号为 504 的计算机刚接入,那么"端口-节点地址表"的记录中:N.1 对应节点 101,N.2 对应节点 803,N.3 对应节点 205,N.4 对应节点 504。在这种情况下,如果局域网 1 中节点号为 101 的计算机希望给节点号为 205 的计算机发送数据帧,网桥可以通过"端口-节点地址表"中保存的信息,很容易确定通过 N.3 端口线路转发到局域网 3,节点号为 205 的计算机一定能接收到该数据帧。如果"端口-节点地址表"里没有节点号为 504 的计算机的记录,那么网桥采取的方法是:将该数据帧从网桥除输入端口之外的其他端口广播出去,这样,在与网桥连接的 N.2、N.3 和 N.4 端口,网桥都转发了同一个数据帧。这种盲目发送数据帧的做法,势必大大增加网络的通信量,这样就会发生常说的"广播风暴"。

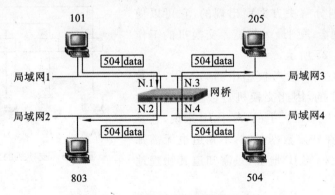

图 5-24　网桥与广播风暴的形成

由于实际网桥的"端口-节点地址表"的存储能力是有限的,而网络节点又不断增加,从而使网络互联结构始终处于变化状态,因此网桥工作中通过"广播"方式来解决节点位置不明确而引起的数据帧传输"风暴"问题,必然造成网络中重复、无目的的数据帧传输急剧增加,给网络带来很大的通信负荷。这个问题已经引起了人们的高度重视。

3. 网桥带来的一些问题

（1）增加时延。

（2）网桥的处理速度是有限的,在网络负载加大时会造成网络阻塞。

（3）在网桥的转发表中查找不到目的 MAC 对应的端口的帧会被复制到所有端口,容易产生网络风暴。

所以,网桥适用于网络中用户不太多,特别是网段之间的流量不太大的场合。

5.5.4　交换机

交换机工作在 OSI 参考模型的数据链路层的 MAC 子层。在以太网交换机上有许多高速端口,这些端口分别连接不同的局域网网段或单台设备。以太网交换机负责在这些端口之间转发帧。交换机最早起源于电话通信系统,由电话交换技术发展而来。

交换机属于数据链路层设备,可以识别数据包中的 MAC 地址信息,根据 MAC 地址进行转发,并将这些 MAC 地址与对应的端口记录在自己内部的一个转发表中。交换机具体的工作流程如下。

（1）当交换机从某个端口收到一个数据包,它先读取包头中的源 MAC 地址,从而得知源 MAC 地址的机器是连在哪个端口上的,如果源 MAC 地址不在转发表中,就在转发表中登记 MAC 地址对应端口。

（2）接着读取包头中的目的 MAC 地址,并在地址表中查找相应的端口。

（3）如果表中有与该目的 MAC 地址对应的端口,就把数据包直接复制到该端口上。

（4）如果表中找不到相应的端口,则把数据包广播到所有端口上,当目的机器对源机器回应时,交换机又可以学习到一个目的 MAC 地址与哪个端口对应,在下次传送数据时就不再需要对所有端口进行广播了。

不断地循环这个过程,对于全网的 MAC 地址信息都可以学习到,二层交换机就是这样建立和维护其转发表的。

交换工作模式是为对使用共享工作模式的网络提供有效的网段划分解决方案而出现的,它可以使每个用户尽可能地分享到最大带宽。交换机的工作模式示意图如图 5-25 所示。

交换技术是在 OSI 参考模型中的第二层,即数据链路层进行操作的,因此交换机对数据帧的转发是建立在 MAC 地址基础之上的,对于 IP 来说,它是透明的,即交换机在转发数据包时,不知道也无需知道源主机和目的主机的 IP 地址,只需知道其物理地址,即 MAC 地址。

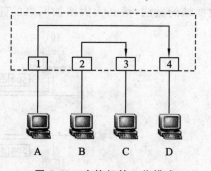

图 5-25　交换机的工作模式

交换机在操作过程中会不断地通过学习建立它本身的一个转发表,这个表相当简单,它说明了某个 MAC 地址是在哪个端口上被发现的。

交换机有一条很宽的背板总线和内部交换矩阵。所有端口都挂在背板总线上。某一个端口收到帧,交换机会根据帧头包含的目的 MAC 地址,查找内存中的地址对照表,确定将该帧发往哪个端口,再通过内部交换矩阵直接将帧转发到目的端口,而不是所有端口。这样每个端口就可以独享交换机的一部分总线带宽。这不仅提高了效率,节约了网络资源,还可以保证数据传输的安全性。而且由于这个过程比较简单,多使用硬件来实现,因此速度相当快,一般只需几十微秒,交换机便可决定一个数据帧该往哪里送。

交换机的交换模式有以下 4 种。

(1) 直通转发模式。交换机在输入端口收到一帧,立即检查该帧的帧头,获取目的 MAC 地址,查找自己内部的转发表,找到相应的输出端口,在输入和输出的交叉处接通,数据被直通到输出端口。直通转发模式如图 5-26 所示。

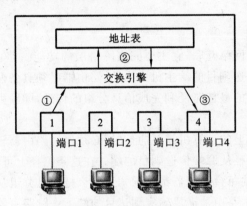

图 5-26　直通转发模式

直通转发模式只检查帧头,获取目的 MAC 地址,但不存储帧,因此时延小,交换速度快。但也正是由于不存储帧,所以不具有错误检测能力,易丢失数据,而且要增加端口的话,交换矩阵十分复杂。

(2) **存储转发模式**。交换机将输入的帧缓存起来,首先校验该帧是否正确,如果不正确,则将该帧丢弃;如果该帧是长度小于 64 B 的残缺帧,也将它丢弃。只有该帧校验正确,且是有效帧,才取出目的 MAC 地址,查转发表,找出其对应的端口并将该帧发送到这个端口。

存储转发式交换的优点是能进行错误检测,并且由于缓存整个帧,能支持不同速度端口之间的数据交换。其缺点是时延较大。

(3) **准直通转发模式**。准直通转发模式只转发长度至少为 512 b(64 字节)的帧。既然所有残帧的长度都小于 512 b,那么该转发模式自然也就避免了残帧的转发。

为了实现该功能,准直通转发交换机使用了一种特殊的缓存。这种缓存采用先进先出队列(FIFO),比特流从一端进入然后再以同样的顺序从另一端出来。如果帧以小于 512 b 的长度结束,那么 FIFO 中的内容(残帧)就会被丢弃。因此,它是一个非常好的解决方案,也是目前大多数交换机使用的直通转发方式。

(4) **智能交换模式**。智能交换模式是指交换机能够根据所监控网络中错误包传输的数量,自动智能地改变转发模式。如果堆栈发觉每秒错误少于 20 个,将自动采用直通转发模式;如果堆栈发觉每秒错误大于 20 个,将自动采用存储转发模式,直到返回的错误数量每秒低于 20 个时,再切换回直通转发模式。

5.5.5　路由器

路由器又称为多协议转换器,是网络层的互联设备,主要用于局域网与广域网的互联。路由器的每个端口分别连接不同的网络,因此每个端口有一个 IP 地址和一个物理地址。路由器中有路由表,记录远程网络的网络地址和到达远程网络的路径信息,即下一站路由器的 IP 地址。它利用 IP 地址中的网络号来识别不同网络,实现网络的互联。路由器不转发广播消息,能分隔广播域,因此它也隔离了不同网络,保持了各个网络的独立性。

路由器连接的物理网络可以是同类网络,也可以是异类网络。多协议路由器能支持多种不同的网络层协议(如 IP、IPX、DECNET、AppleTalk、XNS、CIND 等)。路由器能够容易地实现 LAN—LAN、LAN—WAN、WAN—WAN 和 LAN—WAN—LAN 的多种网络连接形式。Internet 就是使用路由器和专线技术将分布在各个国家的几千万个计算机网络互联在一起的。

1. 路由器的基本功能

路由器在网络层实现网络互联,它主要完成网络层的功能。路由器负责将数据分组(包)从源端主机经最佳路径传送到目的端主机。为此,路由器必须具备两个最基本的功能,即确定通过互联网到达目的网络的最佳路径和完成信息分组的传送,即路由选择和数据转发。

1) 路由选择

当两台连在不同子网上的计算机需要通信时,必须经过路由器转发,由路由器把信息分组并通过互联网沿着一条路径从源端传送到目的端。在这条路径上可能需要通过一个或多个中间设备(路由器),所经过的每台路由器都必须知道怎么把信息分组从源端传送到目的端,需要经过哪些中间设备。为此,路由器需要确定到达目的端下一跳路由器的地址,也就是要确定一条通过互联网到达目的端的最佳路径。所以路由器必须具备的基本功能之一就是路由选择。

所谓路由选择,就是通过路由选择算法确定到达目的地址(目的端的网络地址)的最佳路径。路由选择实现的方法是:路由器通过路由选择算法,建立并维护一个路由表;在路由表中包含目的地址和下一跳路由器地址等多种路由信息。路由表中的路由信息告诉每一台路由器应该把数据包转发给谁,它的下一跳路由器地址是什么;路由器根据路由表提供的下一跳路由器地址,将数据包转发给下一跳路由器;通过一级一级地把包转发到下一跳路由器的方式,最终把数据包传送到目的地。

当路由器接收一个进来的数据包时,它首先检查目的地址,并根据路由表提供的下一跳路由器地址,将该数据包转发给下一跳路由器。如果网络拓扑结构发生变化,或某台路由器失效,这时路由表需要更新。路由器通过发布广播或仅向相邻路由器发布路由表的方法使每台路由器都进行路由更新,并建立一个新的、详细的网络拓扑图。拓扑图的建立使路由器能够确定最佳路径。目前,广泛使用的路由选择算法有链路状态路由选择算法和距离矢量路由选择算法。

2) 数据转发

路由器的另一个基本功能是完成数据分组的传送,即数据转发,通常也称数据交换。在大多数情况下,互联网上的一台主机(源端)要向互联网上的另一台主机(目的端)发送一个数据包时,源端计算机通常已经知道一个路由器的物理地址(即 MAC 地址),一般采用默认路由(与主机在同一个子网的路由器端口的 IP 地址为默认路由地址)的办法,源端主机将带着目的主机的网络层协议地址(如 IP 地址、IPX 地址等)的数据包发送给已知路由器。路由器在接收了数据包之后,检查包的目的地址,再根据路由表确定它是否知道怎样转发这个包,如果它不知道下一跳路由器的地址,则将包丢弃。如果它知道怎么转发这个包,路由器将目的物理地址改为下一跳路由器的地址,并且把包传送给下一跳路由器。下一跳路由器执行同样的交换过程,最终将包传送到目的端主机。当数据包通过互联网传送时,它的物理地址是变化的,但它的网络地址是不变的,网络地址一直保留原来的内容直到目的端。值得注意的是,为了完成端到端的通信,在基于路由器的互联网中的每台计算机都必须分配一个网络层地址(IP 地址),路由器在转发数据包时,使用的是网络层地址。但在计算机与路由器之间或路由器与路由器之间的信息传送,仍然依赖于数据链路层完成,因此路由器在具体传送过程中需要进行地址转换并改变目的物理地址。

2. 路由器的特点

由于路由器作用在网络层,因此它与网桥相比具有更强的异种网互联能力,具有更好的隔离能力、更强的流量控制能力、更好的安全性和可维护性等,其主要特点如下。

(1) 路由器可以互联不同的 MAC 协议、不同传输介质、不同拓扑结构和不同传输速率的异种网,它有很强的异种网互联能力。路由器还是用于广域网互联的存储转发设备,具有很强的广域网互联能力,被广泛应用于 LAN—WAN—LAN 的网络互联环境。

(2) 路由器工作在网络层,它与网络层协议有关。多协议路由器可以支持多种网络层协议(如 TCP/IP,IPX 和 DECNET 等),转发多种网络层协议的数据包。路由器检查网络层地址,转发网络层数据分组。因此,路由器能够基于 IP 地址进行包过滤,具有包过滤的初期防火墙功能。路由器分析进入的每一个包,并与网络管理员制定的一些过滤策略进行比较,只有符合允许转发条件的包才被正常转发,否则丢弃。为了保障网络安全、防止黑客攻击,网络管理员经常利用这个功能,拒绝一些网络站点对某些子网或站点的访问。路由器还可以过滤应用层的信息,限制某些子网或站点访问某些信息服务,如不允许某个子网访问远程登录(Tel-net)。

(3) 路由器具有流量控制、拥塞控制功能,能够对不同速率的网络进行速度匹配,以保证数据包的正确传输。

(4) 对大型网络进行分段,将分段后的网段用路由器连接起来。这样可以达到提高网络性能和网络带宽的目的,而且便于网络的管理和维护。这也是共享式网络为解决带宽问题经常采用的方法。

5.5.6　三层交换机

1. 三层交换机的作用

三层交换机和路由器同在网络层工作。三层交换机除了具有二层交换机的功能外,还具有路由的功能。不过三层交换机仅具有路由器的路由功能,不具备路由器的其他功能,因此三层交换机不能代替路由器,但三层交换机的路由速度较快。

三层交换机可以看作是路由器的简化版,是为了加快路由速度而出现的一种网络设备。路由器的功能虽然非常完备,但完备的功能使得路由器的运行速度变慢,而三层交换机则将路由工作接过来,并改为由硬件来处理(路由器是由软件来处理路由的),从而达到了加快路由速度的目的。

一个具有第三层交换功能的设备是一个带有第三层路由功能的二层交换机,简单地说,三层交换技术就是:二层交换技术＋三层路由转发技术。

在传统网络中,路由器实现了广播域隔离,同时提供了不同网段之间的通信。图 5-27 中的 3 个 IP 子网分别为由 C 类 IP 地址构成的网段,根据 IP 网络通信规则,只有通过路由器才能使 3 个网段相互访问,即实现路由转发功能。传统路由器是依靠软件实现路由功能的,同时提供了很多附加功能,因此分组交换速率较慢。若用二层交换机替换路由器,将其改造为交换式局域网,不同子网之间又无法访问,只有重新设定子网掩码,扩大子网范围,如对图 5-27 所示的子网,只要将子网掩码改为 255.255.0.0,就能实现相互访问,但同时又产生新的问题:逻辑网段过大、广播域较大、所有设备需要重新设置。若引入三层交换机,并基于 IP 地址划分 VLAN,既可以实现广播域的控制,又可以解决网段划分之后,网段中子网必须依赖路由器进行管理的局面;既解决了传统路由器低速、复杂所造成的网络瓶颈问题,又实现了子网之间的互访,提高了网络的性能。

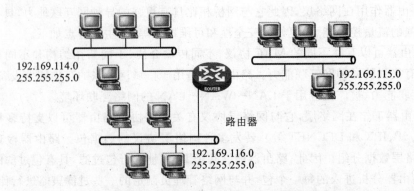

图 5-27　传统以路由器为中心的网络结构

因此,凡是没有广域网连接需求,同时需要路由器的地方,都可以用三层交换机代替路由器。图 5-28 所示的是一款三层交换机。

在企业网和教学网中,一般会将三层交换机用在网络的核心层,用三层交换机上的千兆端口或百兆端口连接不同的子网或 VLAN。其网络结构相对简单,节点数相对较少。另外,它不需要较多的控制功能,并且成本较低。

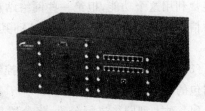

图 5-28　三层交换机

在目前的宽带网络建设中,三层交换机一般被放置在小区的中心和多个小区的汇聚层,核心层一般采用高速路由器。这是因为,在宽带网络建设中,网络互联仅仅是其中的一项需求,因为宽带网络中的用户需求各不相同,需要较多的控制功能,这正是三层交换机的弱点。因此,宽带网络的核心一般采用高速路由器。

图 5-29 给出了三层交换机工作过程的一个实例。图 5-29 中的计算机具有 C 类 IP 地址,共两个子网:192.168.114.0、192.168.115.0。现在,用户 X 基于 IP 需向用户 W 发送信息,由于并不知道 W 在什么地方,X 首先发出 ARP 请求,三层交换机能够理解 ARP,并查找地址列表,将数据只放到连接用户 W 的端口,而不会广播到所有交换机的端口。

2. 三层交换技术的原理

从硬件的实现上看,目前,二层交换机的接口模块都是通过高速背板/总线(速率可高达每秒几十吉比特)交换数据的,在三层交换机中,与路由器有关的第三层路由硬件模块也插在高速背板/总线上,这种方式使得路由模块可以与需要路由的其他模块间进行高速的数据交换,从而突破了传统的外接路由器接口速率的限制(10~100 Mb/s)。在软件方面,三层交换机将传统的路由器软件进行了界定,其做法如下。

(1)对于数据包的转发(如 IP/IPX 包的转发)这些有规律的过程通过硬件得以高速实现。

(2)对于三层路由软件,如路由信息的更新、路由表的维护、路由计算、路由的确定等功能,用优化、高效的软件实现。

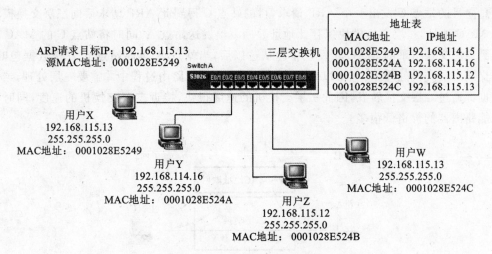

图 5-29　三层交换机工作过程

三层交换机实际上已经历了三代。第一代产品相当于运行在一个固定内存处理机上的软件系统，性能较差。虽然在管理和协议功能方面有许多改善，但当用户的日常业务更加依赖于网络时，网络流量不断增加时，网络设备便成了网络传输瓶颈。第二代交换机的硬件引进了专门用于优化二层处理的专用集成电路芯片（ASIC），性能得到了极大改善与提高，并降低了系统的整体成本，这就是传统的二层交换机。第三代交换机并不是简单地建立在第二代交换设备上，而是在三层路由、组播及用户可选策略等方面提供了线速性能，在硬件方面也采用了性能与功能更先进的 ASIC 芯片。

三层交换机实际上就好像是将传统二层交换机与传统路由器结合起来的网络设备，它既可以完成传统交换机的端口交换功能，又可以完成路由器的路由功能。当然，它并不是把路由器设备的硬件和软件简单地叠加在局域网交换机上，而是各取所长的逻辑结合。其中最重要的表现是，当某一信息源的第一个数据流进入三层交换机后，其中的路由系统将会产生一个MAC 地址与 IP 地址的映射表，并将该表存储起来，当同一信息源的后续数据流再次进入三层交换机时，交换机将根据第一次产生并保存的地址映射表，直接从二层由源地址传输到目的地址，而不再经过三层路由系统处理，从而消除了路由选择时造成的网络时延，提高了数据包的转发效率，解决了网间传输信息时路由产生的速率瓶颈。

如图 5-30 所示，假设两个使用 IP 的站点 A、B 通过三层交换机进行通信，发送站点 A 在开始发送时，已经知道目的站点 B 的 IP 地址，但尚不知道在局域网上发送所需的站点 B 的MAC 地址，要采用地址解析协议 ARP 来确定目的站点 B 的 MAC 地址。发送站点 A 把自己的 IP 地址与目的站点 B 的 IP 地址比较，采用其软件中配置的子网掩码提取出网络地址来确定站点 B 是否与自己在同一子网内。由于目的站点 B 与发送站点 A 在同一子网中，因此只需进行二层的转发。站点 A 会广播一个 ARP 请求，B 接到请求后返回自己的 MAC 地址，A 得到目的站点 B 的 MAC 地址后将这一地址缓存起来，第二层交换模块根据此 MAC 地址查找MAC 转发表，确定将数据发送到哪个目的端口。若两个站点不在同一个子网中，如发送站点A 要与目的站点 C 通信，发送站点 A 要向默认网关发送 ARP 包，而默认网关的 IP 地址已经在系统软件中设置，这个 IP 地址实际上对应三层交换机的三层交换模块。所以当发送站点 A对默认网关的 IP 地址发出一个 ARP 请求时，若三层交换模块在以往的通信过程中已得到目的站点 C 的 MAC 地址，则向发送站点 A 回复站点 C 的 MAC 地址；否则三层交换模块根据路由信息向目的站点 C 发出一个 ARP 请求，目的站点 C 得到此 ARP 请求后向三层交换模块回复其 MAC 地址，三层交换模块保存此地址并回复给发送站点 A，同时将站点 C 的 MAC 地址发送到二层交换引擎的 MAC 转发表中。从这以后，当站点 A 再向站点 C 发送数据包时，便全部交给二层交换处理，信息得以高速交换。由于仅仅在路由过程中才需要三层处理，绝大部分数据都通过二层交换转发，因此三层交换机的速度很快，接近二层交换机的速度，同时比相同功能路由器的价格低很多。

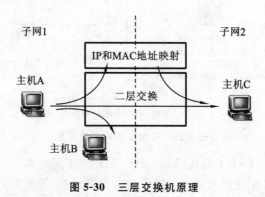

图 5-30　三层交换机原理

三层交换机具有以下突出特点。

（1）有机的软硬件结合使得数据交换加速。

（2）优化的路由软件使得路由过程效率提高。

（3）除了必要的路由决定过程外，大部分数据转发过程由二层交换处理。

（4）多个子网互联时只是与三层交换模块逻辑连接，不像传统的外接路由器那样需要增加端口，节省了用户的投资。

三层交换是实现 Intranet 的关键，它将二层交换机和三层路由器两者的优势结合成一个灵活的解决方案，可在各个层次提供线速性能。这种集成化的结构还引进了策略管理属性，它不仅使二层与三层相互关联起来，而且还提供流量优化处理、安全处理以及多种其他的灵活功能，如端口链路聚合、VLAN 和 Intranet 的动态部署等。

三层交换机分为接口层、交换层和路由层 3 部分。接口层包含了所有重要的局域网接口：10M/100M 以太网、千兆以太网、FDDI 和 ATM 等。交换层集成了多种局域网接口并辅之以策略管理，同时还提供链路汇聚、VLAN 和 Tagging 机制。路由层提供主要的局域网路由协议有 IP、IPX 和 AppleTalk，并通过策略管理，提供传统路由或直通的第三层转发技术。策略管理使网络管理员能根据企业的特定需求调整网络。

3．三层交换机种类

三层交换机可以根据其处理数据的不同而分为纯硬件和纯软件两大类。

1）纯硬件的三层交换机

纯硬件的三层交换机相对来说技术复杂、成本高，但速度快、性能好、带负载能力强。纯硬件的三层交换机采用 ASIC 芯片，采用硬件的方式进行路由表的查找和刷新，如图 5-31 所示。当数据由端口接收进来以后，首先在二层交换芯片中查找相应的目的 MAC 地址，如果查到，就进行二层转发，否则将数据送至三层交换引擎。在三层交换引擎中，ASIC 芯片查找相应的路由表信息，与数据的目的 IP 地址相比对，然后发送 ARP 数据包到目的主机，得到该主机返回的 MAC 地址，将 MAC 地址发送到二层交换芯片，由二层交换芯片转发该数据包。

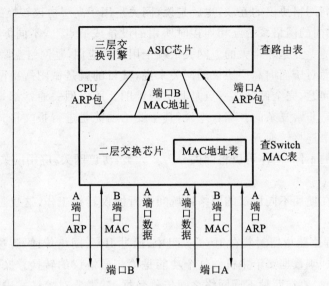

图 5-31 纯硬件的三层交换机原理图

2）纯软件的三层交换机

基于软件的三层交换机技术较简单，但速度较慢，不适合作为主干。其原理是，采用软件的方式查找路由表。如图 5-32 所示，当数据由端口接收进来以后，首先在二层交换芯片中查找相应的目的 MAC 地址，如果查到，就进行二层转发，否则将数据送至 CPU。CPU 查找相应的路由表信息，与数据的目的 IP 地址相比较，然后发送 ARP 数据包到目的主机，得到该主机返回的 MAC 地址，将 MAC 地址发到二层交换芯片，由二层交换芯片转发该数据包。因为 CPU 处理速度较慢，所以这种三层交换机处理速度较慢。

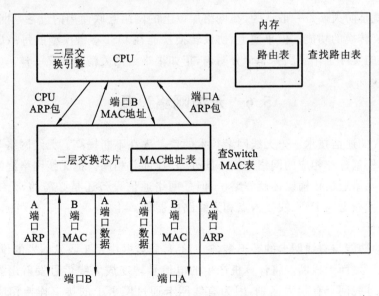

图 5-32 纯软件三层交换机原理图

5.5.7 网关

网关又称为协议转换器，它作用在 OSI 参考模型的 4～7 层，即传输层到应用层。网关的基本功能是实现不同网络协议的互联，也就是说，网关是用于高层协议转换的网间连接器。网关可以描述为"不相同的网络系统互相连接时所用的设备或节点"。不同体系结构、不同协议之间在高层协议上的差异是非常大的。网关依赖于用户的应用，是网络互联中最复杂的设备，没有通用的网关。而对于面向高层协议的网关来说，其目的就是试图解决网络中不同的高层协议之间的不同性问题，完全做到这一点是非常困难的。所以网关通常都是针对解决某些问题的。网关的构成是非常复杂的。综合来说，其主要的功能是进行报文格式转换、地址映射、网络协议转换和原语连接转换等。

按照网关功能的不同，大体可以将网关分为 3 大类：协议网关、应用网关和安全网关。

1. 协议网关

协议网关通常在使用不同协议的网络区域间进行协议转换工作，这也是一般公认的网关的功能。

例如，IPv4 数据由路由器封装在 IPv4 分组中，通过 IPv4 网络传递，到达目的路由器后解开封装，把还原的 IPv4 数据交给主机。这个功能是第三层协议的转换。又例如，以太网与令牌环网的帧格式不同，要在两种不同网络之间传输数据，就需要对帧格式进行转换，这个功能就是第二层协议的转换。

协议转换器必须在数据链路层以上的所有协议层都运行，而且要对节点上使用这些协议层的进程透明。协议转换是一个软件密集型过程，必须考虑两个协议栈之间特定的相似性和不同之处。因此，协议网关的功能相当复杂。

2. 应用网关

应用网关是在不同数据格式间翻译数据的系统。例如，E-mail 可以通过多种格式实现，提供 E-mail 的服务器可能需要与多种格式的邮件服务器交互，因此要求支持多个网关接口。

3. 安全网关

安全网关就是防火墙。一般认为，在网络层以上的网络互联使用的设备是网关，主要是因为网关具有协议转换的功能。但事实上，协议转换功能在 OSI 参考模型的每一层几乎都有涉及。所以，网关的实际工作层次并非十分明确，正如很难给网关精确定义一样。

5.6 无线网络设备

作为新一代的通信技术——无线网络技术的普及率在不断提高。无线网络与有线网络相比，除了无线通信部分和相应的网络协议不同外，其他部分相同。把无线网络终端连接在一起进行通信，有线网络通信传输媒体就省略了，但是网络通信设备还是必需的，无线通信设备一般有无线网卡、无线上网卡、无线接入点和无线路由器等。

1. 无线网卡

无线网卡的功能与有线网卡的差不多，它们都是局域网中用于收发信号的设备，只不过有线网卡传输电信号，而无线网卡将计算机产生的电信号转变成无线信号发射出去。从外观上看，无线网卡与有线网卡有很大区别，因为有线网卡通过网卡上的接口连接相应的传输介质（同轴电缆、双绞线、光纤等），而无线网卡是通过天线向计算机传输数据的。由于无线网卡是局域网络设备，所以其收发信号是有一定范围的。

无线网卡根据其接口的不同，一般分为 PCMCIA 无线网卡、PCI 无线网卡、MiniPCI 无线网卡、USB 无线网卡、CF/SD 无线网卡。

2. 无线上网卡

无线上网卡的外观与无线网卡的差不多,但它的作用、功能相当于有线调制解调器,它是将计算机产生的数字信号转变成模拟的无线信号传播出去,它可以使用在无线电话信号覆盖的任何地方,并且需要插入手机的 SIM 卡来使用,使其计算机母体能够接入 Internet。

无线上网卡的分类方法很多,根据目前国内主流的无线接入技术分类,有 GPRS、CDMA、WCDMA、TD-SCDMA、CDMA2000 等无线上网卡。

(1) GPRS(通用分组无线业务),该服务由中国移动通信公司推出,其理论上支持的最高速率为 171.2 Kb/s,但实际由于受网络编码方式和终端支持等因素的影响,用户的实际接入速率一般为 15～40 Kb/s,在使用数据加速系统后,速率可以稳定在 60～80 Kb/s。

(2) CDMA(码分多址),该服务由中国电信公司推出,CDMA 的数据传输速率在一般环境下可达 153 Kb/s,是 GPRS 的两倍。

(3) WCDMA、TD-SCDMA、CDMA2000 等第三代移动通信服务,支持更高速率。例如,WCDMA 可以支持 7.2 Mb/s 下行和 5.76 Mb/s 上行速率。

根据无线上网卡接口的不同,一般分为 PCMCIA 无线上网卡、PCI 无线上网卡、USB 无线上网卡、CF/SD 无线上网卡。

3. 无线接入点

无线接入点有时也称为无线集线器,功能与集线器相类似。在一定的范围内,任何一台装有无线网卡的 PC 均可通过无线接入点接入无线局域网。当然,通常无线接入点有一个局域网接口,这样通过一根网线与网络接口相连,使 PC 可以接入更大的局域网甚至是广域网。

4. 无线路由器

无线路由器是无线接入点与宽带路由器的一种结合体,一方面其覆盖范围内的无线终端可以通过它进行相互通信;另一方面借助于路由器功能,可以实现无线网络中的 Internet 连接共享,实现无线共享接入。通常使用的方法是将无线路由器与 ADSL 调制解调器相连,这样就可以使多台无线局域网内的计算机共享宽带网络。

无线路由器一般有一个或多个天线作为无线接口,以及一个 WAN 接口和若干个 LAN接口,既可以通过无线网络连接计算机,也可以通过传输介质连接计算机。

小　　结

网络互联是 OSI 参考模型的网络层或 TCP/IP 体系结构的网络互联层需要解决的问题。

IP 协议是 TCP/IP 网络互联层的核心协议,为用户提供面向无连接的、不可靠的、尽力而为的服务。IP 数据报包括报头和传输层下来的数据,报头是在 IP 层加上一些控制信息。互联层数据信息和控制信息的传递都需要通过 IP 数据报进行。IP 地址分为 A、B、C、D、E 五类地址,其中 A、B、C 三类可以作为主机 IP 地址。

子网划分是将一个大的网络划分为多个较小网络。子网划分技术有效地提高了 IP 地址的利用率,改善了网络的逻辑结构。子网掩码通常与 IP 地址配对出现,采用与 IP 地址相同的32 位格式,其功能是告知主机或者路由设备,一个给定 IP 地址的哪些位对应于网络地址,哪些位对应于主机地址。

以太网交换机在交换机的各个端口之间交换 MAC 帧,以太网交换机由连接器、接口缓存、交换机构、地址表组成。通常交换机通过源地址学习建立 MAC 地址表,交换机的地址表用于交换、过滤数据帧。

　　路由器中的路由表给出了到达目标网络所需要历经的路由器接口或下一跳地址信息。路由表可通过静态（管理员手工配置）和动态（路由协议相互学习交换路由信息）的方式建立。路由选择算法是路由协议的核心，按路由选择算法的不同，路由协议被分为距离矢量路由协议、链路状态路由协议和混合型路由协议三大类。静态路由适合于小型的、单路径的、静态的 IP 互联网环境下使用。RIP 路由选择协议适合于中小型的、多路径的、动态的 IP 互联网环境下使用。而 OSPF 路由选择协议最适合大型的、多路径的、动态的 IP 互联网环境下使用。

习　　题

一、填空题

1. _____设备通常用于延伸网络的长度，它在两段电缆间向两个方向传送数字信号，在信号通过时将信号放大和还原。

2. 三层交换机相当于交换机与_____合二为一。

3. 集线器工作在_____，交换机工作在_____，路由器工作在_____。

4. 无线路由器是_____与_____的一种结合体。

5. _____是一种链路状态路由协议，_____是距离矢量路由协议。

6. _____是自治系统之间的路由协议。

7. 网络互联设备_____所涉及的 OSI 参考模型层次最多。

8. 网络互联的解决方案有两种，一种是_____；另一种是_____。其中，_____是目前主要使用的解决方案。

9. IP 服务的特点为_____、_____和_____。

二、单项选择题

1. Internet 使用的互联协议是（　　）。

A. IPX　　　　　　　B. IP　　　　　　　C. AppleTalk　　　　　　　D. NetBEUI

2. 关于 IP 层功能的描述中，错误的是（　　）。

A. 可以屏蔽各个物理网络的差异

B. 可以代替各个物理网络的数据链路层工作

C. 可以隐藏各个物理网络的实现细节

D. 可以为用户提供通用的服务

三、简答题

1. 网络互联常用的设备有哪些？

2. 什么是 5-4-3-2-1 规则？

3. 比较交换机和集线器的异同。

4. 什么是三层交换机？与路由器有什么不同？

5. 路由器内部工作使用哪几种路由协议？

6. 比较距离矢量路由选择算法和链路状态路由选择算法的异同。

7. 集线器、网桥、交换机、路由器分别应用在什么场合？它们之间有何区别？

第6章 IP城域网和广域网

城域网是覆盖一个都市、一个区域的数据通信网;而广域网则覆盖范围更广,可以是一个国家、一个洲。网络覆盖的范围不同,所采用的技术也不同。本章主要介绍城域网的组成、城域网技术及广域网链路层协议、VPN技术等。

6.1 IP城域网

6.1.1 IP城域网概述

1. 城域网概念

从广域网的观点来看,城域网是广域网的汇聚层,它汇聚某一地区、某一城市的信息流量,是广域网不可分割的重要部分。从本地区、本城市来看,城域网又是本地的骨干网,承担本地信息传输、交换。近几年,各个电信运营商都在打造自己的城域网,以承载日益增长的因特网数据、电话业务、电视业务等。

城域网是互联两个或多个局域网、覆盖整个城区、范围小于广域网的数据通信网。此后,城域网的概念延伸进电信网,泛指在地理上覆盖整个都市辖区的信息传输网络、用于连接国家主干的广域网和业务接入主体的局域网,提供多种业务接入、汇聚、传输和交换的区域性的多业务平台。

2. 城域网的分层

通常城域网在规划、建设时分为三层,即核心层、汇聚层、接入层。核心层具有高带宽、高吞吐量、高可靠性,能承载本城区主要信息的传输、交换,实现本地区各网络的互联,提供本地进入广域网的接口。核心层要求具有高吞吐量、高稳定性、高安全性、无阻塞和故障自愈。汇聚层主要聚集、分散服务区的业务流量,实现用户管理、计费管理。接入层为用户提供数据接入,进行业务和带宽分配。城域网的分层结构如图 6-1 所示。

6.1.2 城域网的技术

早些年由于路由器交换能力较低,城域网采用 IP over ATM 的形式,即在 ATM 网络上传输 IP 报文。利用 ATM 网络传输 IP 报文,存在 IP 地址与 ATM 地址转换、IP 报文与 ATM 信元的互相转换的问题,IP 与 ATM 结合太复杂,造价也高,且 ATM 的运载效率低。

近年来,IP 路由器交换能力提高到每秒几百吉比特、端口速率也达到 10 Gb/s 以上,新建的城域网采用了高速路由器作为城域网的交换节点,构建 IP 网络。Internet 的 IP 报文在 IP 网络上直接传输交换,不必作协议和地址转换,提高了网络的效率,降低了网络的管理难度。IP over SDH(在光纤链路上用 SDH 帧传送 IP 报文)是主流的 IP 城域网。IP over DWDM(在密集波分复用系统上传送 IP 报文)在广域网取得巨大成功,但由于城域网通信距离比较

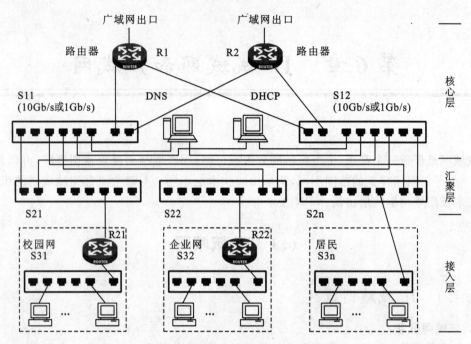

图 6-1　用以太网技术组建的城域网

短,城域网采用 DWDM 并不经济。

城域网通信服务范围介于局域网和广域网之间,可以采用局域网技术,也可以采用广域网技术。

1. 用以太网技术组建城域网

使用以太网技术组建城域网是指城域网主干网络使用以太网交换机作为交换设备,利用以太网的帧承载 IP 数据报。目前局域网和城域网之间大量采用了以太网的技术和设备,其结构简单,费用低廉,降低了运营管理的复杂度。

光纤的使用使以太网的通信距离得以延伸,现在以太网的传输距离可以达到几十千米。10 Gb/s 以太网交换机可用于局域网和广域网。10 Gb/s 以太网交换技术将使广域网、城域网、局域网实现无缝连接。

城域网的核心层是城域网传输交换数据的主干网路,采用高交换能力的交换设备和高带宽的光纤链路,核心层提供城域网到广域网的出口,核心层设备安装在电信运营商的汇接局机房。汇聚层交换机汇聚服务区的数据流量,采用 PPPoE 认证服务的网络,在汇聚层中设置认证服务器,为入网用户提供 PPPoE 认证服务,汇聚层设备安装在电信运营商的端局。接入层设备直接面对用户,是接入企业网、校园网和居民的数据通信设备。

图 6-1 所示的是使用以太网技术组建的城域网。在核心层的路由器有两台,用于连接城域网和广域网,提供 2 个广域网出口,同时互为热备用。核心交换机 S11、S12 采用 10 Gb/s 或 1 Gb/s 以太网交换机,承担城域网内部和城域网与广域网的数据交换。通过执行生成树协议,核心交换机 S11、S12 互为热备份。DHCP 服务器在城域网使用私用网络地址时,提供动态 IP 地址分配服务,DNS 为辖区 DNS 服务器,缓存中常用的域名 IP 地址解析信息,是城域网内的计算机访问 Internet、请求域名解析时访问的第一台 DNS 服务器。

S21、S22、S2n 为汇聚层的以太网交换机,汇聚层交换机汇接服务区的企业网络、校园网络、居民小区的网络,使分散的数据流量集中并连接到核心层交换机,汇聚层使用 10 Gb/s 或 1 Gb/s 以太网交换机。

接入网包括校园网、企业网和居民小区网络,校园网、企业网通过接入路由器接入城域网。接入网用 100 Mb/s 或 10 Mb/s 的交换机连接用户计算机。

2. 高速路由器技术组建城域网

城域网使用高速路由器作为网络交换机,传输交换 IP 数据报,这种城域网称为 IP 城域网。图 6-2 所示的是 IP 城域网示意图。该城域网核心层使用高速路由器,采用高带宽的光纤链路组成双环结构的网络,核心层是城域网数据传输和交换的主干网,核心层设有两个广域网出口,双环结构的网络有故障自愈功能。汇聚层的网络由路由器、以太网交换机、光纤组成,其拓扑结构有星型、树型、环型。接入层通常采用光纤和 10 Mb/s、100 Mb/s 以太网交换机接入学校、企业网络。集中的居民用户采用以太网接入,分散的居民用户采用电话线、ADSL 接入。

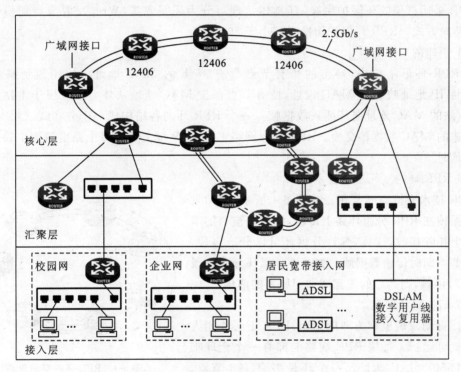

图 6-2　高速路由器组成的城域网

3. 弹性分组环技术

弹性分组环(RPR)技术是结合了 SONET/SDH 和以太网的优点而形成的一种基于分组交换的网络技术,主要目标是应用于城域网的环形网络,属于局域网 MAC 子层标准,能适应多种物理层协议。RPR 技术提高 IP 报文在 MAN 环型拓扑上的交换速度,减少 IP 报文在环形网络的转发次数。RPR 主要有以下几个特点。

(1) 双环结构。

RPR 包括两条对称的反向光纤环路,每条光纤均可被同时用来传输数据及控制包。其中一条称为"内"环,另一条称为"外"环。RPR 通过向一个方向(下行)发送数据帧并在另一条光纤上向相反方向(上行)发送相应的控制帧。当系统发生故障时重构为一个环,数据帧和控制帧在同一个环内传输。

RPR 的双环结构和环的重构如图 6-3 所示。

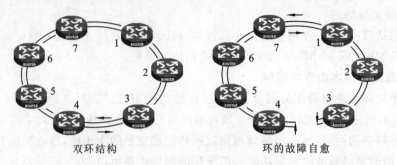

图 6-3　RPR 双环结构和环的重构

（2）快速的保护倒换功能。

RPR 采用二层的环保护倒换，其具体实现可分为环回方式（Wrap）、源节点切换（Steering）的转向方式。RPR 环保护切换时间小于 50 ms。

（3）快速的二层交换。

在 RPR 环形结构中，环上的所有节点具有 48 b 的 MAC 地址。使用地址解析协议（ARP）将 IP 地址映射为 MAC 地址，所有节点都按 MAC 地址从环上接收属于本站的数据帧，用本站的 MAC 地址向环插入数据帧。一个 RPR 环的各站构成一个分布式二层交换机，进行快速的 MAC 数据帧交换。RPR 环形网络可避免 IP 报文经过多个路由器逐个转发产生较多的延时。

（4）RPR 环的空间复用技术。

RPR 技术支持空间复用。如图 6-4 所示，源站发出的数据帧在 RPR 分组环路上传输，数据帧被目的节点从环上扣除接收，这样，弹性分组环可以分成多段、有多个节点同时传输数据帧。如弹性分组环分为两段（1-3、4-7）传输，则其总的带宽增加到原来的两倍。

（5）拓扑自动发现。

拓扑自动发现也称为即插即用，RPR 不必使用人工设置就可运行。每块 RPR 线路卡都有一个全球唯一的、固定的 MAC 地址。一个环最多有 128 节点。

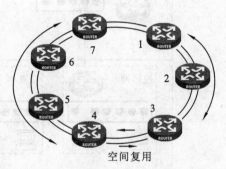

空间复用

图 6-4　RPR 环的空间复用

RPR 线路卡节点插入和拆除的设置和配置、环路故障自愈、拓扑自动发现、地址解析协议（ARP）都由智能程序来实现。

（6）分布式公平算法。

RPR 环路上的每个节点都执行一种名为 SRP-fa 公平算法。该算法确保全局公平性、本地优化和统计复用。

全局公平性是指 RPR 环的节点通过执行算法，使 RPR 环上各个站获得公平的带宽。每个节点都通过控制上游节点向环路发送数据包的速率，防止上游的环路节点占用太多带宽，防止本站出现带宽饥饿或时延过长。

本地优化确保节点能够利用环路的空间复用特性，使这些节点能够在本地环路分段上使用比其公平带宽份额更多的带宽。

统计复用是指节点可以动态占用带宽资源，使资源利用率提高，最大限度地提高环路的承载容量。

（7）提供多等级的 QoS 服务。

RPR 技术定义了多种服务优先类别，接口卡提供队列服务，适应不同业务的服务质量需求。

6.2　广域网技术

6.2.1　广域网概述

1. 广域网概念

广域网（Wide Area Network，WAN），是一种覆盖广阔地域的网络，一般覆盖一个国家、一个洲，覆盖范围在几千到上万平方千米。

我国的广域网是覆盖全国、公用的数据通信网络。广域网由电信运营商运营管理，我国有多家电信运营商，因此有多个平行的数据广域网。

广域网互联各个省市的数据通信网，在全国形成统一的数据通信网。广域网设有到国际 Internet 的出口和到其他运营商的广域网的出口，广域网是国际互联网的重要组成部分。广域网主要传输交换 Internet 数据、IP 电话、IPTV、视频会议电话及其他信息。企业通过广域网可以组建自己的、覆盖全国的企业通信网络。

广域网由数量较多的节点交换机和连接这些节点交换机的高速链路组成。现在主流的广域网的节点交换机采用高速路由器，链路采用光纤。

广域网的主要特点有：

（1）广域网的通信范围覆盖全国；

（2）广域网使用高速的节点交换机，现在主要使用高速路由器作为节点交换机；

（3）使用高带宽的光纤链路连接节点交换机，我国现在广域网的带宽为 $10\sim40$ Gb/s；

（4）采用高可靠性的网络拓扑，如网状网络等。

2. 广域网的分层

现在运行的广域网通常是 IP 广域网。IP 广域网通常是指网络的网络层协议采用 IP 协议，网络的交换节点采用路由器。广域网规划、建设、管理采用分层结构。通常将广域网分为核心层、区域汇聚层和接入层三层。下面将以国内某个正在运行的广域网（称广域网 C）为案例，分析广域网的组成原理。

1）广域网的核心层

广域网通常采用网状结构，因为网状结构的网络可靠性最高，但完全采用网状结构其造价极高，兼顾可靠性和造价，通常只在核心层采用网状结构。

广域网 C 将全国划分为东北区、华北区、西北区、华中区、华东区、华南区、西南区 7 个服务区。每个服务区设立 2 个核心路由器，核心服务器之间使用光纤链路互联。每个服务区最少有两条光纤链路与其他服务区的路由器互联，形成具有高度健壮性的网状结构网络。IP 广域网的核心层是数据传输、交换的主干网。在广域网的核心层设有 3 个到国际互联网接口和到国内其他运营商广域网的互联接口。

IP 广域网的核心层使用线速路由器作为节点交换机，如 Cisco 12416 路由器。广域网链路带宽达到 10 Gb/s，随着数据业务量的增长，链路带宽可以按 10 Gb/s 的倍数扩展。广域网 C 的核心层如图 6-5 所示。

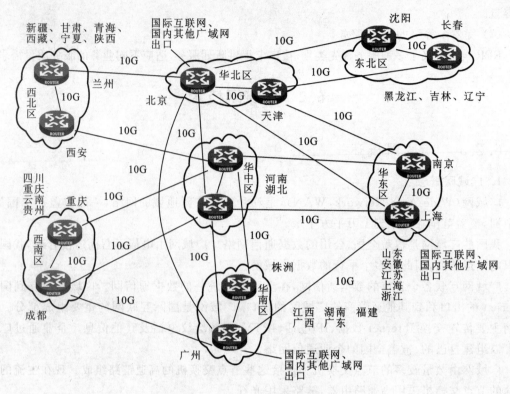

图 6-5 某个 IP 广域网的核心层

Cisco 12416 是 12000 系列路由器,采用矩阵式接线器。Cisco 12416 路由器有 16 插槽机柜,每槽容量为 20 Gb/s(全双工,10 Gb/s×2),总交换容量高达 320 Gb/s。Cisco 12416 路由器单端口可配 OC-192/STM-64 POS(Packet over SDH)线路接口卡,其双工带宽 2×10 Gb/s。或插入有四个端口的 OC-48c/STM-16c POS 线路接口卡,其双工带宽为 4×2×2.5=20 Gb/s。Cisco 12416 中的"4"意指全双工带宽 4×5 Gb/s,"16"意指矩阵式接线器提供 16 个插槽。

2) 广域网的区域汇聚层

广域网的区域汇聚层汇聚、分散各个服务区的数据流量。在华南区汇聚,分散湖南省、广西壮族自治区、广东省、福建省的数据流,其汇聚网络如图 6-6 所示。

3) 广域网接入层

IP 广域网接入层由各个省公司的数据通信网络组成,将省内的各个城域网接入广域网。省一级通信企业在省会城市、各个地级市组建 IP 城域网。IP 广域网接入层的主要任务是将这些地区、城市的城域网接入到省会广域网的节点交换机,使省内各个城市、地区的网络用户可以接入广域网通信。接入多个城市、地区的 IP 城域网如图 6-7 所示。

图 6-7 所示的是某省数据接入网,利用两个 NE80E 路由器汇接省内省会城市、各个地级市的城域网,省内各个地市的城域网使用两条链路接入 NE80E 路由器。NE80E 路由器基于分布式的硬件转发和无阻塞交换技术,支持 10 G 接口和 IPv6 技术,所有接口都具备线速转发能力,交换容量高达 640 Gb/s。NE80E 路由器是省内数据交换的主要节点,用两个 NE80E 路由器互为热备份。两个 NE80E 路由器上连到路由器 12406,通过路由器 12406 接入 IP 广域网的两个核心路由器。

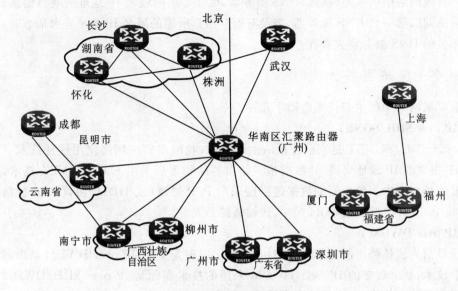

图 6-6　广域网汇聚层

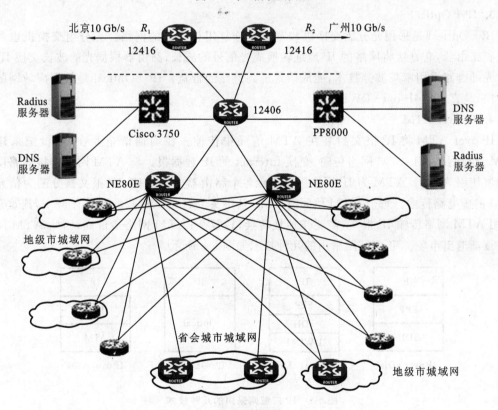

图 6-7　广域网接入层

RADIUS(Remote Authentication Dial in User Service)服务器用于对入网用户提供认证服务。其典型操作是验证用户名和密码是否合法(认证),分配 IP 地址(授权),登记上线、下线时间(计费),电信运营商使用 RADIUS 认证服务器对入网用户认证。

DNS(Domain Name System)是域名系统的服务器,域名系统建立了域名与 IP 地址的映射关系。省级网络中的本地(辖区)DNS 服务器,缓存常用的域名 IP 地址的映射信息,是用户上网必须访问的第一台 DNS 服务器,当没有缓存用户所需的域名 IP 地址映射信息时,将代理用户到相关的 DNS 服务器去查找。

6.2.2　广域网技术

当前广域网采用的主要技术有以下几种。

1. IP over SDH/SONET

IP over SDH/SONET 是当前使用的主流技术,我国多数广域网使用这种技术。核心路由器按 IP 报文的 IP 地址交换 IP 数据报。路由器的物理层采用 SDH/SONET 技术,并集成在路由器的接口卡中。路由器的数据链路层采用 PPP 协议(或 HDLC 协议),IP 数据报封装在 PPP 帧中,PPP 帧封装在 SDH 帧中,传输链路是光纤。

2. IP over DWDM

由于目前光波长路由器还未普及使用,未真正实现光交换,IP over DWDM 路由器依然采用电交换技术,所以现在的 IP over DWDM 采用的技术实际是 IP over SDH/DWDM。光纤链路采用密集波分技术,能成倍地提高链路的带宽。

3. IP+Optical

IP+Optical 是采用光分组交换机和密集波分复用相结合的网络。光分组交换机也称为光波长路由器,它直接将网络的 IP 地址转换成光信号的波长,路由器根据光的波长交换 IP 报文。光纤链路采用密集波分技术,能成倍地提高链路的带宽。IP+Optical 是数据广域网的发展方向,是真正的 IP over DWDN。

4. IP over ATM

IP over ATM 将 IP 报文封装在 ATM 信元中传输。我国通信企业在 20 世纪末建有 ATM 交换网络,用 ATM 网络传输、交换 Internet 的 IP 数据报。与 ATM 网络连接的路由器物理层使用 ATM。ATM 为 IP 网络提供连接各个路由器的虚电路,IP 报文被分割为信元在 ATM 的虚电路传输。每个 ATM 信元有 53 B,其中头部有 5 B,运载的数据有 48 B,其效率较低;用 ATM 网络传输 IP 报文,需要作地址转换,较复杂;ATM 网络造价高,因此 ATM 网络正在逐渐退出市场。IP 广域网采用的几种技术如图 6-8 所示。

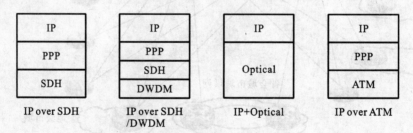

图 6-8　IP 广域网采用的几种技术

6.2.3　广域网提供的服务

1. IP 广域网提供面向无连接的服务

IP 网络只提供无连接的通信服务,无连接服务的特点如下。

(1) 在数据发送前通信双方不建立连接。

（2）每个 IP 分组独立进行路由选择，因此具有高度的灵活性，但各分组都要携带地址信息。

（3）网络无法保证数据传输的可靠性，由用户终端负责差错处理和流量控制。

（4）网络资源的利用率较高。

2. ATM、FR（帧中继）、X.25 网络提供面向连接的虚电路服务

面向连接服务的特点如下。

（1）在数据发送前要建立虚拟连接，每个虚拟连接称为一个虚电路，并用虚电路号作标志。在网络中传输的分组使用虚电路号标志，网络中的节点交换机根据这个标志决定将分组转发到哪个目的站。

（2）虚电路服务可以保证按发送的顺序收到分组，有服务质量保证。差错处理和流量控制可以选择由用户负责或由网络负责。

（3）路由固定，数据转发开销小，服务质量比较稳定，适于一次性大批量数据传输。

（4）稳定性差，某个中继系统故障会导致整个系统连接的失败。

3. DDN 网络提供面向连接的服务

数字数据网络（Digital Data Network，DDN）是为用户提供传输数据的专线服务。DDN 基于时分复用（TDM）传输技术，它为用户提供一条独享的端到端的透明传输通道。用户可在该通道上传输数字语音、数字数据业务。由于 DDN 通道之间是完全隔离的，它具有很好的安全性，通常金融机构和企业集团租用 DDN 线路。

DDN 是一种基于时分复用（TDM）传输技术，它不能满足数据业务的突发性要求；DDN 只能为用户提供 N×64 Kb/s 低速率接入，N×El 中继速率接入。DDN 带宽时隙始终被独占，电路利用率不高。

6.3　路由器线路卡

线路卡是插在路由器上的接口卡（电路板）。路由器通过线路卡、光纤或电缆与其他路由器、以太网交换机及其他网络设备连接。线路卡一般执行网络层、数据链路层和物理层协议功能。

6.3.1　POS 线路卡

POS 线路卡的物理层使用 SDH 技术，使承载 IP 报文的 PPP 数据帧装载在 SDH 帧中传输，这种线路卡称为 POS（Packet over SDH）线路卡。POS 线路卡直接与光纤连接，在光纤上传输 SDH 帧，但数据的传输不经过 SDH 光通信系统。路由器之间的数据链路层使用 PPP（或 HDLC）协议，IP 报文被封装在数据链路层 PPP 帧中，而 PPP 帧封装在物理层的 SDH 净负荷中传输。POS 线路卡的速率有 STM-1（155 Mb/s）、STM-4（622 Mb/s）、STM-16（2.5 Gb/s）、STM-64（10 Gb/s），STM-256（40 Gb/s）线路卡也已经使用。

具有 POS 口的路由器分层结构如图 6-9 所示。

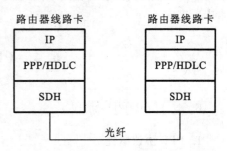

图 6-9　具有 POS 口的路由器分层结构

6.3.2　以太网线路卡

路由器提供千兆以太网(GE)和快速以太网(FE)接口,能够用以太网接口接入其他路由器、以太网交换机。以太网接口卡的数据链路层协议为 IEEE 802.3x 系列协议,GE 接口卡常用的物理层协议是 1000Base-LX、1000Base-SX、1000Base-CX。一个以太网线路卡通常提供多个 GE 接口或多个 FE 接口。

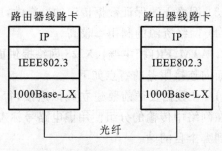

图 6-10　具有 GE 口的路由器分层结构

具有 GE 口的路由器分层结构如图 6-10 所示。

6.3.3　DPT 线路卡

IEEE 802.11 弹性分组环(RPR)技术标准制定之前,Cisco 已经使用 DPT(动态分组传输协议),DPT 与 IEEE 802.17 协议相同,因此 DPI 与 RPR 视为相同协议。

Cisco 12000 路由器使用 DPT 线路卡。DPT 线路卡用于构成动态分组传输环,路由器上的 DPT 接口通过两条反向循环的光纤环路与 Cisco 1200 系列路由器或 Cisco 的其他系列路由器连接。可选的 DPT 卡有双环路 STM-4(622 Mb/s)线路卡、双环路 STM-16(2.5 Gb/s)线路卡、双环路 STM-64(10 Gb/s)线路卡。图 6-11 所示的是具有 DPT 线路卡的路由器的分层结构和用 DPT 线路卡组成的弹性分组环。

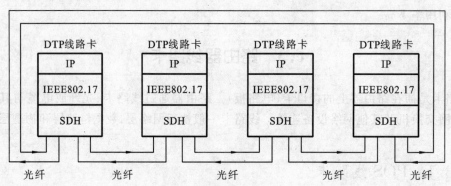

图 6-11　用 DTP 线路卡组成的 RPR 弹性分组环

DPT 线路卡在城域网、广域网的核心层组建环形网络,在城域网的汇聚层和接入层中构建环形网。

6.4　PPP 和 PPPoE 协议

6.4.1　PPP 协议

1. PPP 协议概述

PPP 是点对点链路控制协议(Point to Point Protocol),用于路由器和路由器之间点对点链路。较早 PC 在拨号访问 Internet 时,也使用 PPP 协议作为链路层控制协议。

　　PPP 协议是数据链路层协议,提供了在点对点的链路上传输多种网络层数据报文。对网络层协议的支持则包括了多种不同的主流协议,如 IP 和 IPX 等。PPP 不适合多点链路,具有验证功能。PPP 协议的体系结构如图 6-12 所示。

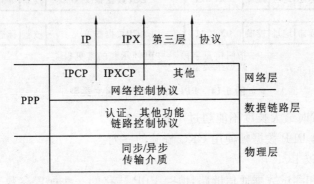

图 6-12　PPP 的体系结构

　　PPP 协议主要包括四部分:多协议数据报的封装方法、链路控制协议(Link Control Protocol,LCP)、网络控制协议(Network Control Protocol,NCP)和认证协议(PAP、CHAP)。

　　1) 多协议数据报的帧格式

　　PPP 协议的帧格式来源于 HDLC 协议。HDLC 是较早使用的数据链路层协议,许多常用的数据链路层协议的帧格式都是源于 HDLC 的帧格式。

　　图 6-13 所示的是 HDLC 帧与 PPP 帧格式的比较,HDLC 协议是多点链路控制协议,发给各个站的帧地址不同,0XFF 是广播地址。PPP 是点对点协议,链路上只有 2 个站,使用的地址固定为 0XFF。

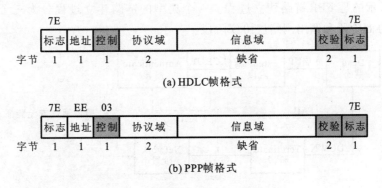

图 6-13　PPP 帧和 HDLC 帧的比较

　　(1) 标志字段,是一个 PPP 数据帧开始和结束的标志,该字节为 0X7E,二进制表示为 01111110。

　　(2) 地址域,该字节为 0XFF,二进制表示为 11111111,可以理解为 PPP 链路上一个站向另一个站广播数据。

　　(3) PPP 数据帧的控制域规定该字节的内容填充为 0X03。

　　(4) 协议域可用来区分 PPP 数据帧中信息域所承载的数据报文的类型。协议字段的内容为 0X0021 时,说明数据字段承载的是 IP 数据报。协议字段的内容为 0XC021,数据字段承载的是 PPP 链路控制协议 LCP 控制报文。协议字段的内容为 0X8021 时,数据字段承载的是 NCP 报文,如图 6-14 所示。

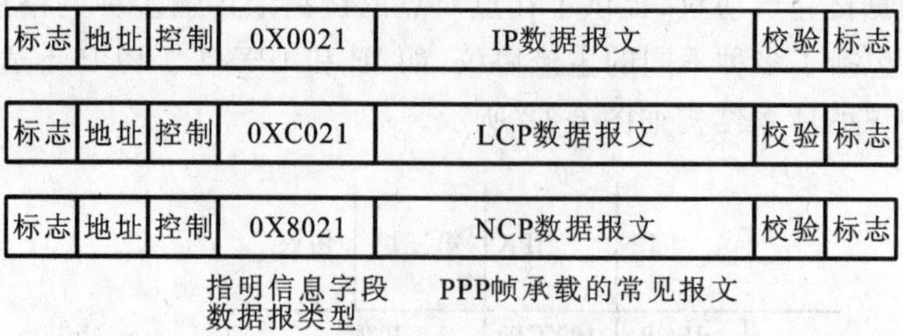

标志 地址 控制 0X0021 IP数据报文 校验 标志
标志 地址 控制 0XC021 LCP数据报文 校验 标志
标志 地址 控制 0X8021 NCP数据报文 校验 标志
指明信息字段
数据报类型
PPP帧承载的常见报文

图 6-14　PPP 协议承载的报文类型

(5) 信息域缺省时最大长度不能超过 1500 B。

(6) 校验域是对 PPP 数据帧使用 CRC 校验的序列。

2) 链路控制协议 LCP

LCP 用来配置和测试数据通信链路，协商 PPP 链路的一些配置参数选项，处理不同大小的数据帧，检测链路环路、链路错误，终止 PPP 链路。

3) 网络控制协议 NCP

NCP 根据不同用户的需求，配置上层协议所需环境，为上层提供服务接口。例如，对于 IP 提供 IPCP 接口，对于 IPX 提供 IPXCP 接口，对 APPLETALK 提供 ATCP 接口。即负责解决物理连接上运行什么网络协议，以及解决上层网络协议发生的问题。

4) 认证协议

最常用的认证协议包括口令验证协议 PAP(Password Authentication Protocol)和挑战握手验证协议 CHAP(Challenge Handshake Authentication Protocol)。

2. PPP 链路建立的过程

图 6-15 所示的是 PPP 链路建立过程。一个典型的链路建立过程分为三个阶段：创建阶段、链路质量协商阶段和调用网络层协议阶段。

Dead
状态
底层UP
Establish
阶段
LCP UP
Authenticate
阶段
FAIL
FAIL
验证通过或无验证
DOWN
Terminate
阶段
关闭
Network
阶段

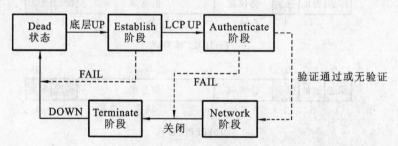

图 6-15　PPP 链路建立过程

阶段 1：创建 PPP 链路。

LCP 负责创建链路。在这个阶段，将对基本的通信方式进行选择，包括数据的最大传输单元、是否采用 PPP 的压缩、PPP 的认证方式等。链路两端设备通过 LCP 向对方发送配置信息报文(configure packets)。一旦一个配置成功信息包被发送且被接收，就完成了交换，进入 LCP 开启状态。

在链路创建阶段，只是对验证协议进行选择，用户验证将在第 2 阶段实现。

阶段 2：链路质量协商(可选阶段)。

这个阶段主要用于对链路质量进行测试，以确定其能否为上层所选定的网络协议提供足够的支持，另外若双方已经要求采用安全认证，则在该阶段还要按所选定的认证方式进行相应的身份认证。连接的客户端会将自己的身份发送给远端的接入服务器。使用一种安全认证方式避免第三方窃取数据或冒充远程客户接管与客户端的连接。在认证完成之前,禁止前进到网络层协议阶段。如果认证失败,认证者应该跃迁到链路终止阶段。

阶段 3:调用网络层协议。

链路质量协商阶段完成之后,PPP 将调用在链路创建阶段(阶段 1)选定的各种网络控制协议(NCP)。通过交换一系列的 NCP 分组来配置网络层。对于上层使用的是 IP 协议的情形来说,此过程是由 IPCP 完成的。不同的网络层协议要分别进行配置。例如,在该阶段 IP 控制协议 IPCP 可以向拨入用户分配动态地址。

在第三个阶段完成后,一条完整的 PPP 链路就建立起来了,从而可在所建立的 PPP 链路上进行数据传输。当数据传送完成后,一方会发起断开连接的请求。这时,首先使用 NCP 来释放网络层的连接,归还 IP 地址;然后利用 LCP 来关闭数据链路层连接;最后,双方的通信设备或模块关闭物理链路回到空闲状态。

需要说明的是,尽管 PPP 的验证是一个可选项,但一旦选择了采用身份验证,那么它必须在网络层协议阶段之前进行。有以下两种类型的 PPP 验证可供选择。

1) 口令验证协议

口令验证协议(PAP)验证为两次握手验证,口令为明文,PAP 认证的过程如下:

(1) 被验证方发送用户名和口令到验证方;

(2) 验证方根据用户配置查看是否有此用户以及口令是否正确,然后返回不同的响应(ACK 或 NACK)。

若正确则会给对端发送 ACK 报文,通告对端已被允许进入下一阶段协商;否则发送 NACK 报文,通告对端验证失败。此时,并不会直接将链路关闭,只有当验证的不过次数达到一定值(缺省为 4)时,才会关闭链路,以防止因误传、网络干扰等造成不必要的 LCP 重新协商过程。

PAP 的特点是在网络上以明文的方式传递用户名及口令,如在传输过程中被截获,便有可能对网络安全造成极大的威胁。因此,PAP 不能防范再生和错误重试攻击。它适用于对网络安全要求相对较低的环境。图 6-16 所示的是 PAP 的工作过程。

图 6-16　PAP 工作过程

2) 挑战-握手验证协议(CHAP)

挑战-握手验证协议(CHAP)是一种加密的验证方式,能够避免建立连接时传送用户的真实密码。

CHAP 对 PAP 进行了改进,不再直接通过链路发送明文口令,而是使用挑战报文以哈希算法对用户信息进行加密。因为服务器端存有客户的身份验证信息,所以服务器可以重复客户端进行的操作,并将操作结果与用户返回的挑战报文内容进行比较。CHAP 为每一次验证任意生成一个挑战字串来防止受到再现攻击(replay attack)。在整个连接过程中,CHAP 将不定时地向客户端重复发送挑战报文,从而避免第三方冒充远程客户(remote client imper-sonation)进行攻击。

CHAP 验证为三次握手验证,不直接传输用户口令,CHAP 验证的过程如图 6-17 所示。

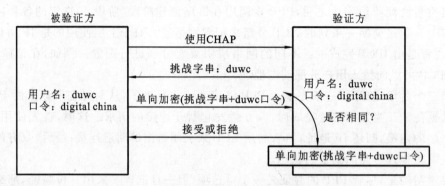

图 6-17 CHAP 验证的过程

(1) 在通信双方链路建立阶段完成后,验证方(authenticator)向被验证方(peer)发送一个挑战字符串(challenge)消息。

(2) 被验证方向验证方发回一个响应(response),该响应由单向散列函数计算得出,单向散列函数的输入参数由本次验证的标识符、口令(secret)和挑战字符串等内容构成。

(3) 验证方将收到的响应与它自己根据验证标识符、口令和挑战字符串计算出的散列函数值进行比较,若相符则验证通过,向被验证方发送"成功"消息,否则,发送"失败"消息,断开连接。

显然,一个没有获得挑战值的远程节点是不可能尝试登录并建立连接的,即 CHAP 由验证方来控制登录的时间和频率。同时由于验证方每次发送的挑战值都是一个不可预测的随机变量,因而具有很好的安全性。

6.4.2 PPPoE 协议

1. PPPoE 概述

电信服务商常用以太网汇聚服务区的数据流量,将用户接入 Internet。但传统的以太网不是点对点的网络,不能对单个用户验证,也不能计费。PPP 协议是点对点的链路控制协议,能在点对点的网络对用户验证计费。但 PPP 不适应多点链路和广播式网络。电信服务商利用 PPPoE(PPP over Ethernet)协议,在多点的以太网上建立点对点的 PPPoE 虚拟连接,在点对点 PPPoE 连接基础上使用 PPP 协议对用户进行验证、接入和数据传输。图 6-18 所示的是 PPPoE 的应用。

使用 PPPoE 的接入网络的体系结构如图 6-19 所示。PPPoE 是数据链路层的协议,其协议数据单元应该称为"帧",为了与以太网的"帧"相区别,在叙述过程中将其称为报文。

2. PPPoE 的连接过程

PPPoE 连接有三个阶段,即 PPPoE 的发现阶段、PPPoE 的会话阶段和 PPPoE 的终止阶段。

PPPoE 报文分为控制报文和数据报文两大类。控制报文用于 PPPoE 链路的建立和终止,数据报文用于传输 PPP 数据,两种报文的以太网类型域的代码分别是 0X8863、0X8864,按

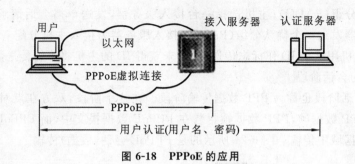

图 6-18　PPPoE 的应用

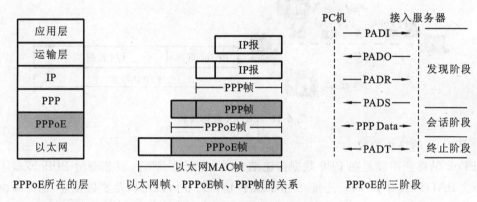

图 6-19　PPPoE 网络的体系结构

通信过程的前后次序分。

1）PPPoE 的发现阶段

PPPoE 发现阶段也称为连接建立阶段,如图 6-20 所示。在这个阶段,入网主机请求建立连接、获取通信的 ID 号,在主机与接入服务器之间建立点对点的 PPPoE 连接。PPPoE 采用客户-服务器方式。

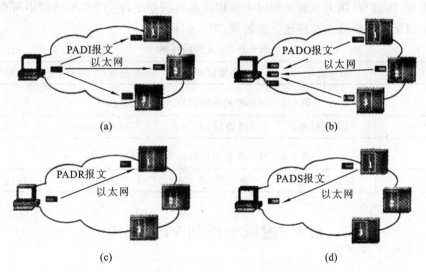

图 6-20　PPPoE 连接建立阶段

当一个主机希望接入电信服务商的网络传输数据时,发送 PPPoE 探索报文(PADI),寻找接入服务器,报文被封装在以太网帧并以广播方式在网络上发送;一个或多个接入服务器向探索主机发送给予分组(PADO);主机选择一台接入服务器,发送单播会话请求分组(PADR);选择的接入服务器发送一个确认分组(PADS),接入服务器为接入主机分配一个会话 ID(SessionID)。入网主机用这个 ID 作标志传送数据,未获得 ID 的主机将不能传送数据。

　　2)PPPoE 的会话阶段

　　PPPoE 的会话阶段也称为 PPP 数据传输阶段。在这个阶段,双方在点对点的 PPPoE 逻辑链路上传输 PPP 数据帧,PPP 数据帧封装在 PPPoE 数据报文中,而 PPPoE 数据报文封装在以太网帧的数据域中传输。图 6-21 所示的是 PPPoE 会话(数据)传输。

图 6-21　PPPoE 数据传输

　　3)PPPoE 的终止阶段

　　PPPoE 的终止阶段是在 PPP 数据传输结束时,由主机或接入服务器的 PPPoE 实体发出终止报文 PADT,拆除 PPPoE 连接,终止数据传输。终止阶段可以是主机发起,也可以由接入服务器发起。

3. 装载 PPPoE 的以太网帧

　　目前多数的网络中都在使用以太网 2.0 版,Ethernet Ⅱ 被作为一种事实上的工业标准而广泛使用。承载 PPPoE 报文的以太网帧使用单播地址或广播地址。以太网帧结构如表 6-1所示。在 PPPoE 的发现阶段,以太网帧的类型域填充 0X8863(PPPoE 控制报文),如表 6-2 所示。而在 PPPoE 的会话阶段,以太网帧的类型域填充为 0X8864(PPPoE 数据报文),如表 6-3所示。数据域(净载荷)用来承载类型域中所指示的数据报文,在 PPPoE 协议中所有的PPPoE数据报文被封装在这个域中被传送。校验域,填入帧校验序列。

表 6-1　以太网帧结构

目的地址 48 b	源地址 48 b	类型域 16 b	数据域<12000 b	帧校验 32 bit

表 6-2　PPPoE 发现阶段以太网帧格式

广播地址	探索主机地址	类型域 0X8863	PPPoE 报文	帧校验 32 bit

表 6-3　PPPoE 会话阶段以太网帧格式

单播地址	探索主机地址	类型域 0X8864	PPPoE 报文	帧校验 32 bit

6.5　虚拟专用网 VPN 技术

6.5.1　VPN 概述

　　VPN 即虚拟专用网,是通过 Internet 或其他公共互联网络的基础设施为用户建立一个临时的、安全的连接,是一条穿过混乱的公用网络的安全、稳定的隧道。通常,VPN 是对企业内部网的扩展,通过它可以帮助远程用户、公司分支机构、商业伙伴及供应商与公司的内部网建立可信的安全连接,并保证数据的安全传输。

VPN 架构中采用了多种安全机制,如隧道技术(Tunneling)、加解密技术(Encryption)、密钥管理技术、身份认证技术(Authentication)等,通过上述的各项网络安全技术,确保资料在公众网络中传输时不被窃取,或者即使被窃取了,对方亦无法读取数据包内所传送的资料。

1. VPN 的定义

利用公共网络来构建的私人专用网络称为虚拟私有网络(Virtual Private Network,VPN),用于构建 VPN 的公共网络包括 Internet、帧中继、ATM 等。在公共网络上组建的 VPN 像企业现有的私有网络一样提供安全性、可靠性和可管理性等。

"虚拟"的概念是相对传统私有网络的构建方式而言的。对于广域网连接,传统的组网方式是通过远程拨号连接来实现的,而 VPN 是利用服务提供商所提供的公共网络来实现远程的广域连接。通过 VPN,企业可以以更低的成本连接它们的远地办事机构、出差工作人员以及业务合作伙伴,如图 6-22 所示。

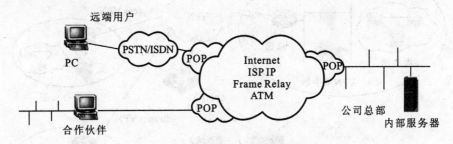

图 6-22　VPN 应用示意图

由图 6-22 可知,企业内部资源享用者只需连入本地 ISP 的接入服务提供点(Point Of Presence,POP),即可相互通信;而利用传统的 WAN 组建技术,彼此之间要有专线相连才可以达到同样的目的。虚拟网组成后,出差员工和外地客户只需拥有本地 ISP 的上网权限就可以访问企业内部资源;如果接入服务器的用户身份认证服务器支持漫游的话,甚至不必拥有本地 ISP 的上网权限。这对于流动性很大的出差员工和分布广泛的客户与合作伙伴来说,这是很有意义的。并且企业开设 VPN 服务所需的设备很少,只需在资源共享处放置一台服务器就可以了。

2. VPN 的类型

VPN 分为三种类型:远程访问虚拟网(Access VPN)、企业内部虚拟网(Intranet VPN)和企业扩展虚拟网(Extranet VPN),这三种类型的 VPN 分别与传统的远程访问网络、企业内部的 Intranet 以及企业网和相关合作伙伴的企业网所构成的 Extranet 相对应。

1) Access VPN

随着当前移动办公的日益增多,远程用户需要及时地访问 Intranet 和 Extranet。对于出差流动员工、远程办公人员和远程小办公室,Access VPN 通过公用网络与企业的 Intranet 和 Extranet 建立私有的网络连接。在 Access VPN 的应用中,利用了二层网络隧道技术在公用网络上建立 VPN 隧道(Tunnel)连接来传输私有网络数据。

Access VPN 可使用本地 ISP 所提供的 PSTN、DSL、移动 IP 和 LAN 等个人接入服务来实现远程或移动接入,但需要在客户机上安装 VPN 客户端软件。

2) Intranet VPN

Intranet VPN 用于企业内部组建 Intranet 时实现总部与分支机构、分支机构与分支机构之间的互联。Intranet VPN 通常是使用诸如 X.25、帧中继(FR)或 ATM 等技术实现。

3) Extranet VPN

Extranet VPN 用于企业组建 Extranet 时提供企业与其合作企业 Intranet 之间的互联。Extranet VPN 采用与 Intranet VPN 类似的技术去实现,但在安全策略上会更加严格。

随着越来越多的企业使用 VPN 技术,在 Internet 上传输的 VPN 数据流已经越来越多。上述 3 种 VPN 的简单示意图如图 6-23 所示。

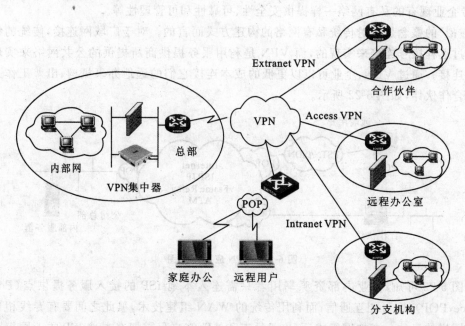

图 6-23 Intranet VPN、Access VPN 和 Extranet VPN

6.5.2 VPN 的实现技术

VPN 实现的两个关键技术是隧道技术和加密技术,同时 QoS 技术对 VPN 的实现也至关重要。

1. 隧道技术

简单地说,隧道技术就是原始报文在 A 地进行封装,到达 B 地后把封装去掉还原成原始报文,这样就形成一条由 A 到 B 的通信隧道。目前实现隧道技术的有通用路由封装(Generic Routing Encapsulation,GRE)协议、L2TP 和 PPTP 协议。

1) GRE

GRE 主要用于源路由和终路由之间所形成的隧道。例如,将通过隧道的报文用一个新的报文头(GRE 报文头)进行封装,然后带着隧道终点地址放入隧道中。当报文到达隧道终点时,GRE 报文头被剥掉,继续原始报文的目标地址进行寻址。GRE 隧道通常是点到点的,即隧道只有一个源地址和一个终地址。

GRE 隧道技术是用在路由器中的,可以满足 Extranet VPN 以及 Intranet VPN 的需求。但是在远程访问 VPN 中,多数用户是采用拨号上网,这时可以通过 L2TP 和 PPTP 来加以解决。

2）L2TP 和 PPTP

L2TP 是 L2F(Layer 2 Forwarding)和 PPTP 的结合。但是由于 PC 的桌面操作系统包含着 PPTP,因此 PPTP 仍比较流行。

L2TP 建立过程如下:①用户通过 Modem 与网络接入服务器 NAS 建立连接;②用户通过 NAS 的 L2TP 接入服务器进行身份认证;③在政策配置文件或 NAS 与政策服务器进行协商的基础上,NAS 和 L2TP 接入服务器动态地建立一条 L2TP 隧道;④用户与 L2TP 接入服务器之间建立一条点到点协议(Point to Point Protocol,PPP)访问服务隧道;⑤用户通过该隧道获得 VPN 服务。

PPTP 建立过程如下:①用户通过串口以拨号 IP 访问的方式与 NAS 建立连接取得网络服务;②用户通过路由信息定位 PPTP 接入服务器;③用户形成一个 PPTP 虚拟接口;④用户通过该接口与 PPTP 接入服务器协商、认证建立一条 PPP 访问服务隧道;⑤用户通过该隧道获得 VPN 服务。

在 L2TP 中,用户感觉不到 NAS 的存在,仿佛与 PPTP 接入服务器直接建立连接。而在 PPTP 中,PPTP 隧道对 NAS 是透明的;NAS 不需要知道 PPTP 接入服务器的存在,只是简单地把 PPTP 流量作为普通 IP 流量处理。

采用 L2TP 还是 PPTP 实现 VPN 取决于要把控制权放在 NAS 还是用户手中。L2TP 比 PPTP 更安全,因为 L2TP 接入服务器能够确定用户从哪里来的。L2TP 主要用于比较集中的、固定的 VPN 用户,而 PPTP 比较适合移动的用户。

2. 加密技术

数据加密的基本思想是通过变换信息的表示形式来伪装需要保护的敏感信息,使非受权者不能了解被保护信息的内容。加密算法有用于 Windows95 的 RC4、用于 IPSec 的 DES 和三次 DES。RC4 虽然强度比较弱,但是免于非专业人士的攻击已经足够了;DES 和三次 DES 强度比较高,可用于敏感的商业信息。

加密技术可以在协议栈的任意层进行;可以对数据或报文头进行加密。在网络层中的加密标准是 IPSec。网络层加密实现的最安全方法是在主机的端到端进行。另一个选择是"隧道模式":加密只在路由器中进行,而终端与第一跳路由之间不加密。这种方法不太安全,因为数据从终端系统到第一条路由时可能被截取而危及数据安全。在链路层中,目前还没有统一的加密标准,因此所有链路层加密方案基本上是生产厂家自己设计的,需要特别的加密硬件。

3. QoS 技术

通过隧道技术和加密技术,已经能够建立起一个具有安全性、互操作性的 VPN。但是该 VPN 性能上不稳定,管理上不能满足企业的要求,这就要加入 QoS 技术。实行 QoS 应该在主机网络中,即 VPN 所建立的隧道这一段,这样才能建立一条性能符合用户要求的隧道。

网络资源是有限的,有时用户要求的网络资源得不到满足,通过 QoS 机制可对用户的网络资源分配进行控制以满足应用的需求。

基于公共网的 VPN 通过隧道技术、数据加密技术以及 QoS 机制,使得企业能够降低成本、提高效率、增强安全性。VPN 产品从第一代的 VPN 路由器、交换机,发展到第二代的 VPN 集中器,性能不断得到提高。在网络时代,企业发展取决于是否最大限度地利用网络。VPN 将是企业的最终选择。

6.5.3　VPN 的构建

VPN 的构建主要有两类：基于 VPN 软件的 VPN 服务器建立的 VPN 和基于 VPN 路由器建立的 VPN。

1. 基于 VPN 服务器的虚拟专用网络

基于 VPN 服务器的虚拟专用网络，需要在公司局域网中配置一台 VPN 服务器，这台服务器需要连接到 Internet 上并要有一个公网的 IP 地址，VPN 服务器需要 Windows 2000 Server 及其以后版本的操作系统，在远地的 VPN 客户端可以使用 Windows 2000、Windows XP 等操作系统。

作为 VPN 服务器的计算机（操作系统为 Windows 2000 Server）需有两块网卡，第一块网卡连接企业的局域网，网卡 1 的地址是私有网络地址；第二块网卡连接 Internet，网卡 2 的地址是公网地址，DNS 服务器地址是本地电信运营商提供的 DNS 服务器地址。VPN 服务器已经通过第二块网卡连接到 Internet。基于 VPN 服务器的虚拟专用网络如图 6-24 所示。

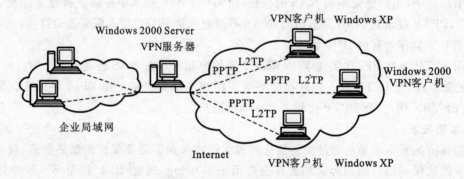

图 6-24　基于 VPN 服务器的专用网络

1）VPN 服务器配置

（1）启用 VPN 服务器。

Windows 2000 Server 已经集成 VPN 服务功能，但在默认情况下并没有启用，为了将本台计算机配置成 VPN 服务器，需要启用这项服务。在 Windows 2000 Server 中，VPN 服务器集成在路由和远程访问服务中。在 Windows 2000 Server 中启用 VPN 服务器的具体方法如下。

第 1 步，选择"开始"→"管理工具"→"路由和远程访问"，进入路由和远程访问服务器，单击对应的计算机名。

第 2 步，从出现的快捷菜单中选择"配置并启用路由和远程访问"，进入路由和远程访问服务器安装向导界面。单击"下一步"，进入"公共设置"界面。

第 3 步，在"公共设置"界面，选择"虚拟专用网（VPN）服务器"，使本台服务器成为 VPN 服务器。

第 4 步，在"虚拟专用网（VPN）服务器"界面中，单击"下一步"按钮，进入"远程客户协议"对话框，选择"TCP/IP"协议。

第 5 步，在"远程客户协议"对话框中，单击"下一步"按钮，进入"Internet 连接"对话框。

第 6 步，在"Internet 连接"对话框中，选择计算机的"本地连接 2"（即选择"网卡 2"所对应的连接）。VPN 服务器通过此"连接 2"连接到 Internet，"连接 2"已经分配有一个公网 IP 地址。VPN 远端客户通过"连接 2"登录 VPN 服务器,通过 VPN 服务器访问企业内部局域网上的计算机。为了使 VPN 远端客户能在企业内部网络通信,必须为 VPN 远端客户分配企业内部网络的 IP 地址,为 VPN 远端客户分配 IP 地址,即是为"连接 2"分配一个企业内部网络的 IP 地址。单击"下一步"按钮,进入"IP 地址指定"对话框。

第 7 步,配置 VPN 远端客机的内网 IP 地址。在"IP 地址指定"对话框,指定 IP 地址的获取方法。如企业的局域网采用 DHCP 服务器自动为计算机分配 IP 地址,则 IP 地址的获取方法选用"自动"获取 IP 地址,然后单击"下一步"按钮。注意,VPN 服务器与 DHCP 服务器不能是同一台计算机。

如果企业的局域网采用人工设定 IP 地址,则选择"来自一个指定的地址范围",然后单击"下一步"按钮,设定一个与公司局域网相同网段、相同子网掩码的地址段,然后单击"下一步",进入"管理多个远程访问服务器"对话框。

第 8 步,配置 RADIUS 服务器。如果企业局域网配置了多台远程访问服务器并需要集中在一台计算机上提供身份验证、费用管理等服务,在"管理多个远程访问服务器"中,可以选择"是,我想使用一个 RADIUS 服务器",指定本服务器作为集中验证的 RADIUS 服务器。指定的结果是将本台 VPN 服务器作为 RADIUS 服务器,其 VPN 服务器作为 RADIUS 客户机。

如果企业局域网只有一台 VPN 服务器,或者虽然有多台 VPN 服务器,但要分散在每台 VPN 服务器上提供身份验证,则选择"不,我现在不想设置此服务器使用 RADIUS"。

在选择 RADIUS 服务器之后,单击"完成"按钮,结束对 VPN 服务器的配置。

(2) 配置 VPN 服务器端口功能。

一台 VPN 服务器默认可提供 128 个 PPTP 和 128 个 L2TP 端口,可以允许同时有 256 个并发连接。只要有足够的带宽连接到 Internet 上,可以最多有 32768 并发 VPN 连接。每个 VPN 占用一个端口。

端口功能配置如下。

第 1 步,在"路由和远程访问"界面中,选择"端口",右击,从"端口"出现的快捷菜单中选择端口的"属性",出现"端口属性"对话框。

第 2 步,在"端口属性"对话框,选择"WAN 微型端口(PPTP)",单击"配置"按钮,进入"设备配置—WAN 微型端口(PPTP)"界面。

第 3 步,"设备配置—WAN 微型端口(PPTP)"界面有多项功能选择,根据端口的用途选择所需的功能。

选择"远程访问连接(仅入站)",此端口提供远程客户机接入。本服务器作为 VPN 服务器,必须选择此项功能。

选择"请求拨号路由选择连接",使本服务器作为路由器,能与远程路由器连接。如果不选择此项功能,将不能与远程路由器连接。

"此设备的电话号码"有两种不同意义:VPN 服务器通过网卡连接到 IP 网络,端口作为 L2TP、PPTP 端口时,此处输入的是一个公网 IP 地址,VPN 服务器在该接口接收 VPN 连接;早期的 VPN 服务器使用 Modem 通过电话网连接到网络,在此需要指定一个电话号码。

在"最多端口数"处可以设置连接的最大数量(在 0～16384 之间选择)。

第 4 步,设置完毕,单击"确定"按钮,返回"路由和远程访问"界面。

(3) 设定 VPN 客户权限。

第 1 步,打开"计算机管理(本地)"→"本地用户和组",选择一个用户,右击,从出现的快捷菜单中选择"属性",进入"用户属性设置"对话框。

第 2 步,单击"拨入"标签项,逐一选择用户名,设置用户的拨入权限,主要有以下内容。

设置远程访问权限:设置用户是否能通过 VPN 连接访问 VPN 服务器。如果设置"允许访问",则本账号用户可以访问 VPN 服务器或者远程访问服务器。如果"拒绝访问",则禁止用户访问。

验证呼叫方 ID:填入 VPN 客户密码(如 123456)。

回拨选项:对于 VPN 接入,在"总是回拨到"处设置的是一个回拨的 TCP/IP 地址,此地址是 VPN 客户连接到 Internet 的 IP 地址。

分配静态 IP 地址:使用静态地址分配方式,为远程 VPN 客户分配一个企业内部网络的 IP 地址。

"应用静态路由"是作为网络路由器时采用的。根据实际情况设置后,单击"确定"按钮完成设置。

(4)远程访问策略的设置。

Windows 2000 默认的远程访问策略是拒绝所有用户访问,只有在用户的拨入属性中设置"允许访问"时才允许用户远程访问服务器。在用户的拨入设置中设置为"通过远程访问策略控制访问"时,必须修改默认的远程访问策略。具体方法如下。

第 1 步,打开"路由和远程访问",选取"远程访问策略",可以看到只有一条策略。

第 2 步,打开这条策略,可以查看当前策略的具体内容。选取这条策略后,右击,从出现的快捷菜单中选择"属性",可以看到这条策略的具体设置。

在指定要符合的条件下方列出了已设置的条件,如果选择"授予远程访问权限"一项,则符合条件的用户将允许进行远程访问连接。

第 3 步,根据需要进行设置后,单击"确定"按钮,返回远程访问策略设置界面。也可以修改或新建一条策略。

2)将 Windows XP 设置为 VPN 客户机

在 Windows XP 中使用 VPN 连接,Windows XP 将会自动连接到 Internet 上,再自动连接 VPN 服务器。在 Windows XP 中使用 VPN 连接的过程如下。

第 1 步,在 Windows XP 中打开"网络连接"对话框。

第 2 步,在"网络连接"对话框中,"网络任务"栏下选择"创建一个新的连接"。

第 3 步,单击"下一步"按钮,进入"网络连接类型"对话框。

第 4 步,选择网络连接类型为"连接到我的工作场所的网络",单击"下一步"按钮,进入"新建网络连接向导"对话框。

第 5 步,选择"虚拟专用网络连接",单击"下一步"按钮,进入"连接名"对话框。

第 6 步,输入一个连接名称,如"连接到公司网络",单击"下一步"按钮,进入"公用网络"对话框。

如果在连接 VPN 之前,没有连接到 Internet,可以选择"自动拨此初始连接";如果已经连接到 Internet,可以选择"不拨初始连接"。

第 7 步,根据实际情况选择到公用网络的连接之后,单击"下一步"按钮,进入"VPN 服务器选择"对话框。

第 8 步,在"VPN 服务器选择"对话框中输入远程 VPN 服务器的 IP 地址,输入之后,单击"下一步"按钮,并将其添加在计算机桌面,至此名为"连接到公司网络"的 VPN 连接创建完成。

第 9 步，双击"连接到公司网络"，打开 VPN 连接，输入用户名和密码，单击"连接"按钮，可以将计算机连接到公司的 VPN。

2. 用 VPN 路由器构建虚拟专用网络

两个私有网络 192.168.0.0 和 192.168.1.0，使用两台 VPN 路由器，通过网络 172.18.0.0，使用静态 IP 地址 172.18.193.10、172.18.193.20，在网络层建立 IPSec 隧道，将两个私有网络 192.168.0.0 和 192.168.1.0 互联为虚拟专用网络。图 6-25 所示的是用 VPN 路由器将两个内部网络互联为 VPN。

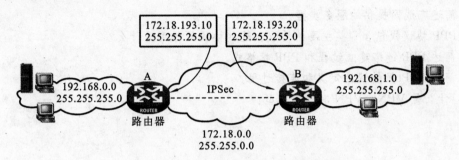

图 6-25　用 VPN 路由器将两个内部网络互联

通过对 VPN 路由器进行相应设置后，两个私网之间能互相访问，具体的设置在本书不作详细介绍，读者可以参考其他资料进行设置。

小　　结

城域网是一个互联多个局域网、覆盖整个城区、范围小于广域网的数据通信网。城域网在规划时一般分为三层，即核心层、汇聚层和接入层。

城域网技术可以采用 10 Gb/s 以太网技术、高速路由器技术、RPR 弹性分组环技术等局域网和广域网相应技术。

广域网是一种覆盖广阔地域的网络，一般覆盖一个国家、一个洲，覆盖范围在几千到上万平方千米。广域网核心层采用网状结构，IP 广域网的核心层是数据传输、交换的主干网，且设有到国际互联网接口和到其他广域网的互联接口；广域网的区域汇聚层汇聚、分散各个服务区的数据流量；IP 广域网接入层由各个省公司的数据通信网络组成，将省内的各个城域网接入广域网。当前广域网采用的主要技术有：IP over SDH/SONET、IP over SDH/DWDM、IP＋Optical。

PPP 是点对点链路控制协议，用于路由器和路由器之间点对点链路。PPPoE 协议用于在多点的以太网上建立点对点的 PPPoE 虚拟连接，在 PPPoE 连接基础上使用 PPP 协议对用户进行验证、接入和数据传输。

VPN 是一种利用公共网络建立的专用网络。使用隧道技术、加密技术，密钥管理技术、身份认证技术等在 Internet 上为企业开通虚拟的专用通道，将其分布在世界各地的计算机或局域网连接起来，在逻辑上组建企业自己的专用网络。VPN 分为三种类型：远程访问虚拟网、企业内部虚拟网和企业扩展虚拟网。

习　题

1. 城域网规划设计分为哪些层次？
2. 可以采用哪些技术组建城域网？举例说明。
3. IEEE 802.17 弹性分组环 RPR 具有哪些特点？
4. 广域网有哪些特点？
5. IP 广域网采用的技术有哪些？
6. 简述广域网提供的服务类型。
7. PPP 协议栈包含哪些主要的协议？这些协议的作用是什么？
8. 简述 PPP 链路建立过程和 PPP 帧格式。
9. 简述 PPPoE 协议的定义和连接过程。
10. 什么是 VPN？VPN 有哪些类型？

第7章 网络操作系统

在学习了局域网的基本组成方法后,就需要了解有关局域网操作系统方面的知识。本章在讨论局域网操作系统特点、分类与基本服务功能的基础上,介绍 Windows Server 2003、NetWare、Unix 和 Linux 等几种常用的局域网操作系统。

7.1 网络操作系统的概念

操作系统对于我们来说并不陌生,只要使用计算机,就要用到操作系统,而网络操作系统与我们平时所使用的操作系统是有本质区别的。我们平时使用的操作系统称为个人操作系统。

7.1.1 网络操作系统的概念

操作系统是计算机系统中的一个系统软件,是一些程序模块的集合,它们管理和控制计算机系统的硬件和软件资源,合理地组织计算机工作流程,有效地利用这些资源为用户提供一个功能强大、使用方便的工作环境,在计算机和用户之间起到接口的作用。

网络操作系统(Network Operating System,NOS)是一种运行在网络硬件基础上的网络操作和管理软件,是向接入网络的一组计算机用户提供各种服务的一种操作系统。网络操作系统一般定义为:"使网络上的各计算机能方便而有效地共享网络资源以及为网络用户提供所需的各种服务的软件和有关规程的集合"。网络操作系统除了具有通常操作系统应具有的处理机管理、存储器管理、设备管理和文件管理功能外,还能提供高效、可靠的网络通信能力以及多种网络服务功能,如文件传输服务功能、电子邮件服务功能、远程访问和打印服务功能等。

网络操作系统(NOS)与非网络操作系统的不同之处在于,它们提供的服务差别。一般地说,NOS 侧重于将"与网络活动相关的特性"加以优化,即经过网络来管理诸如共享数据文件、软件应用和外部设备之类的资源,而操作系统(OS)则偏重于优化用户与系统接口以及在其上面运行的应用。

NOS 与 OS 在功能上的差别如表 7-1 所示。

表 7-1 NOS 与 OS 功能比较

NOS	OS
由其他工作站访问的文件系统	本地文件系统
在 NOS 上运行的计算机的存储器	计算机的存储器
加载和执行共享应用程序	加载和执行应用程序
对共享网络设备的输入/输出	对所连的外部设备进行输入/输出
在 NOS 进程之间的 CPU 调度	在多个应用程序间进行 CPU 调度

建立计算机网络的目的是共享资源。根据共享资源的方式不同,NOS 分为两种不同的机制。如果 NOS 软件相等地分布在网络上的所有节点,这种机制下的 NOS 称为对等式网络操作系统;如果 NOS 的主要部分驻留在中心节点,则称为集中式 NOS。在集中式 NOS 下的中心节点称为服务器,使用由中心节点所管理资源的应用称为客户。因此,集中式 NOS 下的运行机制就是人们平常所说的"客户/服务器"方式。因为客户软件运行在工作站上,所以有时将工作站称为客户机。其实只有使用服务的应用才能称为客户,向应用提供服务的应用或系统软件才能称为服务器。

7.1.2　网络操作系统的发展

1. 局域网操作系统的发展过程

网络操作系统是利用网络低层所提供的数据传输功能为高层网络用户提供各种服务的软件及相关规程的集合。

网络操作系统经历了从集中式到对等结构,然后向非对等结构演变的过程。网络操作系统可分成两类:面向任务型的网络操作系统和通用型的网络操作系统。面向任务型的网络操作系统是针对某一种特殊的网络应用要求而设计的;通用型网络操作系统提供基本的网络服务功能,以满足各个领域应用的需求。图 7-1 所示的是网络操作系统的演变过程。

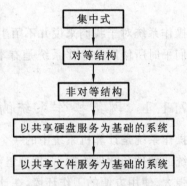

图 7-1　网络操作系统的发展过程

2. 对等结构网络操作系统

在对等结构网络操作系统中,网络中的所有节点地位平等,安装在接入网络各节点的操作系统相同,网络中各计算机上的资源原则上都是可以相互共享的。

在局域网中任意两节点之间可以直接进行通信。图 7-2 所示的是典型的对等结构局域网的结构图。

对等网络结构操作系统的优点是:结构相对简单,网中任意节点间均能直接通信。

对等网络结构操作系统的缺点是:接入网络中的每个节点既要完成服务器的功能,又要完成工作站的功能。节点除了完成自身的信息处理外,还要承担较重的网络通信管理和共享资源的任务,这将加重了联网计算机的负荷,因而其信息处理能力明显降低。因此,对等网络结构操作系统支持的网络系统一般规模比较小。

3. 非对等结构网络操作系统

在非对等结构网络操作系统中,接入网络的计算机被分为两类:一类为网络服务器(Network Server);另一类为网络工作站(Network Workstation),俗称客户端(Client)。

在非对等结构网络操作系统中,接入网络的计算机有明确的分工。服务器一般采用高配置、高性能的计算机,以集中方式管理局域网的共享资源,如文件、邮件等,并为网络中的客户端提供各类服务。同一时期,客户端的配置一般比服务器的低,用于访问服务器并接受服务。图 7-3 所示的是一个典型的非对等网络结构局域网的结构图。

非对等结构网络操作系统软件分为两部分:一部分运行在服务器上;另一部分运行在客户端上。运行在服务器上的软件是网络操作系统的核心部分,它决定着网络的使用功能和性能。

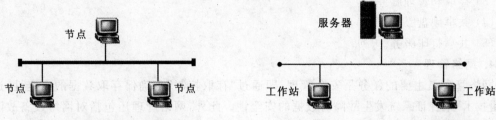

图 7-2　对等结构局域网的结构图　　　　　　图 7-3　非对等结构局域网的结构图

4. 局域网操作系统的基本服务功能

网络操作系统的基本功能是完成网络共享系统资源的管理,为用户提供各种基本网络服务,并提供网络系统的安全性服务。

(1) 文件服务;

(2) 打印服务;

(3) 数据库服务;

(4) 通信服务;

(5) 分布式服务;

(6) 网络管理服务;

(7) Internet/Intranet 服务。

5. 局域网操作系统的设计方法及技术因素

局域网操作系统的设计及实现方法主要有两种:一种是在单机操作系统基础上附加相应的网络管理程序;另一种是重新设计适用于局域网的新型分布式网络操作系统。前者可充分利用已有的单机操作系统的功能,开发周期短、成本少,易于掌握和使用;其主要缺点是对单机存在较强的依赖性。后者则具有较强的硬件和软件自主性,有利于支持多种网卡、多种通信协议,以及与广域网的互联;其缺点是开发周期长、开发成本也高,技术比较复杂,难以掌握和使用。这两种方法各有优缺点,在局域网络技术发展过程中可能将长期并存。

7.1.3　网络操作系统的基本功能

网络操作系统功能通常包括:处理机管理、存储器管理、设备管理、文件系统管理,以及为了方便用户使用操作系统而向用户提供的用户接口,网络环境下的通信、网络资源管理、网络应用等特定功能。此外还有以下功能。

1. 网络通信

这是网络最基本的功能,其任务是在源主机和目标主机之间,实现无差错的、透明的数据传输服务。

2. 资源管理

NOS 对网络中的共享资源(硬件和软件)实施有效的管理,协调诸用户对共享资源的使用,使用户在访问远程资源时像访问本地资源一样方便,且确保数据的安全性和一致性。

3. 网络服务

在上述两项功能的基础上,直接向用户提供如下服务:

(1) 电子邮件服务;

(2) 文件传输;

（3）存取和管理服务；

（4）共享硬盘服务；

（5）共享打印服务。

4. 网络管理

网络管理最主要的任务是安全管理，即通过"存取控制"来确保存取数据的安全性，通过"容错技术"来保证系统发生故障时数据的安全性。此外，网络管理还包括对网络设备故障进行监控，对使用情况进行统计，以及为提高网络性能和记账而提供必要的信息。

5. 互操作能力

所谓互操作，在客户/服务器模式的 LAN 环境下，是指连接在服务器上的多种客户机和主机，不仅能与服务器通信，而且还能以透明的方式访问服务器上的文件系统，其目的是以实现更大范围的用户通信和资源共享。

6. 提供网络接口

NOS 能向用户提供统一、方便而有效地取得网络服务的一组接口，以改善用户与网络之间的界面，如命令接口、菜单、窗口程序等。

7.1.4　网络操作系统的特征

网络操作系统（NOS）是在单机操作系统的基础上发展起来的。作为网络用户和计算机网络之间的接口，具有以下特征。

1. 硬件独立

网络操作系统应独立于具体的硬件平台、不同的网络拓扑结构和网卡，即系统应能运行于各种硬件平台之上且支持不同的网络拓扑结构。

2. 互操作性

不同操作系统之间能互相访问。例如，NT 中提供的 Netware 网关功能，可允许 NT 用户访问 Netware 服务器。

3. 系统容错能力

网络操作系统应提供强有力的网络可靠性措施，最大限度地保证网络系统的稳定性和可靠性，应能提供必要的容错能力。

4. 支持多种增值服务

网络操作系统应能让用户方便而有效地使用网络资源提供的各种服务，如文件服务、打印服务、数据库服务、邮件服务、WWW 服务等，并允许新的网络服务不断地集成到系统中。

5. 安全性和存取控制

网络操作系统应提供完备的网络安全措施，防止非法用户对网络的访问，对合法的用户应能采取授权访问，使不同权限的用户访问的资源不同。用户能够根据网络操作系统提供的安全性来建立自己的安全体系，对用户数据和其他资源实施保护。

6. 网络管理

支持网络实用程序，如系统备份、安全管理、容错、性能控制等。

7. 多用户支持

网络操作系统应能同时允许多个用户访问。

8. 支持多种客户端

网络操作系统应能支持不同客户端的访问。例如，Unix 操作系统可支持 DOS、OS/2、

Windows 系列客户的访问等。

9. 具有并发处理能力

网络操作系统应支持多任务处理,提供标准的文件管理操作及多用户并发访问的控制能力,以及支持 SMP(对称多处理)技术等。

7.2　Windows Server 2003 概述

Windows Server 2003 是微软公司在 Windows Server 2000 的基础上开发的一个全新服务器操作系统,Windows Server 2003 家族一共有 6 个版本,4 个 32 位版本分别是 Windows Server 2003 Standard Edition(即 Windows Server 2003 标准版)、Windows Server 2003 Enterprise Edition(Windows Server 2003 企业版)、Windows Server 2003 Datacenter Edition(Windows Server 2003 数据中心版)和 Windows Server 2003 Web Edition(Windows Server 2003 Web 版),2 个 64 位的版本分别是 Enterprise Edition 64bit(企业版)和 Datacenter Edition 64 bit(数据中心版),64 位版最多可支持 64 颗对称式多处理器、512 GB 的内存。64 位版操作系统不支持大多数 16 位应用程序。

7.2.1　Windows NT Server 的特点

Windows NT Server 操作系统以"域"为单位实现对网络资源的集中管理。在一个 Windows NT 域中,只能有一个主域控制器(Primary Domain Controller),它是一台运行 Windows NT Server 操作系统的计算机;同时,还可以有后备域控制器(Backup Domain Controller)和普通服务器,它们都是运行 Windows NT Server 操作系统的计算机。

主域控制器负责为域用户与用户组提供信息,同时起到与 Netware 中的文件服务器相似的功能。后备域控制器的主要功能是提供系统容错,它保存着域用户与用户组信息的备份。后备域控制器可以像主域控制器一样处理用户请求,在主域控制器失效情况下它将会自动升级为主域控制器。

由于 Windows NT Server 操作系统在文件、打印、备份、通信与安全性方面的诸多优点,因此它的使用非常广泛。

Windows NT Server 操作系统主要有以下 5 个特点。

1. 内存与任务管理

Windows NT Server 内部采用 32 位体系结构,这使得应用程序访问的内存空间可达 4 GB。内存保护通过为操作系统与应用程序分配分离的内存空间的方法防止它们之间的冲突。Windows NT Server 采用线程(thread)进行管理与占先式(preemptive)多任务,使得应用程序能够更有效地运行。

2. 开放的体系结构

Windows NT Server 支持网络驱动接口(NDIS)与传输驱动接口(TDI),允许用户同时使用不同的网络协议。Windows NT Server 内置有以下 4 种标准网络协议:

(1) TCP/IP 协议;

(2) Microsoft 公司的 NWLink 协议;

(3) Net BIOS 的扩展用户接口(NetBEUI);

(4) 数据链路控制协议(IPX/SPX)。

3. 内置管理

Windows NT Server 通过操作系统内部的安全保密机制,使得网络管理人员可以为每个文件设置不同的访问权限,规定用户对服务器的操作权限与用户审计。

4. 集中式管理

Windows NT Server 利用域与域间的信任关系实现对大型网络的管理。

5. 用户工作站管理

Windows NT Server 通过用户描述文件,来对工作站用户的优先级、网络连接、程序组与用户注册进行管理。

7.2.2　Windows Server 2003 的家族成员

下面简要介绍 Windows Server 2003 家族中 4 个主流的 32 位版本。

1. Windows Server 2003 标准版

Windows Server 2003 标准版是为小型企业单位和部门使用而设计的,它是一个可靠的网络操作系统,可迅速、方便地提供企业解决方案,是小型企业和部门应用的理想选择。它提供如下功能:

(1) 安全 Internet 连接;

(2) 智能文件和打印机共享;

(3) 集中式的桌面应用程序部署;

(4) 是连接职员、合作伙伴和顾客的 Web 解决方案。

Windows Server 2003 标准版提供了较高的可靠性、可伸缩性和安全性。

在较高级别上,Windows Server 2003 标准版提供以下支持:

(1) 高级联网功能,如 Internet 验证服务(IAS)、网桥和 Internet 连接共享(ICS);

(2) 支持双向对称多处理方式(SMP);

(3) 4GB 的 RAM。

Windows Server 2003 标准版增强的一些主要功能如下。

XML Web 服务:默认情况下,IIS 6.0 的安全设置在安装期间被锁定,以确保只运行必需的服务。它与早期版本很大不同点是减少了最初的安全隐患。使用"IIS 安全锁定"向导,可以按照管理员的要求启用或禁用服务器功能。

目录服务:用于用户和网络资源的 Active Directory 安全设置可从网络核心扩展到网络边缘,帮助用户实现了安全的端对端网络。

更新管理:"自动更新"提供了下载关键的操作系统更新(如安全修复程序和安全修补程序)的能力。管理员可以选择何时安装这些重要的操作系统更新。

Internet 防火墙:有了内置的 Internet 连接防火墙,连接 Internet 更加安全。Internet 防火墙集成在操作系统中还会降低连接到 Internet 的成本。

远程访问:可以通过管理员策略对拨号用户进行隔离。可阻止这些用户访问网络,直到他们的系统被验证具有管理员指定的软件,如病毒检测更新软件等。

应用程序验证:可以使用应用程序的验证程序工具对 Windows Server 2003 上运行的应用程序进行测试和验证。该工具主要用于处理精细的问题,如软件堆损坏和兼容性问题。

文件服务:从 Microsoft Windows NT/Server 4.0 和 Windows 2000 Server 之后,Windows. NET Server 2003 的性能有了很大的提高。

协助支持：Microsoft 事件提交与管理允许用户将电子支持事件提交给 Microsoft，与支持工程师进行协作，并从 Windows Server 2003 中管理提交的事件。

服务器事件跟踪：管理员可以使用新的服务器关机跟踪程序报告准确的运行时间记录。该跟踪程序将服务器关机的 Windows 事件写入日志文件中。

2. Windows Server 2003 企业版

Windows Server 2003 企业版是为满足各种规模的企业的一般用途而设计的。它是各种应用程序、Web 服务和基础结构的理想平台，它提供高度可靠性、高性能。与 Windows Server 2003 标准版的差异体现在 Windows Server 2003 企业版支持高性能服务器，以及将服务器群集在一起以处理更大负载的能力。

在较高级别上，Windows Server 2003 企业版提供以下支持：

(1) 是一种全功能的服务器操作系统，支持多达 8 个处理器；

(2) 提供企业级功能，如 8 节点群集、支持高达 32 GB 内存等；

(3) 可用于基于 Intel Itanium 系列的计算机；

(4) 可用于能够支持 8 个处理器和 64 GB RAM 的 64 位计算平台。

Windows Server 2003 企业版允许服务器群集以各种不同的配置进行部署，特别是以下几种配置。

64 位支持：Windows Server 2003 企业版有两大类，即 32 位版本和 64 位版本。64 位版本将针对内存密集型和计算密集型任务（如机械设计、计算机辅助设计（CAD）、专业图形、高端数据库系统和科学应用程序）进行优化。

多处理器支持：Windows Server 2003 企业版支持具有多达 8 个处理器的服务器，而 Windows Server 2003 Datacenter 版支持多达 32 个处理器的服务器。

元目录服务支持：Microsoft 元目录服务（MMS）使用 Active Directory 帮助公司集成来自多个目录、数据库和文件的标识信息。MMS 为单位提供统一的标识信息视图，从而实现使用 MMS 进行业务处理集成并帮助单位内同步标识信息。

热添加内存：热添加内存允许将内存添加到计算机中，并使它们作为正常内存池的一部分，为操作系统和应用程序所用。这无需重新启动计算机，也不涉及任何停机时间。

不统一内存访问（NUMA）：系统固件可以创建一个名为"静态资源相似性表"的表，该表描述了系统的 NUMA 拓扑。Windows Server 2003 企业版使用该表将 NUMA 识别应用于应用程序进程、线程默认相似性设置、线程调度和内存管理功能。另外，可以使用一组 NUMA 应用程序编程接口将拓扑信息用于应用程序。

终端服务会话目录：这是一种负载平衡功能，它使用户可以方便地重新连接到运行终端服务的服务器上已断开的会话。会话目录与 Windows Server 2003 负载平衡服务兼容，并受第三方外部负载平衡器产品的支持。

3. Windows Server 2003 数据中心版

Windows Server 2003 数据中心版是为运行企业和任务所倚重的应用程序而设计的，这些应用程序需要最高的可伸缩性和可用性。

除了 Windows Server 2003 标准版和 Windows Server 2003 企业版中所包含的大多数功能以外，Windows Server 2003 数据中心版还提供以下附加的功能和能力。

扩展了物理内存空间：在 32 位 Intel 平台上，Windows Server 2003 数据中心版支持物理地址扩展（PAE），可将系统内存容量扩展到 64 GB 物理 RAM。在 64 位 Intel 平台上，内存支持增加到体系结构允许的最大值,即 16 TB。

Intel 超级线程支持:Intel 超级线程技术允许单个物理处理器同时执行多个线程(指令流),从而可提供更大的吞吐量和改进的性能。

不统一内存访问(NUMA)支持:系统固件可以创建一个名为"静态资源相似性表"的表,该表描述了系统的 NUMA 拓扑。利用这个表,Windows Server 2003 数据中心版将 NUMA 识别应用于应用程序进程、默认相似性设置、线程调度和内存管理,从而提高操作系统的效率。

群集服务:对于关系到整个业务运转的数据库管理、文件共享、Intranet 数据共享、消息传递和常规业务应用程序,可以利用服务器群集提供的高可用性和容错能力。对于 Windows Server 2003 数据中心版和 Windows Server 2003 企业版,群集服务大小已经从 4 节点群集增加到 8 节点群集。这就为在位置分散的群集环境中添加和删除硬件提供了更好的灵活性,并且为应用程序提供了改进的伸缩选项。Windows Server 2003 数据中心版还允许服务器群集以各种不同的配置进行部署,特别是以下几种配置:

(1) 具有专用存储的单群集配置;

(2) 一个存储区域网络上的多个群集(可能与其他 Windows 服务器或操作系统一起);

(3) 跨多个站点的群集(位置分散的群集)。

64 位支持:Windows Server 2003 数据中心版有两大类,即 32 位版本和 64 位版本。64 位版本针对内存密集型和计算密集型任务(如机械设计、计算机辅助设计(CAD)、专业图形、高端数据库系统和科学应用程序)进行优化。64 位版本支持 Intel Itanium 和 Itanium 2 两种处理器。

多处理器支持:Windows Server 2003 可以从单处理器解决方案一直到 32 颗处理器的解决方案自由伸缩。

Windows 套接字,直接访问 SAN:利用该功能,使用传输控制协议/Internet 协议(TCP/IP)的 Windows 套接字应用程序无需进行修改,即可获得存储区域网络(SAN)的性能优势。该技术的基本组件是为一个 Windows 套接字分层服务提供程序,它通过本机 SAN 服务提供程序模仿 TCP/IP 语法。

终端服务会话目录:终端服务会话目录是一种负载平衡功能,它使用户可以方便地重新连接到运行终端服务的服务器上已断开的会话。会话目录与 Windows Server 2003 负载平衡服务兼容,并受第三方外部负载平衡器产品支持。

4. Windows Server 2003 Web 版

Windows Server 2003 Web 版是专为用作 Web 的服务器而构建的,为 Internet 服务提供商(ISP)、应用程序开发人员及其他只想使用或部署特定的 Web 功能的用户提供了一个单一的解决方案,Internet Information Services 6.0(IIS 6.0)、Microsoft ASP. NET 及 Microsoft. NET 框架在 Windows Server 2003 Web 中其功能得到了较大的改进。

Windows Server 2003 Web 版提供以下支持:

(1) 支持 2 GB 的 RAM;

(2) 支持双向对称多处理方式(SMP);

(3) 支持高级 Web 应用程序开发和承载功能,其中包括集成到操作系统中的 ASP. NET 和. NET 框架。

由于 Windows Server 2003 Web 是专为用作 Web 的服务器而设计的,因此,Windows Server 2003 Web 版无法单独用于执行强大的管理功能,如 Microsoft 元目录、组策略、软件限制策略、远程安装服务、Internet 身份验证服务(IAS)等。

(1) 用于生成和承载 Web 应用程序、Web 页面以及 XML Web 服务。

(2) 其主要目的是作为 IIS 6.0 Web 服务器使用。

(3) 提供一个快速开发和部署 XML Web 服务和应用程序的平台,这些服务和应用程序使用 ASP.NET 技术,该技术是.NET 框架的关键部分。

(4) 便于部署和管理。

7.2.3　Windows Server 2003 的功能

Windows Server 2003 新增了许多功能,其主要新增功能如下。

1. 活动目录

作为 Windows 服务器操作系统的核心部分——活动目录(Active Directory,AD)服务提供了管理构成企业网络环境的标识和关系的途径。

2. 应用服务

Windows Server 2003 的先进特性为开发应用程序提供了许多便利条件,从而降低企业拥有总成本(TCO)并具有更好的性能。

3. 集群技术

Windows Server 2003 在可用性、可扩展性及可管理性方面做了显著的改善。Windows Server 2003 的安装更简单、更便捷,并增强了网络功能,以提供更好的容错性及更多系统在线时间。

4. 文件及打印服务

Windows Server 2003 改进后的文件及打印功能,可使企业降低拥有总成本(TCO)。

5. IIS 6.0

在 IIS 6.0 中,微软在 Windows Server 2003 操作系统中为满足企业用户、网络服务提供商(ISP)及独立软件开发商(ISV)的需要,重新修订了 IIS 的整体结构。

虽然 IIS 6.0 仍然捆绑在 Windows Server 2003 中,但是在初始化安装时 IIS 并没有被安装,用户必须手工添加。其基于 XML 的特性使用户可应用任何一种基于 XML 的编辑器或者文本编辑工具在线编辑,结果会立即生效且不需要重启服务器。

在成为一个独立的环境后,IIS 6.0 不但在稳定性上得到了增强,而且具有容错性、请求队列、应用程序状态监控、自动应用程序循环、高速缓存以及其他更多功能。它在单处理器下性能虽然与 IIS 5.0 相仿,但是随着处理器数量的增加,会获得 1.5~2.5 倍的性能提升,这在 Intel 超线程技术逐渐成为服务器主流技术的今天,无疑为用户提供了更好的 Web 性能。特别是在广泛采用的双 Xeon 处理器、超线程 4 颗逻辑处理器的环境下具有非常优异的表现。

在默认情况下,IIS 6.0 只支持静态页面,用户必须手工配置 IIS 来启动更多的功能。

6. 系统管理

更便于部署、配置与使用,Windows Server 2003 提供的集中的、定制的管理服务降低了企业的拥有总成本。

7. 网络通信方面

网络方面的改进以及新增功能扩展了 Windows Server 2003 网络架构的多功能性、管理性和可靠性,其稳定性的网络基础架构使 Windows Server 2003 家族产品拥有更强大的功能。

8. 安全方面

为商业用户提供了更安全的操作平台,使企业能够从现有的 IT 投资中获益,并将这种优势带给企业伙伴、客户和供应商。

9. 存储管理方面的新增功能

Windows Server 2003 提供了全新的和增强的存储功能,使管理磁盘、卷、备份/恢复数据及连接存储区域网络(SAN)更易掌握,更加值得信赖。

Windows Server 2003 提供了一个出色的功能——卷影副本,它基于网络系统还原功能,为网络存储问题提供一个影子般的副本。用户在误操作后,可以直接从服务器上找到最后一次操作前保存的副本,并恢复文件。

其他对 SAN 的支持等使 Windows Server 2003 在文件服务器上获得了更广阔的发展空间。

10. 终端服务

Windows Server 2003 终端服务为企业客户提供了更加值得信赖的、伸缩性更强的、更易于管理的服务器操作平台。它为应用程序的部署提供了新的选择,在低带宽的条件下更有效地访问数据,增强了原有终端服务的功能,增加了老式设备以及新的便携设备的价值。

Windows Server 2003 使终端从以前仅支持 1024×768 的 256 色界面升级到支持 1600×1200 的真彩色界面,视频效果更加流畅;通过组策略能够提升管理性能,具有更好的扩展性和新的远程桌面管理。

11. 媒体服务

Microsoft Windows Media Services 是 Windows 媒体技术的服务器端组件,用于在公司内部网和互联网上分发数字媒体内容。Windows Media Services 为分布式流媒体视频及音频提供可靠的、可伸缩的、易管理的、经济的解决方案。

12. 企业 UDDI 服务

企业用于描述、发现与集成(UDDI)服务的运用,使得更易于查找、共享、重新使用 XML Web Services 及其他可编程的资源。

13. 集成的. NET 框架

Microsoft. NET 框架是用于生成、部署和运行 Web 应用程序、智能客户应用程序和 XML Web 服务的 Microsoft. NET 连接的软件和技术的编程模型,. NET 框架为将现有的投资与新一代应用程序和服务集成起来提供了高效率的基于标准的环境。

14. 命令行管理

Windows Server 2003 通过使用 Windows 管理规范(wmi)启用的信息存储来执行大多数任务的功能。与现有的外壳程序和实用工具命令交互操作,并可以很容易地被脚本或其他面向管理的应用程序扩展。

15. 群集(8 节点支持)

此服务仅用于 Windows Server 2003 企业版和 Windows Server 2003 数据中心版,它为任务关键型应用程序(如数据库、消息系统以及文件和打印服务)提供高可用性和伸缩性。

16. 安全的无线 LAN(802.1x)

Windows Server 2003 对 802.1x 提供了更好、更安全的支持,能确保所有物理访问都是已授权和加密的。使用基于 802.1x 的无线访问点或选项,公司可以确保只有受信任的系统才能与受保护的网络连接并交换数据包。

7.3　Windows Server 2003 的安装

在 Windows Server 2003 安装过程中提供了安装向导,因而 Windows Server 2003 安装非常简单,下面介绍 Windows Server 2003 的安装过程。

1. 安装 Windows Server 2003 的最低配置

CPU:PII233 以上

内存:128 MB

硬盘空间:600 MB 以上

声卡:支持 Direct 3D 声卡

显卡:支持 Direct X 的显卡

光驱:8 倍速

建议配置为

CPU:PIII500 以上

内存:256 MB

硬盘空间:2 GB

声卡:支持 Direct 3D 声卡

显卡:支持 Direct X 的显卡

光驱:16 倍速

2. 文件系统

计算机内的硬盘可以被设置为一个或多个磁盘分区,这些磁盘分区必须先经过格式化,才能安装和存储文件。在对分区格式化之前,先要选定一种文件格式系统。Windows Server 2003 支持以下两种文件格式系统。

1) FAT/FAT32

FAT 文件系统是 DOS 环境下使用的一种文件格式系统,支持硬盘的最大分区容量为 2 GB,FAT 有时也称为 FAT16。

FAT32 是随着 Windows 98 的推出而出现的另一种文件格式系统,与 FAT16 相比, FAT32 可直接管理 2 GB 以上的硬盘分区,可以大大提高硬盘空间利用率,并能够加快程序的运行速度。

2) NTFS

NTFS 是微软为 Windows NT 操作系统专门开发的一种新文件系统格式,它有许多在 FAT/FAT32 中没有的功能,如权限的设置、文件的压缩、数据的加密、资源访问的审核等。 NTFS 比 FAT/FAT32 具有更高的磁盘利用率、更快的磁盘访问速度、更大的磁盘分区和更高的安全性。

Windows95/98/me、DOS 等操作系统无法访问计算机中 NTFS 磁盘分区中的数据,因为它不支持 NTFS。

3. Windows Server 2003 的安装

Windows Server 2003 系统的安装方法有许多种,它可以通过光盘、磁盘、网络等媒介进行安装,也可以进行克隆安装,安装方法既可以是全新安装,又可以是升级安装。无论选择哪一种方法安装,Windows Server 2003 都提供了安装向导,用户只需按照安装向导进行选择安装即可。

目前绝大部分的计算机都支持从 CD-ROM 启动,因此,在这些计算机上可以直接利用 Windows Server 2003 中文版的光盘来启动、安装,这是安装 Windows Server 2003 的最简单方式。下面讲解从光盘启动进行全新安装 Windows Server 2003 Enterprise Edition(企业版)到计算机中的具体步骤,并将其设为工作组网络中的独立服务器。

(1) 将计算机设置为从"CD-ROM"启动。

(2) 将装有 Windows Server 2003 的光盘放入光驱内,并重新启动计算机,稍后屏幕提示"按任意键才能从 CD-ROM 启动",此时按回车键即可。

注意:不能按"Esc"键。

(3) 当屏幕上出现"Setup is Inspecting your computer's hardware Configuration..."的提示时,表示安装程序正在检测计算机的硬件系统,如键盘、鼠标等。

(4) 当出现"Windows 2003 Setup"的提示时,会将 Windows 2003 核心程序、安装时所需的文件等信息加载到计算机的内存中,然后检测计算机的大容量存储设备。

注:大容量存储设备是指光驱、SCSI 接口或 IDE 接口的硬盘等。

(5) 出现"欢迎使用安装程序"对话框时,有以下三个选项:

● 需现在安装 Windows,请按"Enter"键;

● 要用"恢复控制台"修复 Windows 安装,请按"R"键;

● 要退出安装程序,不安装 Windows,请按"F3"键。

按"Enter"键,继续安装。

(6) 在出现的"Windows 2003 许可协议"对话框中,可以按"PageDown"或"PageUp"键阅读协议。同意许可协议,并按"F8"键继续安装,出现磁盘分区设置对话框,显示以下三个选项:

● 要在所选项目上安装 Windows,请按"Enter"键;

● 要在尚未划分的空间中创建磁盘分区,请按"C"键;

● 删除所选磁盘分区,请按"D"键。

(7) 若已创建分区,并符合要求,则选择一个分区来安装 Windows,否则选择分区,按"D"键先删除分区,再创建分区。这里假设硬盘上没有分区存在。按"C"键创建分区,输入分区大小为 10000(即 10 G),按"Enter"键继续。这时可看到出现了一个 C 分区,按此方法,根据需要可将剩余尚未划分的空间进行划分,将依次出现 D、E 等分区。

注意:安装 Windows Server 2003 所需磁盘空间不能小于 2 GB。

(8) 选择 C 分区,按"Enter"键,弹出如下显示选择要格式化的菜单:

● 用 NTFS 文件系统格式化磁盘分区(快);

● 用 FAT 文件系统格式化磁盘分区(快);

● 用 NTFS 文件系统格式化磁盘分区;

● 用 FAT 文件系统格式化磁盘分区。

注意:如果选择 FAT 文件系统格式,Windows Server 2003 许多功能不能使用。为了充分发挥 Windows Server 2003 的功能,文件系统格式应选择 NTFS。

(9) 选择第一或第三项即以 NTFS 文件系统格式格式化磁盘,按"Enter"键,系统连续进行如下操作:

● 格式化分区;

● 进行磁盘检测；
● 拷贝文件；
● 重新启动计算机。

计算机重新启动后开始进入图 7-4 所示的启动界面，稍后出现图 7-5 所示的安装界面。在安装过程中，系统将检测硬件设备，并进行设置工作。

图 7-4 启动 Windows Server 2003 界面

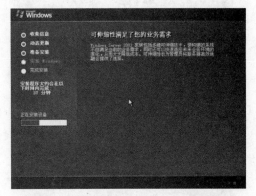

图 7-5 Windows Server 2003 安装界面

（10）在图 7-6 所示的"区域和语言选项"界面中按【下一步】按钮，即默认"中文"方式，弹出图 7-7 所示的"自定义软件"界面。

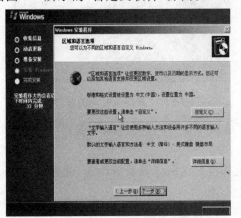

图 7-6 "区域和语言选项"界面

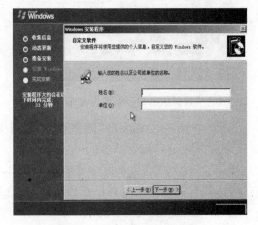

图 7-7 "自定义软件"界面

（11）在"自定义软件"界面中输入安装人员的姓名和公司名称，可以是任意字符。单击【下一步】按钮，进入图 7-8 所示的要求用户输入产品密钥即产品序列号的界面。

（12）在"您的产品密钥"界面中输入光盘的封套或说明书中提供的序列号，输入完后单击【下一步】按钮，进入图 7-9 所示的"授权模式"界面。

（13）在"授权模式"界面中有如下两个选项：

● 每服务器，同时连接数；
● 每设备或每用户。

选择"每服务器，同时连接数"选项，并输入"100"，即每台服务器可允许 100 个用户同时登录。单击【下一步】按钮，进入图 7-10 所示的"计算机名称和管理员密码"输入界面。

（14）在"计算机名称和管理员密码"界面中输入计算机名称和管理员的密码，输入完后单击【下一步】按钮，出现图 7-11 所示界面，设置完毕后单击【下一步】按钮。

图 7-8 　"您的产品密钥"界面

图 7-9 　"授权模式"界面

图 7-10 　"计算机名称和管理员密码"输入界面

图 7-11 　"日期和时间设置"界面

　　（15）在图 7-12 所示的"网络设置"界面中选中"典型设置"单选钮，并单击【下一步】按钮。接下来在弹出的界面中单击【下一步】按钮。

　　（16）设置完毕后，系统将安装开始菜单项、对组件进行注册等最后的设置，这些都无需用户参与，所有的设置完毕并保存后，系统进行第二次启动。

　　（17）第二次启动时，用户需要按"Ctrl＋Alt＋Del"组合键，如图 7-13 所示，输入密码登录系统。

图 7-12 　"网络设置"界面

图 7-13 　登录 Windows Server 2003 界面

到此,Windows Server 2003 安装完毕。

7.4　其他典型操作系统介绍

目前,人们使用的网络操作系统除 Windows NT/2000/2003 外,还有 Unix、Netware 和 Linux 操作系统。Unix 操作系统主要应用于商业、金融等领域,Linux 是一种免费的操作系统,由于其开发的开放性,目前广泛用于人们的研究中。

7.4.1　Unix 操作系统

1. Unix 操作系统的发展

Unix 操作系统出现于 20 世纪 60 年代末、70 年代初,是由美国电话电报公司(AT&T)下属的 Bell 实验室的两名程序员 K. 汤普逊(Ken Thompson)和 D. 里奇(Dennis Ritchie)于 1969—1970 年在 PDP-7 计算机上成功开发的 16 位操作系统。

由于当时美国政府禁止 AT&T 经营计算机业务,所以在整个 20 世纪 70 年代,Unix 没能作为商品进入市场,而主要是提供给学校和科研机构等非营利单位使用。

最早的 Unix 版本是用汇编语言写成的,后来他们用 C 语言重写了 Unix 操作系统。由于 C 语言对计算机类型的依赖性较小,因此在这些计算机上实现 Unix 时,不必重新编写 C 语言程序,这使得 Unix 得到了广泛的应用。随着 Unix 的普及,书写系统的 C 语言也成为引人注目的语言,得到广泛使用。

Unix 问世以来十分流行,Unix 操作系统作为工业标准已经被很多计算机厂商所接受,并且被广泛应用于大型机、中型机、小型机、工作站与微机上,特别是工作站,几乎全部采用了 Unix 操作系统。

2. Unix 操作系统的特点

Unix 系统之所以得到如此广泛地应用,是与其特点分不开的。其主要特点表现在以下几方面。

(1) 多用户的分时操作系统。即不同的用户分别在不同的终端上,进行交互式地操作,就好像各自单独占用主机一样。

(2) 可移植性好。硬件的发展是极为迅速的,迫使依赖于硬件的基础软件特别是操作系统不断地进行相应的更新。由于 Unix 几乎全部是用可移植性很好的 C 语言编写的,其内核极小,模块结构化,各模块可以单独编译。所以,一旦硬件环境发生变化,只要对内核中有关的模块作修改,编译后与其他模块装配在一起,即可构成一个新的内核,而内核上层完全可以不动。

(3) 可靠性强。经过二十几年的考验,Unix 系统已是一个成熟而且比较可靠的系统。在应用软件出错的情况下,虽然性能会有所下降,但工作仍能可靠进行。

(4) 开放式系统。即 Unix 具有统一的用户界面,使得 Unix 用户的应用程序可在不同环境下运行。此外,其核心程序和系统的支持软件大多是用 C 语言编写。

(5) 它向用户提供了两种友好的用户界面。其一是程序级的界面,即系统调用,使用户能充分利用 Unix 系统的功能,它是程序员的编程接口,编程人员可以直接使用这些标准的实用子程序,例如,对有关设备管理的系统调用 read、write,便可对指定设备进行读/写,而 open 和

close 就可打开和关闭指定的设备,对文件系统的调用除 read、write、close、open 外,还有创建 (create)、删除(unlink)、执行(execl)、控制(fncte)、加锁(flock)、文件状态获取(stat)和安装文件(mount)等。其二是操作级的界面,即命令,它直接面向普通的最终用户,为用户提供交互式功能。程序员可用编程的高级语言直接调用它们,大大减少编程难度和设计时间。可以说,Unix 在这一方面,同时满足了两类用户的需求。

(6) 具有可装卸的树型分层结构文件系统。该文件系统具有使用方便、检索简单等特点。

(7) 独特的设备管理方式。在 Unix 系统中,系统将所有外部设备都当作文件看待,并分别赋予它们对应的文件名,用户可以像使用文件那样使用任一设备,而不必了解该设备的内部特性,这既简化了系统设计又方便了用户的使用。

7.4.2　Linux 操作系统

1. Linux 系统概述

1991 年,芬兰一个名叫 Linus B. Torvalds 的大学生,在学习了操作系统课程之后,开发了这套操作系统。起初,Torvalds 想将这套系统命名为 freax,他的目标是使 Linux 成为一个基于 Intel 硬件,能在微机上运行,类似于 Unix 的新的操作系统。

后来,越来越多的程序员参与进来,利用 Internet 进行协作开发,创造了自由软件的一个奇迹。经过 20 多年的发展,Linux 的影响和应用日益广泛。

2. Linux 操作系统的特点

目前,Linux 操作系统正在进入各个领域,早已不是黑客的玩具。Linux 操作系统适合作为 Internet 标准服务平台,它以低价格、源代码开放、安装配置简单等特点,对广大用户有着较大的吸引力。

与传统的网络操作系统相比,Linux 操作系统具有如下特点。

(1) 置于 GPL 保护下,完全免费。

(2) 完全兼容 POSI X1.0 标准,可用仿真器运行 DOS、Windows 应用程序。

(3) 具有强大的网络功能,能够轻松提供稳定的 WWW、FTP、E-mail 等服务。

(4) 系统由遍布全世界的开发人员共同开发,使用者共同测试,因此对系统中的错误可以及时发现,修改速度极快。

(5) 系统可靠、稳定,可用于关键任务。

(6) 支持多种硬件平台。

(7) 支持大量的外设。

(8) 支持多处理器。

(9) 可移植性强。

(10) 支持 TCP/IP 和 SLIP/PPP。

(11) 网络管理/图形化系统管理。

(12) 兼容 Windows 98/NT 的 SMB 协议和 Netware 的 MARS_NEW。

(13) 作为路由器可支持多种协议。

(14) 良好的 RAS/RAID/Cluster 等。

(15) 支持多用户,在同一时间内可以有多个用户使用主机。

(16) 在同一时间内,可以运行多个应用程序。

(17) 具有虚拟内存的能力,可以利用硬盘来扩展内存。

7.4.3　Netware 操作系统

Netware 是美国 Novell 公司开发的产品,1983 年 Novell 公司发布了第一版 Netware 操作系统后,又相继推出了 Netware2.15、Netware3.10 和 3.12;1994 年底推出了 Netware4.1 等多个版本和其容错版本(SFT)。Netware4.11 是第一个支持企业内部网服务。1998 年该公司推出了 Netware5.0,该版本不仅提高了网络管理的范围和易用性,而且提供了一个全面基于 IP 协议的网络操作系统。Netware5.0 除了与 Windows NT 和 Unix 操作系统完全兼容外,进一步增强了灵活性和易集成性。随后该公司发布了更高版本的 Netware6.5。

小　　结

网络操作系统(Network Operating System,NOS)是一种运行在网络硬件基础上的网络操作和管理软件,是向接入网络的一组计算机用户提供各种服务的一种操作系统。网络操作系统已由集中式向对等式及非对等式结构的转变。网络操作系统的基本功能主要有:文件服务、打印服务、数据库服务、通信服务、网络管理服务等。目前,最流行的且用户最多的操作系统是微软公司推出的 Windows 系列操作系统,其中 Windows Server 2003 共 6 个版本,每一个版本基于对象的不同,其功能也有所不同。除此之外,其他常用的网络操作系统有 Netware、Unix 和 Linux,但它们的功能有所不同。

习　　题

一、选择题

1. 目前常用的网络操作系统(如 Netware)是_____结构的。

A. 对等　　　　　　　B. 层次　　　　　　　C. 非对等　　　　　　D. 非层次

2. 下列给定的操作系统中不能用作局域网操作系统的是_____。

A. DOS　　　　　　　B. Unix　　　　　　　C. Linux　　　　　　D. Netware

3. Netware 系统的_____系统容错机制提供了文件服务器镜像功能。

A. 第四级　　　　　　B. 第二级　　　　　　C. 第一级　　　　　　D. 第三级

4. Netware 的第二级容错机制是为了防止_____。

A. 硬盘表面磁介质可能出现的故障

B. 硬盘或硬盘通道可能出现的故障

C. 在写数据记录时因系统故障而造成数据丢失

D. 网络供电系统的电压波动或突然中断而影响文件服务器的工作

5. 在各种 Netware 网络用户中,_____对网络运行状态与系统安全性负有最重要的责任。

A. 网络管理员　　　　B. 普通网络用户　　　C. 组管理员　　　　　D. 网络操作员

二、简答题

1. 何谓操作系统？何谓网络操作系统？网络操作系统具有哪些网络特征？

2. 网络操作系统与单机操作系统的区别是什么？

3. 常用的网络操作系统有哪几种？

第8章 Internet 应用基础

8.1 Internet 基础知识

Internet 不是一个独立的物理网络，是由遍布世界各地的计算机和各种网络在 TCP/IP 协议基础上互联的网络集合体，所以被称为因特网。凡采用 TCP/IP 协议，且能与 Internet 中任何一台主机进行通信的计算机都可以看成是 Internet 的组成部分。

8.1.1 Internet 的起源和发展

Internet 的起源可以追溯到 20 世纪 60 年代末，它的发展对推动整个世界的经济、社会、科学、文化等领域的进步起到了不可估量的作用。

1. Internet 的起源

Internet 起源于美国国防部高级研究计划管理署于 1968 年为冷战目的而研制的计算机实验网 ARPAnet。ARPAnet 通过一组主机-主机间的网络控制协议（NCP），把美国的几个军事及研究网络用计算机主机互联起来，其设计思想是：当网络的部分站点被摧毁后，其他站点仍能正常工作，并且这些分散的站点能通过某种形式的通信网取得联系。

2. Internet 的发展

Internet 的真正发展是从美国国家科学基金会（National Science Foundation，NSF）1986 年建成的 NSFNET 广域网开始的。1989 年，在 MILNET 实现和 NSFNET 的连接之后，Internet 的名称被正式采用，NSFNET 也因此彻底取代了 ARPAnet 而成为 Internet 的主干网。1992 年 Internet 协会成立。

3. Internet 的普及

20 世纪 90 年代初，美国 IBM、MCI、MERIT 三家公司联合组建了一个 ANS 公司（Advanced Network and Services），建立了一个覆盖全美的 T3 主干网 ANSNET，并成为 Internet 的另一个主干网。1991 年底，NFSNET 的全部主干网都与 ANS 的主干网 ANSNET 连通。与 NFSNET 不同的是，ANSNET 属 ANS 公司所有，而 NFSNET 则是由美国政府资助的。

ANSNET 的出现使 Internet 开始走向商业化的新进程，1995 年 4 月 30 日，NFSNET 正式宣布停止运作。随着商业机构的介入，出现了大量的 Internet 服务提供商（Internet Service Provider，ISP）和 Internet 内容提供商（Internet Content Provider，ICP），极大地丰富了 Internet 的服务和内容。世界各工业化国家，乃至一些发展中国家都纷纷实现与 Internet 的连接，使 Internet 迅速发展扩大成全球性的计算机互联网络，目前加入 Internet 的国家已超过 150 个。

8.1.2 Internet 在中国的发展

1994 年 4 月我国正式加入 Internet 后，发展相当迅速。根据 2004 年 1 月 CNNIC 发布的第十三次《中国互联网络发展状况统计报告》,截止到 2003 年 12 月 31 日,我国共有上网计算机 3089 万台,上网用户总人数为 7950 万,CN 下注册的域名总数为 340040 个,WWW 站点总数为 595550 个。国际出口带宽总量为 27216 Mb/s,连接的国家有美国、加拿大、澳大利亚、英国、德国、法国、日本、韩国等,具体如下。

中国科技网(CSTNET):155 Mb/s

中国公用计算机互联网(CHINANET):16500 Mb/s

中国教育和科研计算机网(CERNET):447 Mb/s

中国联通互联网(UNINET):1490 Mb/s

中国网通公用互联网(网通控股)(CNCNET):3592 Mb/s

宽带中国 CHINA169 网(网通集团):4475 Mb/s

中国国际经济贸易互联网(CIETNET):2 Mb/s

中国移动互联网(CMNET):555 Mb/s

8.1.3 Internet 的信息服务方式

Internet 的三个基本功能是:共享资源、交流信息、发布和获取信息。为了实现这些功能,Internet 资源服务大多采用的是客户-服务器模式,即在客户机与服务器中同时运行相应的程序,使用户通过自己的计算机,获取网络中服务器所提供的资源服务。图 8-1 所示的是 Internet 中的客户-服务器模式。

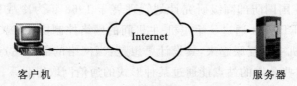

图 8-1　Internet 中的客户-服务器模式

Internet 上具有丰富的信息资源,提供各种各样的服务和应用,下面就介绍 4 种常用的信息服务方式。

1. 电子邮件

电子邮件(E-mail)是一种通过计算机网络与其他用户进行联系的快速、简便、高效、价廉的现代化通信手段,是 Internet 上最受欢迎、最普遍的应用之一。

1) 电子邮件的主要特点

(1) 应用范围广泛;

(2) 通信效率高;

(3) 使用方便。

2) 电子邮件的工作方式

电子邮件系统使用的协议是 SMTP 和 POP3,并采用"存储-转发"的工作方式。在这种工作方式下,当用户向对方发送邮件时,邮件从该用户的计算机发出,通过网络中的发送服务器及多台路由器中转,最后到达目的服务器,并把该邮件存储在对方的邮箱中;当对方启用电子邮件软件进行联机接收时,邮件再从其邮箱中转发到他计算机中。

3) 电子邮件地址

与普通邮件一样,电子邮件也必须按地址发送。电子邮件地址标志邮箱在网络中的位置,其格式为(@表示 at 的含义)：

用户名@邮箱所在的电子邮件服务器的域名

2. 远程登录

远程登录(Telnet)是指在 Telnet 协议的支持下,本地计算机通过网络暂时成为远程计算机终端的过程,使用户可以方便地使用异地主机上的硬件、软件资源及数据。

Telnet 远程登录程序由运行在用户的本地计算机(客户端)上的 Telnet 客户程序和运行在要登录的远程计算机(服务器端)上的 Telnet 服务器程序所组成。

运行 Telnet 程序进行远程登录的方法之一是,直接输入命令：

Telnet<远程主机网络地址>

3. 文件传输

在 Internet 上,利用文件传输协议(FTP),可以实现在各种不同类型的计算机系统之间传输各类文件。

使用文件传输服务,通常要求用户在 FTP 服务器上有注册账号。但是,在 Internet 上许多 FTP 服务器提供匿名(anonymous)服务,允许用户登录时以 anonymous 为用户名,以自己的电子邮件地址作为口令。出于安全考虑,大部分匿名服务器只允许匿名 FTP 用户下载文件,而不允许上传文件。

4. 万维网

信息的浏览与查询是 Internet 提供的独具特色和最富有吸引力的服务。目前,使用最广泛和最方便的是基于超文本方式的、可提供交互式信息服务的 WWW(World Wide Web)。

WWW 不是传统意义上的物理网络,是基于 Internet 的、由软件和协议组成的、以超文本文件为基础的全球分布式信息网络,所以称为万维网。常规文本由静态信息构成,而超文本的内部含有链接,使用户可在网上对其所追踪的主题从一个地方的文本转到另一个地方的另一个文本,实现网上漫游。正是这些超链接指向的纵横交错,使得分布在全球各地不同主机上的超文本文件(网页)能够链接在一起。

在 Internet 中,各种资源的地址用统一资源定位器(Uniform Resource Locator,URL)进行表示,格式如下：

<传输协议>://<主机的域名或 IP 地址>/<路径文件名>

例如，http://www.microsoft.com/frontpage/productinfo/default.htm
　　　协议　　站点服务器　　　　路径　　　　文件名称

其中,<传输协议>定义所要访问的资源类型(见表 8-1)。如果路径文件名省略,大部分主机会提供一个默认的文件名,如 index. html、default. html 或 homepage. html 等。

表 8-1　部分资源类型的含义

资 源 类 型	含 义	资 源 类 型	含 义
file	访问本地主机	http	访问 WWW 服务器
ftp	访问 FTP 服务器	telnet	访问 Telnet 服务器

5. 电子公告牌服务(BBS)

计算机化的公告系统允许用户上传和下载文件及讨论和发布通告等。电子公告牌使网络用户很容易获取和发布各种信息,如问题征答和发布求助信息等。

6. 网络新闻服务

在 Internet 上还可以建立各种专题讨论组,趣味相投的人们通过电子邮件讨论共同关心的问题。当你加入一个论坛组后,可以收到组中任何人发出的信件,当然,你也可以把信件发给组中的其他成员。利用 Internet,你还可以收发传真,打电话甚至打国际电话,在高速宽带的网络环境下甚至可以收看视频广播节目及召开远程视频会议等。

7. 电子商务

在网上进行贸易已经成为现实,而且发展得如火如荼,例如,可以开展网上购物、网上商品销售、网上拍卖、网上货币支付等。它已经在海关、外贸、金融、税收、销售、运输等方面得到了应用。电子商务现在正向一个更加纵深的方向发展,随着社会金融基础及网络安全设施的进一步健全,电子商务将在世界上引起一轮新的革命。在不久的将来,用户将可以坐在计算机前进行各种各样的商业活动。

8. 网上交际

可以把网络看成是一个虚拟的社会空间,每个人都可以在这个网络社会上充当一个角色。Internet 已经渗透到人们的日常生活中,可以在网上与别人聊天、交朋友、玩网络游戏。"网友"已经成为一个使用频率越来越高的名词,网友之间可以完全不认识,他(她)可能远在天边,也可能近在眼前。网上交际已经完全突破传统的结交朋友的方式,世界上不同性别、年龄、身份、职业、国籍和肤色的人,都可以通过 Internet 而成为好朋友,不见面却可以进行各种各样的交流。

9. 其他应用

Internet 还有很多其他应用,如远程教育、远程医疗等。总而言之,在信息世界里,以前只有在科幻小说中出现的各种设想,现在已经慢慢地成为现实。

8.1.4　Internet 相关组织

为了保证 Internet 可靠、健康地运行,国际上先后成立了一些自愿承担管理职责的非营利的组织或机构。下面简单介绍几个重要的 Internet 组织。

1. 国际互联网协会

国际互联网协会(ISOC)成立于 1992 年,也称 Internet 协会。

2. 国际互联网工程任务组

国际互联网工程任务组(Internet Engineering Task Force,IETF)是一个公开性的大型民间国际团体,汇集了与互联网架构和互联网顺利运作相关的网络设计者、运营者、投资人和研究人员,并欢迎所有对此行业感兴趣的人士参与。

IETF 将工作组分为不同的领域,每个领域由几个 Area Director(AD)负责管理。国际互联网工程指导委员会(Internet Engineering Steering Group,IESG)是 IETF 的上层机构,它由一些专家和 AD 组成,设一个主席职位。国际互联网架构理事会(Internet Architecture Board,IAB)负责 ISOC 的总体技术建议,并任命 IETF 主席和 IESG 成员。IAB 和 IETF 都是 ISOC 的成员。

国际互联网编号分配机构(Internet Assigned Numbers Authority,IANA)负责管理与分配 IP 地址,并根据 IAB 和 IESG 的建议对互联网协议中使用的重要资源号码进行分配和协调。

3. 国际互联网名字与编号分配机构

国际互联网名字与编号分配机构(Internet Corporation for Assigned Names and Numbers,ICANN)成立于 1998 年 10 月,本部设在洛杉矶。ICANN 目前负责全球许多重要的网络基础工作,如 IP 地址空间的分配(原来是由 IANA 负责)、协议参数(Protocol Parameters)的配置、域名系统(DNS)与根服务器系统(Root Server System)的管理。根据 ICANN 章程的规定,ICANN 为一家非营利性公司,将在保证国际参与的前提下,负责协调互联网技术参数以保证网络的通信畅通,对 IP 地址资源及域名系统进行管理和协调,以及监督域名系统、根服务器系统的运行。

8.1.5　Internet 草案与 RFC

Internet 技术管理的核心是制定网络连接和应用的协议标准。在 Internet 上,任何一个用户都可以针对 Internet 某一领域的问题提出自己的解决方案或规范,作为 Internet 草案(Internet Drafts,ID)提交给 IETF。草案存放在美国、欧洲和亚太地区的工作文件站点上,供世界多国自愿参加的 IETF 成员进行讨论、测试和审查。最后由 IESG 确定该草案是否能成为 Internet 的标准。

RFC 文档也称为请求审议文档(Requests For Comments,RFC),是一系列不断修改和完善的报告、协议提案和协议标准,是用于发布 Internet 标准的一种网络文件或工作报告,篇幅从一页到数百页不等。

RFC 文档必须被分配 RFC 编号后才能在网络上发布。例如,RFC 2401 的内容是有关 Internet 协议的安全体系结构。如果一个提议规范进行了修改,并且对 Internet 草案进行了重写和升级,则在发布时将获得一个新的 RFC 编号(该编号的数字大于原来的编号)。因此,通过 RFC 编号,人们可以确定哪些是最新的文档。

8.2　Internet 的入网方式

对于任何希望使用 Internet 的人来说,首先必须进入 Internet,目前进入 Internet 的方式有多种,最为常见的方式是通过电话直接拨号和通过局域网连接到 Internet。

8.2.1　通过电话线接入 Internet

采用通过电话线直接接入 Internet 的方式是目前主要的接入方式,由于采用具体技术的差别,此种接入方式又分为仿真终端方式、普通 Modem 拨号上网、ISDN 和 ADSL。

1. 仿真终端方式

这是一种逐渐被淘汰的接入方法,它利用仿真终端软件将本地计算机仿真成 Internet 上的某个主机的终端,通过该主机访问 Internet。Internet 上的数据和信息只能通过主机间接获得,并且不能享有 Internet 上所有的功能,如不能使用图形界面浏览器。

2. 普通 Modem 拨号上网

普通 Modem(调制解调器)拨号上网是目前个人接入 Internet 的一种主要方式,利用普通 Modem 上网的优点是方便、快捷。采用这种方式接入 Internet 对计算机的要求比较低,接入设备也只有普通调制解调器。普通调制解调器按照安装方式分为:内置式和外置式,按照速度可划分为 33.6 Kb/s,44 Kb/s 和 56 Kb/s 等。利用普通 Modem 上网连接过程也比较简单,在 Windows 下可利用其拨号程序连接;在 Linux 下可以使用 PPP 相关工具连接。目前,仍有很多的 ISP 提供这种传统的接入方式。通过 Modem 接入 Internet 的方式,由于其采用设备

(Modem)对现有的电话线路带宽的使用率较低,因此,目前普通的调制解调器最大传输速率只能达到 56 Kb/s,这是限制其发展的瓶颈。

3. ISDN

ISDN 是综合业务数字网的简称,它比较充分地利用了现有电话线路的带宽资源,以纯数字方式进行语音、数据、图像的传输,可在一条普通电话线上提供以 64 Kb/s 速率为基础的端到端的数字连接,可开展上网、打电话、视频会议等多种业务。使用 ISDN 需要两个设备,一个是相当于接线盒的 NT1,另一个是终端适配器(Terminal Adapter,TA),计算机通过 TA 连接至 ISDN。虽然 ISDN 有着众多的技术优势,但由于其设备较复杂和昂贵,速度上与 56 Kb/s调制解调器的竞争优势也不大,而且 ISDN 的适配器无法同普通调制解调器互联,从而使其不能得到较大范围的应用。

4. ADSL

ADSL(Asymmetrical Digital Subscriber Line)是 xDSL 的一种,xDSL 数字用户线路是以铜电话线为传输介质的传输技术组合,它包括普通 DSL、HDSL(对称 DSL)、ADSL(不对称DSL)、VDSL(甚高比特率 DSL)、SDSL(单线制 DSL)、CDSL(Consumer DSL)等,一般都统称为 xDSL。

非对称数字用户环路(Asymmetrical Digital Subscriber Loop,ADSL)是 xDSL 中应用最广泛、最成熟的技术。它是运行在原有普通电话线上的一种新的高速宽带技术,使用这种技术可将一组一般的电话线变成高速的数字线路,在一对双绞线上提供上行 640 Kb/s、下行 8Mb/s 的带宽,它可以同时提供即时的电话、传真和高速的 Internet 服务。ADSL 使用频分复用技术将话音与数据分开,话音和数据分别在不同的通路上运行。

传统的电话系统使用的是铜线的低频部分(4 kHz 以下频段),而 ADSL 采用 DMT(离散多音频)技术,将原来的电话线路 0~1.1 MHz 频段划分成 256 个频宽为 4.3 kHz 的子频带。其中,4 kHz 以下频段仍用于传送 POTS(传统电话业务),20~138 kHz 的频段用来传送上行信号,138 kHz~1.1 MHz 的频段用来传送下行信号。DMT 技术可根据线路的情况调整在每个信道上所调制的比特数,以便更充分地利用线路。

目前采用 ADSL 接入 Internet 的方式有两种。专线入网方式:用户拥有固定的静态 IP 地址,24 小时在线;虚拟拨号入网方式:并非真正的电话拨号,而是用户输入账号、密码,通过身份验证,获得一个动态的 IP 地址,可以掌握上网的主动性。

由于采用 ADSL 接入 Internet 的方式与其他宽带接入方式相比较有着较强的竞争力,因此其发展相当迅速,由于其技术特点仍具有一定的先进性,因此在今后的若干年内仍然会是主要的宽带接入方式。

8.2.2　通过局域网接入 Internet

对于已经建成局域网的单位和部门,最常用的接入 Internet 的方式是通过路由器远程访问服务器等设备将局域网整个接入 Internet,从而使用户能够利用 Internet。采用这种方式将局域网与 Internet 相连,一般需要租用电信局的专线,可使用的方式有 DDN、ISDN、帧中继和ATM 等。通过 DDN 接入数据传输率可达到 2 Mb/s,使用 ATM 可达到 10~100 Mb/s 且可以提供光纤接入方式。

采用这种方式对用户来讲性能较好、效率高、平均上网费用较低,但只有具有一定规模的局域网才会有这样的优点。对于局域网内部的用户来讲,可以达到 10 Mb/s 甚至 100 Mb/s

到桌面的速度。

8.2.3　其他接入方式

1. 通过有线电视网接入 Internet

利用现有的有线电视网络系统,通过对其进行相应的改造接入 Internet 也是一种获得 Internet 服务的方式。采用这种方式接入 Internet 时,必须对现有的有线电缆进行双向改造,然后利用线缆调制解调器(Cable Modem,CM)接入有线电视数据网,有线电视数据网再和 Internet 高速相连,用户即可在家中高速连入 Internet 网。利用 Cable Modem 接入 Internet 可以实现 10~40 Mb/s 的带宽,下载速度可以轻松超过 100 Kb/s,有时甚至可以高达 300 Kb/s。

Cable Modem 系统通常放在有线电视前端,采用 10Base-T、100Base-T 或 ATM OC3 等接口通过交换型 Hub 与外界设备相连,并通过路由器与 Internet 连接或者直接连到本地服务器,享受本地业务。Cable Modem 是用户端设备,通过 10Base-T 接口与用户的计算机相连。一般 Cable Modem 有三种类型:单用户外置式、单用户内置式和 SOHO(Small Office/Home Office)型。SOHO 型 Modem 可用于基于 HFC 网络的计算机互联网络,形成小型和在家办公系统(SOHO 系统)。

2. 无线接入方式

传统的无线接入方式是用户通过高频天线和 ISP 连接,距离在 10 km 左右,带宽为 2~10 Mb/s,费用较低,但是受地形和距离的限制,适合城市里距离 ISP 不远的用户,其性能价格比很高。

无线接入 Internet 的方式是近几年出现的新型接入方式,利用移动通信设备(主要是手机)以及笔记本电脑和掌上电脑通过无线通信网络接入 Internet。目前,通过手机接入 Internet 的技术主要有 GPRS、CDMA、WCDMA、CDMA2000 1x 等。在这些技术当中较成熟和使用较广泛的是 GPRS 技术。GPRS 的全名为 General Packet Radio Service(整合封包无线服务),它是在“分封交换”(Packet-Switched)的概念上发展而来的一套无线传输方式。

随着卫星通信逐渐向民用化转移,通过卫星接入 Internet 的方式也逐渐兴起,一种称为 Direct to PC 或 PCVSAT 的技术在此起到了重要的作用。卫星通过点到多点连接方式将 ISP 服务器直连到用户计算机,使各种公司无论大小,甚至个人用户均可利用空间数据通信的强大功能。国际上,单向卫星接入 Internet 在中小企业和家庭应用比较成功。随着技术的不断发展,卫星联网服务也将逐渐开始成为一种上网的新选择。

8.3　域　　名

1. 什么是域名

IP 地址为 Internet 提供了统一的编址方式,直接使用 IP 地址就可以访问 Internet 中的主机。一般来说,用户很难记住 IP 地址。例如,用点分十进制表示某个主机的 IP 地址为 202.113.19.122,大家就很难记住这样一串数字。但是,如果告诉你中山大学 WWW 服务器的地址,用字符表示为 www.zsu.edu.cn,每个字符都有一定的意义,并且书写有一定的规律。这样用户就容易理解,又容易记忆,因此就提出了域名这个概念。

2. Internet 的域名结构

Internet 的域名结构是由 TCP/IP 协议集的域名系统(Domain Name System,DNS)定义

的。域名系统也与 IP 地址的结构一样,采用的是典型的层次结构。域名系统将整个 Internet 划分为多个顶级域,并为每个顶级域规定了通用的顶级域名,如表 8-2 所示。

表 8-2　顶级域名分配

顶 级 域 名	域 名 类 型	顶 级 域 名	域 名 类 型
com	商业组织	mil	军事部门
edu	教育机构	net	网络支持中心
gov	政府部门	org	各种非营利性组织
int	国际组织	国家代码	各个国家

　　由于美国是 Internet 的发源地,因此美国的顶级域名是以组织模式划分的。对于其他国家,它们的顶级域名是以地理模式划分的,每个申请接入 Internet 的国家都以一个顶级域出现。例如,cn 代表中国,jp 代表日本,fr 代表法国,uk 代表英国,ca 代表加拿大,au 代表澳大利亚等。

　　网络信息中心(Network Information Center,NIC)将顶级域的管理权授予指定的管理机构,各个管理机构再为它们所管理的域分配二级域名,并将二级域名的管理权授予其下属的管理机构。如此层层细分,就形成了 Internet 的域名结构。

3. 我国的域名结构

　　中国互联网信息中心(CNNIC)负责管理我国的顶级域,它将 cn 域划分为多个二级域,如表 8-3 所示。

表 8-3　我国二级域名分配

顶 级 域 名	域 名 类 型	顶 级 域 名	域 名 类 型
ac	科研机构	int	国际组织
com	商业组织	net	网络支持中心
edu	教育机构	org	各种非营利性组织
gov	政府部门	行政区代码	我国的各个行政区

　　我国二级域的划分采用了两种划分模式:组织模式和地理模式。其中,前 7 个域对应于组织模式,而行政区代码对应于地理模式。按组织模式划分的二级域名中,ac 表示科研机构,com 表示商业组织,edu 表示教育机构,gov 表示政府部门,int 表示国际组织,net 表示网络支持中心,org 表示各种非营利性组织。在地理模式中,bj 代表北京市,sh 代表上海市,tj 代表天津市,he 代表河北省,hl 代表黑龙江省,sc 代表四川省,nm 代表内蒙古自治区等。

　　CNNIC 将我国教育机构的二级域(edu 域)的管理权授予中国教育科研计算机网(CERNET)网络中心。CERnet 网络中心将 edu 划分为多个三级域,将三级域名分配给各个大学与教育机构。例如,edu 域下的 zsu 代表中山大学。中山大学网络管理中心又将 zsu 域划分为多个四级域,将四级域名分配给下属部门或主机。例如,zsu 域下的 cs 代表计算机系。

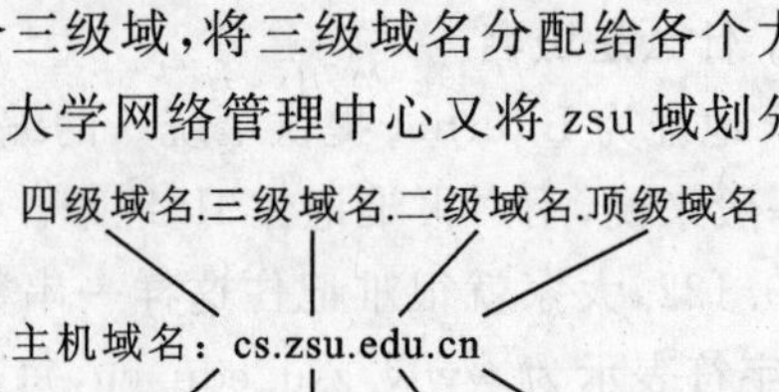

　　Internet 主机域名的排列原则是低层的子域名在前面,而它们所属的高层域名在后面。Internet 主机域名的一般格式如图 8-2 所示,为中山大学计算机系的主机。

四级域名.三级域名.二级域名.顶级域名

主机域名:cs.zsu.edu.cn

计算机系　中山大学　教育机构　中国

图 8-2　主机域名的格式

在域名系统 DNS 中,每个域是由不同的组织来管理的,而这些组织又可将其子域分给其他组织来管理。这种层次结构的优点是:各个组织在它们的内部可以自由选择域名,只要保证组织内的唯一性,而不用担心与其他组织内的域名冲突。例如,中山大学是一个教育机构,那么学校中的主机域名都包括 zsu. edu 后缀;如果有一家名为 zsu 的公司也想用 zsu 来命名它的主机,由于是一个商业机构,可以让主机域名包括 zsu. com 后缀。zsu. edu. cn 与 zsu. com. cn 在 Internet 中是相互独立的。

8.4　Internet 的网络服务

8.4.1　文件传输

文件传输(FTP)是 Internet 上一项使用广泛的服务,也是较早使用的服务。FTP(File Transfer Protocol)是在 Internet 上最早用于传输文件的一种通信协议,经过不断地改进和发展,已成为 Internet 上普遍应用的重要信息服务工具之一。尽管 FTP 的最初设计是从一般网络文件的传输角度出发的,但至今它已用于从 Internet 上获取远程主机的各类文件信息,包括公用程序、源程序代码、可执行程序代码、程序、说明文件、研究报告、技术情报、科技论文、数据和图表,等等。

使用 FTP 的用户能够使自己的本地计算机与远程计算机(一般是 FTP 的一个服务器)建立连接,通过合法的登录手续进入该远程计算机系统。这样,用户便可以使用 FTP 提供的应用界面,以不同的方式从远程计算机系统获取所需文件,或者从本地计算机向目标计算机发送文件。

分布在 Internet 上的 FTP 文件服务器简称为 FTP 服务器(FTP Server),其内容极其广泛,涉及现代人类文明的各种领域。这些服务器能为用户查寻文件和传送文件服务。对于工作在不同领域的人来说,FTP 是一个开放的非常有用的信息服务工具,可用来在全世界范围内进行信息交流。

使用 FTP 的过程是一个基于 B/S(浏览器/服务器)方式建立"请求-服务"会话的过程,这个过程按照 FTP 协议完成。当用户使用 FTP 访问作为服务器的一台远程计算机时,首先在本地计算机启动 FTP 的客户机程序,提交与指定服务器连接的请求。一旦远程计算机响应并实现连接,就在两台计算机之间建立起一条临时通路,借以执行会话命令和传输文件。在用户完成文件传送操作后,对服务器发出解除连接的请求,结束整个 FTP 会话过程。

FTP 的用户和服务器凭借 FTP 协议进行的全部会话(通信活动),其根本上还是依靠 TCP/IP 协议进行的,因此 FTP 可以在不同平台之间进行资源共享。

8.4.2　万维网服务

万维网是 WWW(World Wide Web)的中文译名,有时也称为"环球网"。万维网是一个运行在 Internet 之上具有全球性、互动性、分布式和跨平台的超文本信息系统。用户可以通过万维网获得各种各样的文字、图像和多媒体信息,而且非常便于查询和检索。

万维网服务的形成起始于超文本文件和 Web 浏览,超文本(Hypertext)这一概念是托德・尼尔逊于 1969 年左右提出的。所谓超文本实际上是一种描述信息的方法。在这里,文本中所选用的词在任何时候都能够被"扩展",以提供有关词的其他信息。这些词可以连到文本、图像、声音、动画等任何形式的文件中,也就是说,一个超文本文件,含有多个指针,这些指针可以指向任何形式的文件。正是这些指针指向的"纵横交错"、"穿越网络",使得本地的、远程服务器上的各种形式的文件(如文本、图像、声音、动画等)连接在一起。

超文本标记语言(Hyper Text Marked Language,HTML)是一种专门的编程语言,它用于编制将要通过 WWW 显示的超文本文件。HTML 对文件显示的具体格式进行了规定和描述。例如,它规定了文件的标题、副标题、段落等如何显示,如何把"链接"引入超文本,以及如何在超文本文件上嵌入图像、声音和动画等。

Web 浏览是万维网的一项重要任务,通过 Web 可以浏览的资源也相当丰富,但 Web 的信息资源是分散在 Internet 上的,为了使 Web 的客户机程序能够查询存放在不同计算机上的信息,统一资源定位器 URL(Uniform Resource Locator)使用了一个标准的资源地址访问方法。对于用户而言,URL 是一种统一格式的 Internet 信息资源地址表达方法,它将 Internet 提供的各类服务统一编址,以便用户通过 Web 客户程序进行查询。URL 的格式为:信息服务类型://信息资源地址/文件路径。

1. 信息服务类型

目前编入 URL 中的信息服务类型有以下几种。

http://HTTP 服务器,这是主要用于提供超文本信息服务的 Web 服务器。

telnet://Telnet 服务器,供用户远程登录使用的计算机。

ftp://FTP 服务器,用于提供各种普通文件和二进制代码文件的服务器。

gopher://Gopher 服务器。

wais://WAIS 服务器。

news://网络新闻 USEnet 服务器。

双斜线"//"表示跟在后面的字符串是网络上的计算机名称,即信息资源地址,以示与跟在单斜线"/"后面的文件路径相区别。

2. 信息资源地址

信息资源地址给出提供信息服务的计算机在 Internet 上的域名(host name)。如 www. cnic. cn 是中国科学院计算机网络信息中心的 Web 服务器域名。在一些特殊情况下,信息资源地址还由域名和信息服务所用的端口号(port)组成,其格式为:

计算机域名:端口号

这里的端口是指 Internet 用来辨认特定信息服务用的一种软件标志。当客户机程序试图和某一远程信息服务建立连接时,在给出对方计算机网络地址的同时也必须给出对方信息服务程序的端口号。一般情况下,由于常用的信息服务程序采用的是标准的端口号,这时就要求用户必须在 URL 中进行端口号说明。端口号的作用有些类似于电视台在播送电视节目时要选择一定的播放频道。

3. 文件路径

根据查询要求的不同,这个部分在给出 URL 时可以有,也可以没有。包含文件名的文件路径,在 URL 中具体指出要访问的文件名称,它是一种类似 Unix 系统的文件路径表示方法。

下面是一个 URL 的实例。

http://www. npu. edu. cn. /net/index. html

8.4.3　远程登录

远程登录(Telnet)是一个利用 Telnet 协议与另一台计算机通信,从而使本地主机或终端成为远程计算机的终端程序。远程登录是 Internet 提供的基本服务之一,它允许用户在本地机器上对远方节点进行账号注册,注册成功之后,可以把本地机器看作是远方节点的一个普通终端,用户可以与远方节点上的其他用户一样使用远方机器上的硬件、软件资源。Telnet 有时也被称为 rlogin。远程登录的作用是把本地主机作为远程主机的一台仿真终端使用,这是一种非常重要的 Internet 基本服务。事实上,Internet 上的绝大多数服务都可以通过 Telnet 进行访问。

具体来说,通过远程登录(Telnet)可得到如下服务:访问 Internet 上的各种联机数据库连接到 Internet 以外的专用商业网和一些服务(如 DIALOG 电子数据库的集合)或 Compu-Serve(一种商业电子公告牌系统);查阅图书馆的馆藏目录或图书,许多大型图书馆允许用户通过 Telnet 访问它们的某些程序。

由于 URL 将万维网上的资源进行统一的规划,用户可以在 Web 客户浏览器中直接访问 Internet 的 Telnet 资源空间。例如,用户希望对域名为"nic. ddn. mil"的计算机进行远程访问,用户在浏览器(如 Microsoft Internet Explorer)地址栏中输入"telnet∶//nic. ddn. mil"后,系统立即通过 Internet 发起 telnet 连接呼叫,并在连通之后弹出一个专门的 Telnet 工作窗口,在窗口中可以看到终端端口的编号,以及已经登录到的计算机。

8.4.4　电子邮件服务

电子邮件服务(E-Mail)是 Internet 提供的一项重要服务功能,通过调查表明,目前人们利用率最高的 Internet 服务就是电子邮件服务。电子邮件有着如此高使用率与其自身的特点密切相关。

首先,电子邮件传输快捷、方便。普通邮件的传递时间较长,而且手续麻烦,而电子邮件则快速灵活,使用电子邮件传递信息虽不及电话通信那样同步,但也可以在很短的时间内收到邮件,对于洲际间的信息来往使用电子邮件最为经济和便捷。使用电子邮件进行信息交流的方便性也是传统方式所不能比拟的,只要能够上网的地方,就可以收发电子邮件。

其次,电子邮件的应用范围非常广泛,尤其是多媒体数据的传输,使得人们在交流的时候有了更多的表达方式。目前电子邮件不仅可以传输文字性的信息,而且也可以传送图片、图像和声音信息,真正实现了多媒体传输。

除了上述特点,电子邮件很容易实现一对多地发送邮件。

电子邮件系统的构成分为四个主要部分。

(1) 邮件服务器。

它是整个邮件系统的核心部分,其功能是发送和接收邮件,同时还负责向发信人报告邮件传送的情况,如邮件已经交付、邮件被拒绝和邮件丢失等。电子邮件在网络中的传输并不是点对点的方式,而是采用"存储转发"(Store and Forward)的方式,从始发计算机取出邮件,在网络传输过程中经过多个计算机的中转,最后到达目标计算机,并送进收信人的电子邮箱。

(2) 简单邮件传输协议(SMTP):规定在两个相互通信的 SMTP 进程之间如何交换信息,SMTP 使用客户/服务器方式。

(3) 邮局协议 3(POP3):该协议是一个相对较为简单的协议,主要负责邮件的读取工作,其工作方式也是使用客户/服务器方式。

（4）用户代理：此代理是在用户和邮件系统之间创建的接口，一般情况下它是安装在用户计算机上的一个特定软件，如 Outlook Express，用户通过这个代理来收发电子邮件。

小　　结

本章学习了 Internet 的基本知识，了解 Internet 的发展概况和 Internet 在中国的发展历程以及 Internet 的未来。

学习了 Internet 的组织结构，了解 Internet 的接入方式。

学习了 Internet 的服务功能，包括超文本链接、文件传输、远程登录和电子邮件等。

习　　题

1. 常见的 Internet 的接入方式有哪些？

2. 如何使用客户端软件收发电子邮件？

3. 常见 Internet 的服务有哪些？

4. 域名服务器的工作原理是怎样的？

第9章 接入网技术

随着通信技术的发展,通信网提供的业务种类不断增加,而传统的交换机到用户终端的用户环路却越来越无法适应当前以及未来通信发展的需要。各种复用设备、数字交叉连接设备、用户环路传输系统、无源光网络等技术的引入,使得用户环路具有交叉连接、传输、管理的功能和能力,逐步形成了"网"的雏形。为了将用户环路推向数字化、宽带化、综合化,ITU-T 在 G.902建议中提出了"接入网"的概念,使不同类型的用户、不同类型的业务都能通过接入网接入电信网,并能提供数字、宽带接入网。

接入网是一个全新的概念,同时又是一种公共基础设施,它对整个通信网的发展至关重要。

9.1 接入网概述

9.1.1 接入网的引入

当前的通信网中还是以传统的电信网为基础,电话业务占整个电信业务的主要地位。而电话网又是以干线传输和中继传输构成多级结构,它从整体结构上分为长途网和本地网。在本地网中,本地交换机到每个用户是通过双绞线来实现的,这一网路称为用户线或引入线。一个交换机可以连接许多用户,对应不同用户的多条用户线就可组成树状结构的本地用户网,具体结构如图 9-1 所示。

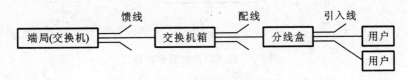

图 9-1 本地用户网结构

随着 20 世纪 80 年代的经济发展和人们生活水平的提高,整个社会对通信业务的需求不断提高,传统的电话通信已不能满足人们对通信的宽带化和多样化的要求。对非语音业务,如数据、可视图文、电子信箱、会议电视等新业务的要求促进了电信网的发展,而同时传统电话网的本地用户环路却制约了这样的新业务的发展。因此,为了适应通信发展的需要,用户环路必须向数字化、宽带化、灵活可靠、易于管理等方向发展。由于复用设备、数字交叉连接设备、用户环路传播系统等新技术在用户环路中的使用,用户环路的功能和能力不断增强,接入网的概念便应运而生。

接入网(access network,AN)是指交换机到用户终端之间的所有线缆设备,如图 9-2 所示。其中,主干系统为传统的电缆和光缆,一般长数千米;配线系统也可能是电缆和光缆,其长度为几百米,而引入线通常长几米到几十米。

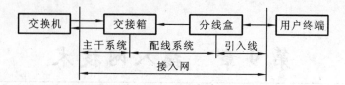

图 9-2　接入网在电信网中的位置

9.1.2　接入网的定义和定界

1. 接入网的定义

接入网是指本地交换机与用户终端设备之间的实施网络,有时也称之为用户网(user net-work,UN)或本地网(local network,LN)。接入网是由业务节点接口和相关用户网络接口之间的一系列传送实体组成的、为传送通信业务提供所需传送承载能力的实施系统,可经由 Q3接口进行配置和管理。业务节点接口即 SNI(service node interface),用户网络接口即 UNI(user network interface),传送实体是指线路设施和传递设施,可提供必要的传送承载能力,对用户信令是透明的,不做处理。

接入网处于通信网的末端,直接与用户连接,它包括本地交换机与用户端设备之间的所有实施设备与线路,它可以部分或全部替代传统的用户本地线路网,可含复用、交叉连接和传输功能,如图 9-3 所示。

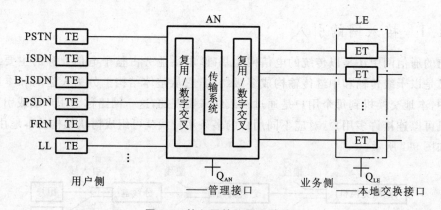

图 9-3　接入网的位置和功能

图 9-3 中,PSTN 表示公用电话网;ISDN 表示综合业务数字网;B-ISDN 表示宽带综合业务数字网;PSDN 表示分组交换网;FRN 表示帧中继网;LL 表示租用线;TE 为对应以上各种网络业务的终端设备;AN 表示接入网;LE 表示本地交换局;ET 为交换设备。

接入网的物理参考模型如图 9-4 所示,其中灵活点(FP)和分配点(DP)是非常重要的两个信号分路点,大致对应传统用户网中的交接箱和分线盒。在实际应用与配置时,可以有各种不同程度的简化,最简单的一种就是用户与端局直接相连,这对于离端局不远的用户是最为简单的连接方式。

根据上述结构,可以将接入网的概念进一步明确。接入网一般是指端局本地交换机或远端交换模块与用户终端设备(TE)之间的实施系统。其中,端局至 RT 的线路称为馈线段,RT至 DP 的线路称为配线段,DP 至用户的线路称为引入线,SW 称为交换机,远端交换模块(RSU)和远端(RT)设备可根据实际需要来决定是否设置。接入网的研究目的就是:综合考虑

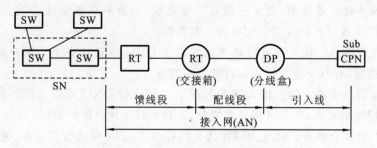

图 9-4　接入网的物理参考模型

本地交换局、用户环路和终端设备,通过有限的标准化接口,将各种用户终端设备接入用户网络业务节点。接入网所使用的传输介质是多种多样的,可以灵活地支持各种不同的或混合的接入类型的业务。

2. 接入网的定界

接入网有 3 种主要接口,即用户网络接口(UNI)、业务节点接口(SNI)和维护管理接口(Q3)。接入网所覆盖的范围由这 3 个接口定界,网络侧经业务节点接口与业务节点相连;用户侧经用户网络接口与用户相连;管理方面则经 Q3接口与电信管理网(TMN)相连,如图 9-5 所示。

其中 SN 是提供业务的实体,是一种可以接入交换型或半永久连接型电信业务的网元;SNI 是接入网(AN)与 SN

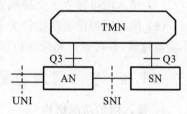

图 9-5　接入网的接口及其定义

之间的接口。SN 可以是本地交换机、租用线业务节点或特定配置情况下的点播电视和广播电视业务节点等。

用户网络接口是用户和网络之间的接口,主要包括模拟二线音频接口、64 Kb/s 接口、2.048 Mb/s 接口、ISDN 基本速率接口和基群速率接口等。用户网络接口仅与一个 SNI 通过指配功能建立固定联系。业务节点接口是 AN 和一个 SN 之间的接口,有两种业务节点接口:一种是对交换机的模拟接口,也称 Z 接口,它对应于 UNI 的模拟二线音频接口,提供普通电话业务或模拟租用线业务;另一种是数字接口,即 V5 接口,是一种提供对节点机的各种数据或各种宽带业务接口。

V5 接口是规范化的数字接口,允许用户与本地交换机直接以数字方式相连,消除了接入网在用户侧和交换机侧多余的 A/D 和 D/A 转换,提高了通信质量,使网络更加经济有效。根据连接的 PCM 链路数及 AN 具有的功能,V5 接口又分为 V5.1 接口和 V5.2 接口。V5.1 接口使用一条 PCM 基群线路连接 AN 和交换机,一般在连接小规模的 AN 时使用,所对应的AN 不包含集成功能。V5.2 接口支持多达 16 条 PCM 基群线路,具有集成功能,用于中规模和大规模的 AN 连接。V5.1 接口可以看成是 V5.2 接口的子集,V5.1 接口可以升级为 V5.2接口。

维护管理接口是电信管理网与接入网的标准接口,便于 TMN 对接入网实施管理功能。

9.1.3　接入网的特点

目前国际上倾向于将长途网和中继网合在一起称为核心网(core network)。相对于核心网而言,余下的部分称为用户接入网,用户接入网主要完成使用户接入核心网的任务。它具有以下特点。

（1）接入网主要完成复用、交叉连接和传输功能，一般不具备交换功能。它提供开放的 V5 标准接口，可实现与任何种类的交换设备的连接。

（2）光纤化程度高。接入网可以将其远端设备 ONU 放置在更接近用户处，使剩下需使用的铜线距离缩短，有利于减少投资和宽带业务的引入。

（3）对环境的适应能力强。接入网的远端室外型设备 ONU 可以适应各种恶劣的环境，无需严格的机房环境要求，甚至可搁置在室外，有利于减少建设维护费用。

（4）提供各种综合业务。接入网除接入交换业务外，还可接入数据业务、视频业务以及租用业务等。

（5）组网能力强。网络拓扑结构多样，组网能力强大。接入网的网络拓扑结构有总线型、环型、单星型、双星型、链型、树型等多种形式，可以根据实际情况进行灵活多样的组网配置。

（6）可采用 HDSL、ADSL、有源或无源光网络、HFC 和无线网等多种接入技术。

（7）接入网可独立于交换机进行升级，灵活性高，有利于引入新业务和向宽带网过渡。

（8）接入网提供了功能较为全面的网管系统，实现对接入网内所有设备的集中维护以及环境监控等，并可通过相应的协议接入本地网网管中心，给网管带来方便。

9.1.4 接入网的功能结构和分层模型

1. 接入网的功能结构

接入网的功能结构如图 9-6 所示，它主要完成用户端口功能（UPF）、业务端口功能（SPF）、核心功能（CF）、传送功能（TF）和 AN 系统管理功能（SMF）。

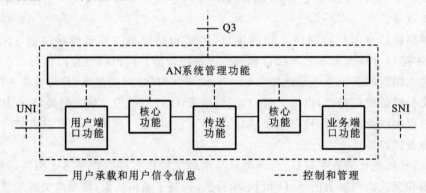

图 9-6 接入网的功能结构

1）用户端口功能

用户端口功能（user port function，UPF）的主要作用是将特定的 UNI 要求与核心功能和管理功能相适配。接入网可以支持多种不同的接入业务并要求特定功能的用户网络接口。具体的 UNI 要根据相应接口规定和接入承载能力的要求，即传送信息和协议的承载来确定。其具体功能包括：与 UNI 功能的终端相连接、A/D 转换、信令转换、UNI 的激活/去激活、UNI 承载通路/能力处理、UNI 的测试和控制功能。

2）业务端口功能

业务端口功能（service port function，SPF）直接与业务节点接口相连，其主要作用是将特定的 SNI 要求与公用承载通路相适配，以便核心功能处理，同时还负责选择收集有关的信息，以便在 AN 系统管理功能中进行处理。其具体功能包括：终结 SNI 功能、将承载通路的需要和即时的管理及操作映射进核心功能、特殊 SNI 所需的协议映射、SNI 测试和 SPF 的维护、管理和控制功能。

3）核心功能

核心功能（core function，CF）处于 UPF 和 SPF 之间，主要作用是将个别用户口承载通路或业务口承载通路的要求与公用承载通路相适配，另外还负责对协议承载通路的处理。核心功能可以分散在 AN 中。其具体功能包括：接入的承载处理、承载通路集中、信令和分组信息的复用、对 ATM 传送承载的电路模拟、管理和控制功能。

4）传送功能

传送功能（transport function，TF）的主要作用是为 AN 中不同地点之间提供网络连接和传输媒质适配。其具体功能包括：复用功能、业务疏导和配置的交叉连接功能、管理功能、物理媒质功能。

5）接入网系统管理功能

接入网系统管理功能（access network-system management function，AN-SMF）的主要作用是协调 AN 内其他 4 个功能（UPF、SPF、CF 和 TF）的指配、操作和维护，同时也负责协调用户终端（经过 UNI）和业务节点（经过 SNI）的操作功能。其具体功能包括：配置和控制、指配协调、故障检测和指示、使用信息和性能数据收集、安全控制、对 UPF 及经 SNI 的 SN 的即时管理及操作请求的协调、资源管理。

AN-SMF 经 Q3 接口与 TMN 通信，以便接受监视或控制，同时为了实施控制的需要也经 SNI 与 SN-SMF 进行通信。

2. 接入网的分层模型

接入网的分层模型用来定义接入网中各实体间的互联关系，该模型由接入承载处理功能层（AF）、电路层（CL）、传输通道层（TP）、传输媒质层（TM）以及层管理和系统管理组成，如图 9-7 所示。其中，接入承载处理功能层是接入网所特有的，这种分层模型对于简化系统设计、规定接入网 Q3 接口的管理目标是非常有用的。

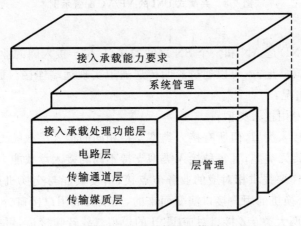

图 9-7　接入网的分层模型

接入网中各层对应的内容如下。

（1）接入承载处理功能层：用户承载体、用户信令、控制、管理等。

（2）电路层：电路模式、分组模式、帧中继模式、ATM 模式等。

（3）传输通道层：PDH、SDH、ATM 等。

（4）传输媒质层：双绞电缆系统（HDSL、ADSL 等）、同轴电缆系统、光纤接入系统、无线接入系统、混合接入系统等。

9.1.5　接入网的接口及业务

1. 接入网的接口

接入网有 3 类主要接口，即用户网络接口、业务节点接口和维护管理接口。

1）UNI

用户网络接口（UNI）是用户和网络之间的接口，位于接入网的用户侧，支持多种业务的接入，如模拟电话接入、N-ISDN 业务接入、B-ISDN 业务接入以及数字或模拟租用线业务的接入等。对于不同的业务，采用不同的接入方式，对应不同的接口类型。

UNI 分为两种类型，即独立式 UNI 和共享式 UNI。独立式 UNI 是指一个 UNI 仅能支持一个业务节点，共享式 UNI 是指一个 UNI 可以支持多个业务节点的接入。

共享式 UNI 的连接关系如图 9-8 所示。由图 9-8 中可以看到，一个共享式 UNI 可以支持多个逻辑接入，每个逻辑接入通过不同的 SNI 连向不同的业务节点，不同的逻辑接入由不同的用户口功能（UPF）支持。系统管理功能（SMF）控制和监视 UNI 的传输媒质层并协调各个逻辑 UPF 和相关 SN 之间的操作控制要求。

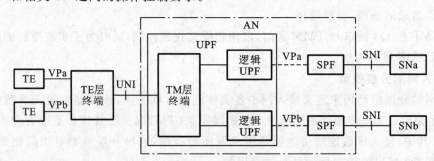

图 9-8　共享式 UNI 的 VP/VC 配置示例

2）SNI

业务节点接口（SNI）是 AN 和一个 SN 之间的接口，位于接入网的业务侧。如果 AN-SNI 侧和 SN-SNI 侧不在同一地方，可以通过透明传送通道实现远端连接。通常，AN 需要支持的 SN 主要有以下 3 种情况：

（1）仅支持一种专用接入类型；

（2）可支持多种接入类型，但所有接入类型支持相同的接入承载能力；

（3）可支持多种接入类型，且每种接入类型支持不同的接入承载能力。

不同的用户业务需要提供相对应的业务节点接口，使其能与交换机相连。从历史发展的角度来看，SNI 是由交换机的用户接口演变而来的，交换机的用户接口分为模拟接口（Z 接口）和数字接口（V 接口）两大类。Z 接口对应 UNI 的模拟二线音频接口，可提供普通电话业务或模拟租用线业务。随着接入网的数字化和业务类型的综合化，Z 接口将逐步退出历史舞台，取而代之的是 V 接口。为了适应接入网内的多种传输媒质、多种接入配置和业务类型，V 接口经历了从 V1 接口到 V5 接口的发展，其中 V1～V4 接口的标准化程度有限，并且不支持综合业务接入。V5 接口是本地数字交换机数字用户接口的国际标准，它能同时支持多种接入业务，分为 V5.1 和 V5.2 接口以及以 ATM 为基础的 VB5.1 和 VB5.2 接口。

3）Q3

维护管理接口(Q3)是接入网(AN)与电信管理网(TMN)之间的接口。作为电信网的一部分,接入网的管理应纳入 TMN 的管理范畴。接入网通过 Q3 接口与 TMN 相连来实施 TMN 对接入网的管理与协调,从而提供用户所需的接入类型及承载能力。实际组网时,AN 往往先通过 Qx 接口连至协调设备(MD),再由 MD 通过 Q3 接口连至 TMN。

2. 接入网支持的业务

接入网为用户提供的业务是由业务节点来支持的,接入网的业务节点有两类:一类是支持单一业务的业务节点;另一类是支持一种以上业务的业务节点,即组合业务节点。业务节点提供的业务如下。

(1) 本地交换业务:包括 PSTN 业务、N-SDN 业务、B-SDN 业务和分组数据业务等。

(2) 租用线业务:包括基于电路模式的租用线业务、基于 ATM 的租用线业务和基于分组模式的租用线业务等。

(3) 按需的数字视频和音频业务。

(4) 广播的视频和音频业务,包括数字业务和模拟业务。

9.1.6　接入网的分类

接入网的分类方法有很多种,可以按传输媒质分类,也可以按拓扑结构分类,或者按使用技术、接口标准、业务带宽、业务种类等分类。通常,接入网可以分为:基于普通电话线的xDSL 接入、光纤和同轴电缆相结合的混合网络 HFC、光纤接入系统和宽带无线接入系统等。这些接入网络既可单独使用,也可以混合使用。

1. 基于公共电话线的 xDSL 接入

用户线上的 xDSL 可以分为 IDSL(ISDN 数字用户环路)、HDSL(两对线双向对称传输 2 Mb/s的高速数字用户环路)、SDSL(一对双向对称传输 2 Mb/s 的数字用户环路,传输距离比 HDSL 的稍短)、VDSL(甚高速数字用户环路)、ADSL(不对称数字用户环路)。上述系统都采用点到点拓扑结构。

2. 同轴电缆上的 HFC/SDV 接入系统

HFC/SDV 都是基于混合光纤同轴电缆接入系统,HFC 是双向接入传输系统,SDV 是可交换的数字视频接入系统,它在同轴电缆上只传下行信号。HFC/SDV 的拓扑结构可以是树型或总线型,下行方向通常是广播方式。HFC/SDV 在下行方向上可以混合传送模拟信号和数字信号。

3. 光纤接入系统

光纤接入系统可分为有源系统和无源系统。有源系统有基于准同步数字系统 PDH(plesiochronous digital hierarchy)的,也有基于同步数字系列 SDH(synchronous digital hierarchy)的。拓扑结构可以是环型、总线型、星型或者它们的混合型,也有点到点的应用;无源系统即 PON(无源光网络),有窄带和宽带之分,目前,宽带 PON 已经实现标准化的是基于 ATM 的 PON,即 APON。PON 的下行是一点到多点系统,上行为多点对一点,因此上行需要解决多用户争用问题,目前 PON 的上行多采用 TDMA 技术。

4. 无线接入系统

无线接入系统通常指固定无线接入(FWA),根据其技术来自无绳电话、集群电话、蜂窝移动通信、微波通信或卫星通信等可分为很多类,对应的频段、容量、业务带宽和覆盖范围各异。

无线接入主要的工作方式是一点到多点,上行解决多用户争用的技术有 FDMA(频分多址)、TDMA(时分多址)和 CDMA(码分多址),从频谱效率看 CDMA 最好,TDMA 次之。

无线宽带接入还采用三代移动通信技术,如 TD-SCDMA、CDMA2000 和 WCDMA(宽带码分多址)等。

总之,从目前通信网络的发展状况和社会需求可以看出,未来接入网的发展趋势是网络数字化、业务综合化和 IP 化、传输宽带化和光纤化,在此基础上,实现对网络的资源共享、灵活配置和统一管理。

9.2　网络接口层协议

在 Internet 接入方式中,用户通过操作系统中的拨号网络软件,使用调制解调器,采用拨打电话到 ISP 的方法建立一个物理连接,然后在 ISP 和用户之间建立一个 PPP(Point to Point Protocol)的会话,通过 PPP 对用户进行认证、分配 IP 地址以及协商其他通信的细节问题,之后用户才可以接入 Internet。宽带的接入过程也与之相似,它使用 PPPoE 实现宽带接入。

PPPoE(Point to Point over Ethernet)是基于局域网的点对点通信协议,它继承了以太网的快速和 PPP 拨号的简捷、用户验证、IP 分配等优势。PPPoE 协议使用户操作更加简单,终端用户无需了解局域网技术,只需采用普通拨号上网方式,ISP 也不需要对现有局域网做大面积改造。这使得在宽带接入服务中 PPPoE 比其他协议更具有优势,因此逐渐成为宽带上网的最佳选择。在实际应用中,PPPoE 利用以太网的工作原理,将 ADSL Modem 的 10Base-T 接口与内部以太网互联,在 ADSL Modem 中采用 RFC 1483 标准的桥接封装方式对终端发出的 PPP 包进行封装后,通过永久性虚电路 PVC 连接 ADSL Modem,建立连接实现 PPP 的动态接入,实现以太网上多用户的共同接入。基于 PPPoE 的宽带接入如图 9-9 所示。

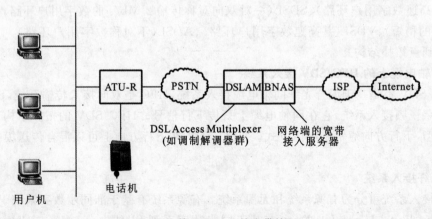

图 9-9　基于 PPPoE 的宽带接入

PPPoE 提供了一种理想的接入方案:通过一个简单的共享接入设备(如 ADSL Modem、Cable Modem、交换机或路由器等)将多个客户网段接入宽带骨干网。多个客户端可以使用 PPPoE 协议建立对多个目的端的 PPP 会话。在这个模型中,每个客户网段使用各自的 PPP 协议栈,用户接口相同。访问控制、计费管理和提供的服务类型等级都是以用户为单位统计,而不是以网络为单位统计。

为了在以太网上提供这样一个点到点的连接,每一个 PPP 会话都必须知道目的端的以太网地址,以便建立一个唯一的会话标记,PPPoE 通过一个发现协议来实现这种功能。PPPoE 的基本帧结构如图 9-10 所示。

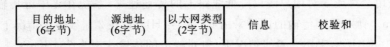

目的地址 (6字节)	源地址 (6字节)	以太网类型 (2字节)	信息	校验和

图 9-10 PPPoE 的基本帧结构

PPPoE 的运行包含发现和 PPP 会话两个阶段。在发现阶段,用户主机以广播方式寻找可以连接的接入集线器,并获得其以太网 MAC 地址,然后选择需要连接的主机并确定所要建立的 PPP 会话标志。在 PPP 会话阶段,用户主机与接入集线器运用 PPP 会话连接参数进行 PPP 会话。一旦一个 PPP 会话建立,客户端和接入集线器都必须为一个 PPP 虚拟接口分配资源,建立起数据的传输链路。

9.3 铜线接入技术

多年来,电信网主要采用铜线向用户提供电话业务,即从本地端局至各用户之间的传输线主要是双绞铜线对。这种设计主要是为传送 300～3400 Hz 的语音模拟信号设计的,图 9-11 所示的是典型双绞线的传输特性。可以看出,其高频性能较差,在 80 kHz 的线路衰减达到 50 dB。现有的 Modem 的最高传输速率为 56 Kb/s,已经接近香农定律所规定的电话线信道的理论容量。

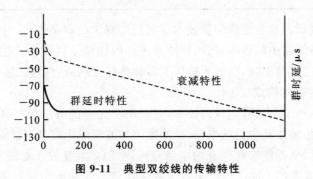

图 9-11 典型双绞线的传输特性

鉴于这种以铜线接入网为主的状况还将持续相当长的一段时间,因此,应该充分利用这些资源,满足用户对高速数据、视频业务日益增长的需求。

在各类铜线接入技术中,数字线对增容技术(DPG)是近年来提出并得到应用的一种技术,但其速率太低,无法满足宽带业务的要求。因此,目前对铜线接入的研究主要集中在速率较高的各种数字用户线(xDSL)技术上。xDSL 技术采用先进的数字信号自适应均衡技术、回波抵消技术和高效的编码调制技术,在不同程度上提高了双绞铜线对的传输能力。

9.3.1 高速数字用户线技术

高比特率数字用户线(HDSL)是 ISDN 编码技术研究的产物。1988 年 12 月,Bellcore 首次提出了 HDSL 的概念。1990 年 4 月,电气与电子工程师协会(IEEE)TIEI.4 工作组就该主题展开讨论,并列为研究项目。之后,Bellcore 向 400 多家厂商发出技术支持的呼吁,从而展开了对 HDSL 的广泛研究。Bellcore 于 1991 年制定了基于 T1(1.544 Mb/s)的 HDSL 标准,欧洲电信标准学会(ETSI)也制定了基于 E1(2 Mb/s)的 HDSL 标准。

1. HDSL 关键技术

HDSL 采用 2 对或 3 对用户线以降低线路上的传输速率,系统在无中继传输情况下可实现传输 3.6 km。针对我国传输的信号采用 E1 信号,HDSL 在 2 对线传输情况下,每对线上的传输速率为 1168 Kb/s,采用 3 对线情况下,每对线上的传输速率为 784 Kb/s。

HDSL 利用 2B1Q 或 CAP 编码技术来提高调制效率,使线路上的码元速率降低。2B1Q 码是无冗余的 4 电平脉冲码,它是将两个比特分为一组,然后用一个四进制的码元来表示,编码规则如表 9-1 所示。由此可见,2B1Q 码属于基带传输码,但由于基带中的低频分量较多,容易造成时延失真,因此需要性能较高的自适应均衡器和回波抵消器。CAP 码采用无载波幅度相位调制方式,属于带通型传输码,它的同相分量和相位正交分量分别为 8 个幅值,每个码元含 4 b 信息,实现时将输入码流经串并变换分为两路,分别通过两个幅频特性相同、相频特性差 90°的数字滤波器,输出相加就可得到。由此可看出,CAP 码比 2B1Q 码带宽减少一半,传输速率提高一倍,但实现复杂、成本高。

表 9-1　2B1Q 码编码规则

第 1 位(符号位)	第 2 位(幅度位)	码元相对值
1	0	+3
1	1	+1
0	1	-1
0	0	-3

HDSL 采用回波抵消和自适应均衡技术等实现全双工的数字传输。回波抵消和自适应均衡技术可以消除传输线路中的近端串音、脉冲噪声和因线路不匹配而产生的回波对信号的干扰,均衡整个频段上的线路损耗,以便于适用于多种线路混联或有桥接、抽头的场合。

2. HDSL 系统的基本构成

HDSL 技术是一种基于现有铜线的技术,它采用了先进的数字信号自适应均衡技术和回波抵消技术,以消除传输线路中近端串音、脉冲噪声和波形噪声以及因线路阻抗不匹配而产生的回波对信号的干扰,从而能够在现有的电话双绞铜线(2 对线或 3 对线)上提供准同步数字序列(PDH)一次群速率(T1 或 E1)的全双工数字连接。它的无中继传输距离可达 3~5 km(使用 0.4~0.5 mm 的铜线)。

HDSL 系统构成如图 9-12 所示。HDSL 系统规定了一个与业务和应用无关的 HDSL 接入系统的基本功能配置。它是由两台 HDSL 收发信机和 2 对(或 3 对)铜线构成。两台 HDSL 收发信机中的一台位于局端,另一台位于用户端,可提供 2 Mb/s 或 1.5 Mb/s 速率的透明传输能力。位于局端的 HDSL 收发信机通过 G.703 接口与交换机相连,提供系统网络侧与业务节点(交换机)的接口,并将来自交换机的 E1(或 T1)信号转变为 2 路或 3 路并行低速信号,再通过 2 对(或 3 对)铜线的信息流透明地传送给位于远端(用户端)的 HDSL 收发信机。位于远端的 HDSL 收发信机将收到来自交换机的 2 路(或 3 路)并行低速信号恢复为 E1(或 T1)信号送给用户。在实际应用中,远端机可能提供分接复用、集中或交叉连接的功能。同样,该系统也能提供从用户到交换机的同样速率的反向传输。所以 HDSL 系统在用户与交换机之间,建立起 PDH 一次群信号的透明传输信道。

HDSL 系统由很多功能块组成,一个完整的系统参考配置如图 9-13 所示。

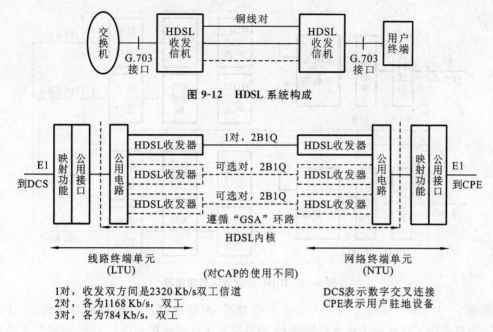

图 9-12　HDSL 系统构成

线路终端单元　　　　　　　　　　　　　　　　　网络终端单元
(LTU)　　　　　　　　(对CAP的使用不同)　　　　　　　(NTU)

1对，收发双方向是2320 Kb/s双工信道　　　　　DCS表示数字交叉连接
2对，各为1168 Kb/s，双工　　　　　　　　　　CPE表示用户驻地设备
3对，各为784 Kb/s，双工

图 9-13　HDSL 系统的参考配置

　　信息在局端机和远端机之间的传送过程为：从用户端发来的信息，首先进入应用接口，在应用接口，数据流集成在应用帧结构(G.703，32 时隙帧结构)中。然后进入映射功能块，映射功能块将具有应用帧结构的数据流插入 144 B 的 HDSL 帧结构中，发送端的核心帧被交给公用电路。在公用电路中，为了在 HDSL 帧中透明地传送核心帧，需加上定位、维护和开销比特。最后由 HDSL 收发器发送到线路上去。图 9-13 中的线路传输部分可以根据需要配置可选功能块再生器(regenerator，REG)。

　　在接收端，公用电路将 HDSL 帧数据分解为帧，并交给映射功能块；映射功能块将数据恢复成应用信息，通过应用接口传送至网络侧。

　　HDSL 系统的核心是 HDSL 收发信机，它是双向传输设备，图 9-14 所示的是其中一个方向的原理框图。

　　下面以 E1 信号传送为例来说明 HDSL 收发信机的原理。

　　发送机中的线路接口单元，对接收到的 E1(2.048 Mb/s)信号进行时钟提取和整形；E1 控制器进行 HDB3 解码和帧处理。HDSL 通信控制器将速率为 2.048 Mb/s 串行信号分成 2 路(或 3 路)，并加入必要的开销比特，再进行 CRC-6 编码和扰码，每路码速为 1168 Kb/s(或 784 Kb/s)，各形成一个新的帧结构。HDSL 发送单元进行线路编码。A/D 转换器进行滤波处理和预均衡处理。混合电路进行收发隔离和回波抵消处理，并将信号送到铜线对上。

　　接收机中混合电路的作用与发送机中的相同。A/D 转换器进行自适应均衡处理和再生判决。HDSL 接收单元进行线路解码。HDSL 通信控制器进行解扰、CRC-6 解码和去除开销比特，并将 2 路(或 3 路)并行信号合并为一路串行信号。E1 控制器恢复 E1 帧结构并进行 HDB3 编码。线路接口按照 G.703 要求选出 E1 信号。

　　由于 HDSL 采用了高速自适应数字滤波技术和先进的信号处理器，因而，它可以自动处理环路中的近端串音、噪声对信号的干扰、桥接和其他损伤，能适应多种混合线路或桥接条件。在没有再生中继器的情况下，传输距离可达 3～5 km。而原来的 1.5 Mb/s 或 2 Mb/s 数字链

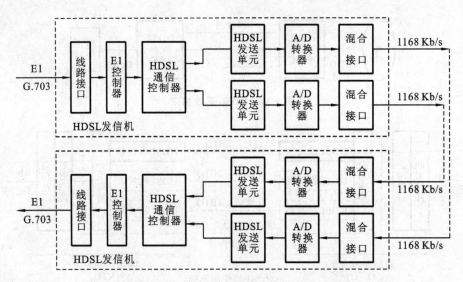

图 9-14　HDSL 收发信机原理框图

路每隔 0.8～1.5 km 就需要增设一个再生中继器,而且还要严格地选择测量线对。因此,HDSL 不仅提供了较长的无中继传输能力,而且简化了安装维护和设计工作,也降低了维护运行成本,可适用于所有加感环路。

关于 HDSL 系统的供电问题,通常这样处理:对于局端 HDSL 收发信机,采用本地供电;对于用户端的 HDSL 收发信机,可由用户端自行供电,也可由局端进行远程供电。目前,不少厂家已在 HDSL 系统中引入电源远程供电功能,从而方便了用户使用。

3. HDSL 的应用特点

HDSL 技术能在两对双绞铜线上透明地传输 E1 信号达 3～5 km。鉴于我国大中城市用户线平均长度为 3.4 km 左右,因此,在接入网中可广泛地基于铜缆技术的 HDSL 应用。

HDSL 系统既适合于点对点通信,也适合于点对多点通信。其最基本的应用是构成无中继的 E1 线路,它可充当用户的主干传输部分。HDSL 的主要应用在访问 Internet 服务器、装有铜缆设备的大学校园网、将中心 PBX(public branch exchange)延伸到其他办公场所、局域网扩展和连接光纤环、视频会议和远程教学应用、连接无线基站系统以及 ISDN 基群速率接入(primary rate access,PRA)等方面。

HDSL 系统可以认为是铜线接入业务(包括语音、数据及图像)的一个通用平台。目前,HDSL 系统具有多种应用接口,如 G. 703 与 G. 704 平衡与不平衡接口、V. 35、X. 21 及EIA503 等接口,以及会议电视视频接口。另外,HDSL 系统还有与计算机相连的 RS-232、RS-449 串行口,便于用计算机进行集中监控;还有 E1/T1 基群信号监测口,便于进行在线监测。在局端和远端设备上,可以进行多级环测和状态监视。状态显示有的采用发光二极管,有的采用液晶显示屏,这给维护工作带来较大方便。在实际使用中,这种具有多种应用接口的 HDSL传输系统更适合于业务需求多样化的商业地区及一些小型企业。当然,这种系统成本相对较高。

较经济的 HDSL 接入方式是采用现有的 PSTN 网,具有初期投资少、安装维护方便、使用灵活等特点。HDSL 局端设备放在交换局内,用户侧 HDSL 端机安放在 DP 点(用户分线盒)处,可为 30 个用户提供每户 64 Kb/s 的语音业务。配线部分使用双绞引入线,不需要加装中继器及其他相应的设备,也不必拆除线对原有的桥接配线,无需进行电缆改造和大规模的工程设计工作。但是,该接入方案由于提供的业务类型较单一,只是对于业务需求量较少的用户(如不太密集的普通住宅)较为适合。

HDSL 技术的一个重要发展是延长其传输距离和提高传输速率。例如,PalriGain 公司和 ORCKIT 公司提出另外一种增配 HDSL 再生中继器的系统。该系统利用增配的再生中继器,可以将传输距离增加 2～3 倍,这显然会增大 HDSL 系统的服务范围。根据应用需要,HDSL 系统还可用于一点对多点的星型连接,以实现对高速数据业务使用的灵活分配。在这种连接中,每一方向以单线对传输,其速率最大可达 784 b/s。另外,在短距离内(百米数量级),利用 HDSL 技术还可以再提高线路的传输比特率。甚高数字用户线(VHDSL)可以在 0.5 mm 线径的线路上,将速率为 13 Mb/s、26 Mb/s 或 52 Mb/s 的信号,甚至能将速率为 155 Mb/s 的 SDH 信号,或者 125 Mb/s 的 FDDI(fiber distributed data interface)信号传送数百米远。因此,它可以作为宽带 ATM 的传输媒质,给用户开通图像业务和高速数据业务。

总之,HDSL 系统的应用在不断发展,其技术也在不断提高,在铜线接入网甚至光纤接入网中将发挥越来越重要的作用。

4. HDSL 的局限性

尽管 HDSL 对服务提供商具有巨大的吸引力,但仍有一些制约因素,在有些情况下还不能使用。

最大的问题在于 HDSL 必须使用 2 对线或 3 对线。另外,由于各个生产商的产品之间的特性也还不兼容,使得互操作性无法实现,这就限制了 HDSL 产品的推广。Bellcore 和 ETSI 的规范中只规定了 HDSL 最基本的要点,使得许多 HDSL 产品的特性各不相同,从而导致产品之间的互操作性根本无法实现。服务提供商希望 HDSL 产品不依赖于生产商,并且保持产品之间的连续性。

另一方面的不利因素是用户无法得到更多的增值业务。HDSL 在长度超过 3.6 km 的用户线上运行时仍然需要中继器,有些 HDSL 的变种可以达到 5.49 km。但是,Bellcore 希望在更长的用户线上使用中继器。

9.3.2　非对称数字用户线技术

随着基于 IP 的 Internet 在世界的普及应用,具有宽带特点的各种业务,如 Web 浏览、远程教学、视频点播和电视会议等业务越来越受欢迎,这些业务除了具有宽带的特点外,还有一个特点就是上、下行数据流量不对称,在这种情况下,一种采用频分复用方式实现上、下行速率不对称的传输技术——非对称数字用户线(ADSL)由美国 Bellcore 提出,并在 1989 年后得到迅速发展。

ADSL 系统与 HDSL 系统一样,也是采用双绞铜钱对作为传输媒质,但 ADSL 系统可以提供更高的传输速率,可向用户提供单向宽带业务、交互式综合数据业务和普通电话业务。ADSL 与 HDSL 相比,其主要的优点是它只利用一对铜双绞线就能实现宽带业务的传输,为只具有一对普通电话线又希望具有宽带视像业务的分散用户提供服务。目前现有的一对电话双绞线能够支持 9 Mb/s 的下行速率和 640 Kb/s 的上行速率。

1. ADSL 的调制技术

ADSL 先后采用多种调制技术,如正交幅度调制(QAM)、无载波幅度相位调制(CAP)和离散多音频调制(DMT)技术,其中,DMT 是 ADSL 的标准线路编码,而 QAM 和 CAP 还处于标准化阶段,因此下面主要介绍 DMT 技术。

　　DMT 技术是一种多载波调制技术，它利用数字信号处理技术，根据铜线回路的衰减特性，自适应地调整参数，使误码和串音达到最小，从而使回路的通信容量最大。具体应用中，它把 ADSL 分离器以外的可用带宽（10 kHz～1 MHz 以上）划分为 255 个带宽为 4 kHz 的子信道，每个子信道相互独立，通过增加子信道的数目和每个子信道中承载的比特数目可以提高传输速率，即把输入数据自适应地分配到每个子信道上。如果某个子信道无法承载数据，就简单地关闭；对于能够承载传送数据的子信道，根据其瞬时特性，在一个码元包内传送数量不等的信息。这种动态分配数据的技术可有效提高频带平均传信率。

2. ADSL 的系统结构

1）系统构成

　　ADSL 的系统构成如图 9-15 所示，它是在一对普通铜线两端，各加装一台 ADSL 局端设备和一台远端设备而构成的。它除了向用户提供一路普通电话业务外，还能向用户提供一个中速双工数据通信通道（速率可达 576 Kb/s）和一个高速单工下行数据传送通道（速率可达 6～8 Mb/s）。

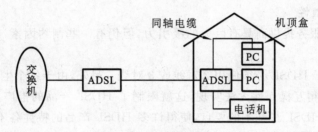

图 9-15　ADSL 系统构成

　　ADSL 系统的核心是 ADSL 收发信机（即局端机和远端机），其原理框图如图 9-16 所示。应当注意，局端的 ADSL 收发信机结构与用户端的不同。局端 ADSL 收发信机中的复用器（MUL）将下行高速数据与中速数据进行复接，经前向纠错（forward error correction，FEC）编码后送发信单元进行调制处理，最后经线路耦合器送到铜线上；线路耦合器将来自铜线的上行

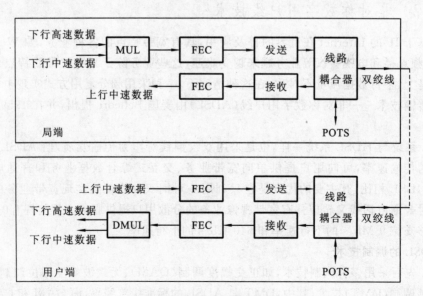

图 9-16　ADSL 收发信机原理

数据信号分离出来,经接收单元解调和 FEC 解码处理,恢复上行中速数据;线路耦合器还完成普通电话业务(POTS)信号的收、发耦合。用户端 ADSL 收发信机中的线路耦合器将来自铜线的下行数据信号分离出来,经接收单元解调和 FEC 解码处理,送分路器(DMUL)进行分路处理,恢复出下行高速数据和中速数据,分别送给不同的终端设备。来自用户终端设备的上行数据经 FEC 编码和发信单元的调制处理,通过线路耦合器送到铜线上。普通电话业务经线路耦合器进、出铜线。

中央交换局端模块包括在中心位置的 ADSL Modem 和接入多路复用系统。处于中心位置的 ADSL Modem 被称为 ATU-C(ADSL transmission unit central),接入多路复用系统中心 Modem 通常被组合成一个接入节点,该节点也被称为 DSLAM(DSL access multiplexer)。

远端模块由用户 ADSL Modem 和滤波器组成,如图 9-17 所示。用户 ADSL Modem 通常被称为 ATU-R。

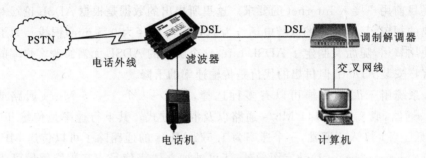

图 9-17　ADSL 终端连接图

2) 传输带宽

ADSL 基本上是运用频分复用(FDM)或回波抵消(EC)技术,将 ADSL 信号分割为多重信道。简单地说,一条 ADSL 线路(一条 ADSL 物理信道)可以分割为多条逻辑信道。图 9-18 所示的是这两种技术对带宽的处理。由图 9-18(a)可知,ADSL 系统是按 FDM 方式工作的。POTS 信道占据原来 4 kHz 以下的电话频段,上行数字信道占据 25～200 kHz 的中间频段(约 175 kHz),下行数字信道占据 200 kHz～1.1 MHz 的高端频段。

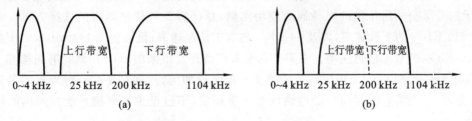

图 9-18　ADSL 的带宽分割方式

频分复用法将带宽分为两部分,分别分配给上行方向的数据和下行方向的数据使用。然后,再运用时分复用(time division multiplexing,TDM)技术将下载部分的带宽分为一个以上的高速次信道(AS0、AS1、AS2、AS3)和一个以上的低速次信道(LS0、LS1、LS2),上传部分的带宽分割为一个以上的低速信道(LS0、LS1、LS2,对应于下行方向),这些次信道的数目最多为 7 个。FDM 方式的缺点是,下行信号占据的频带较宽,而铜线的衰减随频率的升高迅速增大,所以其传输距离有较大局限性。为了延长传输距离,需要压缩信号带宽。一种常用的方法是将高速下行数字信道与上行数字信道的频段重叠使用,两者之间的干扰用非对称回波抵消器予以消除。

由图 9-18(b)可见,回波抵消技术是将上行带宽与下行带宽产生重叠,再以局部回波消除的方法将两个不同方向的传输带宽分离,这种技术也用在一些模拟调制解调器上。

美国国家标准学会(ANSI)TI.413—1998 规定,ADSL 的下行(载)速率须支持 32 Kb/s 的倍数,从 32 Kb/s～6.144 Mb/s,上行(传)速率须支持 16 Kb/s 以及 32 Kb/s 的倍数,从 32～640 Kb/s。但现实的 ADSL 最高则可提供 1.5～9 Mb/s 的下载传输速率,以及 640 Kb/s ～1.536 Mb/s 的上传传输速率,视线路的长度而定,也就是从用户到网络服务提供商(network service provider,NSP)的距离对传输的速度有绝对影响。ANSI TI.413 规定,ADSL 在传输距离为 2.7～3.7 km 时,下行速率为 6～8 Mb/s,上行速率为 1.5 Mb/s(与铜线的规格有关);在传输距离为 4.5～5.5 km 时,下行速率降为 1.5 Mb/s,上行速率为 64 Kb/s。换句话说,实际传输速度需视线路的质量而定,从 ADSL 的传输速率和传输距离上看,ADSL 都能够较好地满足目前用户接入 Internet 的要求。这里所提出的数据是根据 ADSL 论坛对传输速度与线路距离的规定,其所使用的双绞电话线为 AWG24(线径为 0.5 mm)铜线。为了降低用户的安装和使用费用,随后又制定了 ADSL Lite,这个版本的 ADSL 无需修改客户端的电话线路便可以为客户安装 ADSL,但付出的代价是传输速率的下降。

ADSL 系统用于图像传输可以有多种选择,如 1～4 个 1.536 Mb/s 通路或 1～2 个 3.072 Mb/s通路,或 1 个 6.144 Mb/s 通路以及混合方式。其下行速率是传统 T1 速率的 4 倍,成本也低于 T1 接入。通常,一个速率为 1.5/2 Mb/s 的通路除了可以传送 MPEG-1(motion pictures experts group 1)数字图像外,还可外加立体声信号。其图像质量可达录像机水平,传输距离可达 5 km 左右。如果利用速率为 6.144 Mb/s 的通路,则可以传送一路MPEG-2 数字编码图像信号,其质量可达演播室水准,在 0.5 mm 线径的铜线上传输距离可达 3.6 km。有的厂家生产的 ADSL 系统,还能提供 8.192 Mb/s 下行速率通路和 640 Kb/s 双向速率通路,从而可支持 2 个 4 Mb/s 广播级质量的图像信号传送。当然,传输距离要比 6.144 Mb/s 通路减少 15% 左右。

ADSL 可非常灵活地提供带宽,网络服务提供商能以不同的配置包装销售 ADSL 服务,通常为 256 Kb/s～1.536 Mb/s。当然也可以提供更高的速率,但仍是以上述的速率为主。表 9-2 所示的是某公司所推出的网易通的应用实例,总计有 5 种传输等级的选择方案。最低的带宽为 512 Kb/s 的下载速率,以及 64 Kb/s 的双工信道速率;最高为 6.144 Mb/s 的下载速率以及 640 Kb/s 的双工信道速率。事实上有很多厂商开发出来的 ADSL 调制解调器都已超过 8 Mb/s的下载速率以及 1 Mb/s 的上传速率。但无论如何,这些都是在一种理想的条件下测得的数据,实际上需要根据用户的电话线路质量而定,不过至少必须满足前面列出的标准才行。

表 9-2　ADSL 的传输分级

传输分级	一	二	三	四	五
下载速率	512 Kb/s	768 Kb/s	1536 Kb/s	3.072 Mb/s	6.144 Mb/s
上传速率	64 Kb/s	128 Kb/s	384 Kb/s	512 Kb/s	640 Kb/s

另外,互联网络以及相配合的局域网也可改变这种接入网的结构。由于网络服务提供商已经了解到,第 3 层(L3)网络协议的 Internet 协议(IP)掌握了现有的专用网和互联网,因此,它们必须建立接入网来支持 Internet 协议;而网络服务提供商同时也察觉到第 2 层(L2)网络

协议的异步转移模式(ATM)的潜力,可支持未来包括数据、视频、音频的混合式服务,以及服务质量(QoS)的管理(特别是在时延参数和延迟变化方面)。因此,ADSL 接入网将会沿着 ATM 的多路复用和交换逐渐进化,以 ATM 为主的网络将会改进传输 IP 信息的效率,ADSL 论坛和 ANSI 都已经将 ATM 列入 ADSL 的标准中。

3. 影响 ADSL 性能的因素

影响 ADSL 系统性能的因素主要有以下几个。

1) 衰耗

衰耗是指在传输系统中,发射端发出的信号经过一定距离的传输后,其信号强度都会减弱。ADSL 传输信号的高频分量通过用户线时,衰减更为严重。例如,一个 2.5 V 的发送信号到达 ADSL 接收机时,幅度仅能达到毫伏级。这种微弱信号很难保证可靠接收所需要的信噪比,因此,有必要进行附加编码。在 ADSL 系统中,信号的衰耗同样与传输距离、传输线径以及信号所在的频率点有密切关系。传输距离越远,频率越高,其衰耗越大;线径越粗,传输距离越远,其衰耗越小,但所耗费的铜越多,投资也就越大。

现在,有些电信部门已经开始铺设 0.6 mm 或直径更大的铜线,以提供速度更高的数据传输。在 ADSL 实际应用中,衰耗值已经成为必须测试的内容,同时也是衡量线路质量好坏的重要因素。用户端设备与局端设备距离的增加而引起的衰耗加大,将直接导致传输速率的下降。在实际测量中,线间环阻无疑是衡量传输距离远近的重要参数。例如,在同等情况下,实际测得线间环阻为 245 Ω 时,其衰耗值为 18 dB;线间环阻为 556 Ω 时,其衰耗值将增大到 33 dB。

衰耗在所难免,但又不能一味增加发射功率来保证收端信号的强度。随着功率的增加,串音等其他干扰对传输质量的影响也会加大,而且,还有可能干扰邻近无线电通信。对于各 ADSL 生产厂家,一般其 Modem 的衰耗适应范围为 0~55 dB。

2) 反射干扰

桥接抽头是一种伸向某处的短线,非终接的抽头发射能量,降低信号的强度,并成为一个噪声源。从局端设备到用户,至少有两个接头(桥节点),每个接头的线径也会相应改变,再加上电缆损失等造成阻抗的突变会引起功率反射或反射波损耗。在语音通信中其表现是回声,而在 ADSL 中复杂的调制方式很容易受到反射信号的干扰。目前大多数都采用回波抵消技术,但当信号经过多处反射后,回波抵消就变得几乎无效了。

3) 串音干扰

由于电容和电感的耦合,处于同一主干电缆中的双绞线发送器的发送信号可能会串入其他发送端或接收器,造成串音。串音一般分为近端串音和远端串音。串音干扰发生于缠绕在一个束群中的线对间干扰。对于 ADSL 线路来说,传输距离较长时,远端串音经过信道传输将产生较大的衰减,对线路影响较小,而近端串音一开始就干扰发送端,对线路影响较大。当传输距离较短时,远端串音造成的失真很大,尤其是当一条电缆内的许多用户均传输这种高速信号时,干扰尤为显著,而且会限制这种系统的回波抵消设备的作用范围。此外,串音干扰作为频率的函数,随着频率升高其增长很快。ADSL 使用的是高频,会产生严重后果。因而,在同一个主干上,最好不要有多条 ADSL 线路或频率差不多的线路。

4) 噪声干扰

传输线路可能受到若干形式噪声干扰的影响,为达到有效的数据传输,应确保接收信号的强度、动态范围、信噪比在可接受的范围之内。噪声产生的原因很多,可能是家用电器的开关、电话摘机和挂机以及其他电动设备的运动等,这些突发的电磁波将会耦合到 ADSL 线路中,引起突发错误。由于 ADSL 是在普通电话线的低频语音上叠加高频数字信号,因而从电话公司到 ADSL 分离器这段连接中,加入任何设备都将影响数据的正常传输,故在 ADSL 分离器之前不要并接电话和加装电话防盗器等设备。目前,从电话公司接线盒到用户电话这段线很多都是平行线,这对 ADSL 传输非常不利,大大降低了上网速率。例如,在同等情况下,使用双绞线下行速率可达到 852 Kb/s,而使用平行线下行速率只有 633 Kb/s。

9.4　混合光纤同轴接入网

混合光纤同轴接入网(HFC)是 1994 年由 AT&T 公司提出的一种宽带接入方式。这种方式将光纤用于干线部分来传输高质量的信号,配线网部分基本保留原有的树型模拟同轴电缆网。HFC 接入技术是宽带接入中技术最先成熟也是最先进入市场的,由于具有带宽宽、经济性较好等优点,在同轴电缆网络完善的国家和地区有着广阔的应用前景。

9.4.1　HFC 的系统结构

HFC 接入网是一种以模拟频分复用技术为基础,综合应用模拟和数字传输技术、光纤和同轴电缆技术、射频技术以及高度分布式智能技术的宽带接入网络,是 CATV 网和电信网结合的产物,也是将光纤逐渐推向用户的一种新的、经济的演进策略。它实际上是将现有光纤/同轴电缆混合组成的单向模拟 CATV 两改为双向网络,除了提供原有的模拟广播电视业务外,利用频分复用技术和专用电缆调制解调技术(Cable Modem)实现语音、数据和交互式视频等宽带双向业务的接入和应用。

HFC 的系统结构如图 9-19 所示。它由馈线网、配线网和用户引入线 3 部分组成。

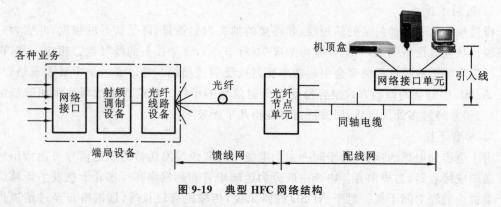

图 9-19　典型 HFC 网络结构

与传统 CATV 网相比,HFC 网络结构无论从物理上还是逻辑拓扑上都有重要变化。现代 HFC 网大多采用星型或总线型结构。

馈线网是指前端机至服务区光纤节点之间的部分,大致相当于 CATV 的干线段,由光缆线路组成,多采用星型结构。

配线网是指服务区光纤节点与分支节点之间的部分,类似于 CATV 网中的树型同轴电缆网。在一般光纤网络中服务区越小,各个用户可用的双向通信带宽越宽,通信质量就越好。但是,服务区小意味着光纤靠近用户,即成本上升。HFC 采用的是光纤和同轴电缆的混合接入方式,因此要选择一个最佳点。

引入线是指分支点至用户之间的部分,因而与传统的 CATV 网相同。

目前较为适宜的是在配线部分和引入线部分采用同轴电缆,光纤主要用于干线段。

HFC 采用副载波调制进行传输,以频分复用方式实现语音、数据、视频、图像的一体化传输,其最大的特点是技术上比较成熟,价格比较低廉,同时可实现宽带传输,能适应今后一段时间内的业务需求,并逐步向 FTTH(光纤到用户)过渡。无论是数字信号还是模拟信号,只要经过适当的调制和解调,都可以在该透明通道中传输,有很好的兼容性。

9.4.2　HFC 工作原理

HFC 系统综合采用调制技术和模拟传输技术,实现多种业务信息,如语音、视频、数据等的接入。如图 9-20 所示,当传输数字视频信号时,可用 QAM 正交幅度调制或 QPDM 正交频分复用;当传输语音或数据时,可用 QPSK 正交相移键控;当传送模拟电视信号时,可用 AMVSB 方式。调制复用后的信号经电/光转换形成调幅光信号,经光纤传送到光节点,在光节点进行光/电转换后,形成射频电信号,由同轴电缆送至分支点,利用用户终端设备中的解调器将射频信号恢复成基群信号,最后解出相应的语音、模拟视频信号或数字视频信号。

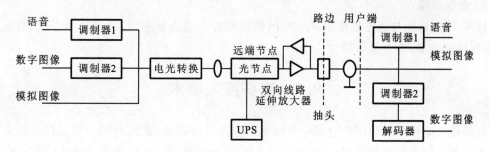

图 9-20　HFC 工作原理

HFC 采用副载波频分复用方式,将各种信号通过调制后同时在线路上传输,对其频谱必须有合理的安排。各类信号调制后的频谱安排如图 9-21 所示。从图 9-21 中可以看出,低端的 5～40 MHz 的频带安排为上行信道,主要用于传送电话信号;45～750 MHz 频段为下行信道,用来传输现有的模拟有线电视信号,每一通路带宽为 6～8 MHz,因而总共可以传 60～80 路电视信号;582～750 MHz 频段允许用来传输附加的模拟或数字 CATV 信号,支持 VOD 业务和数据业务。高端的 750～1000 MHz 频段仅用于各种双向通信业务,如个人通信业务。

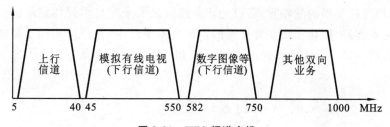

图 9-21　HFC 频谱安排

9.4.3　HFC 入网的特点

HFC 接入网可传输多种业务,具有较为广阔的应用领域,尤其是目前,绝大多数用户终端均为模拟设备(如电视机),与 HFC 的传输方式能够较好地兼容。

1. 传输频带较宽

HFC 具有双绞铜线对无法比拟的传输带宽,它的分配网络的主干部分采用光纤,其间可以用光分路器将光信号分配到各个服务区,在光节点处完成光/电转换,再用同轴电缆将信号分送到各用户家中,这种方式兼顾到提供宽带业务所需带宽及节省建立网络开支两个方面。

2. 与目前的用户设备兼容

HFC 网的最后一段是同轴网,它本身就是一个 CATV 网,因而视频信号可以直接进入用户的电视机,以保证现在大量的模拟终端可以使用。

3. 支持宽带业务

HFC 网支持全部现有的和发展的窄带及宽带业务,可以很方便地将语音、高速数据及视频信号经调制后送出,从而提供了简单的、能直接过渡到 FTTH 的演变方式。

4. 成本较低

HFC 网的建设可以在原有网络基础上改造,根据各类业务的需求逐渐将网络升级。例如,若想在原有 CATV 业务基础上增设电话业务,只需安装一个设备前端,以分离 CATV 和电话信号,而且何时需要何时安装,十分方便与简洁。

5. 全业务网

HFC 网的目标是能够提供各种类型的模拟和数字通信业务,包括有线和无线、数据和语音、多媒体业务等,即全业务网。

9.5　光纤接入技术

光纤接入是指局端与用户之间完全以光纤作为传输媒质,来实现用户信息传送的应用形式。光纤接入网或称光接入网(optical access network,OAN)就是采用光纤传输技术的接入网,泛指本地交换机或远端模块与用户之间采用光纤通信或部分采用光纤通信的系统。通常,OAN 指采用基带数字传输技术,并以传输双向交互式业务为目的的接入传输系统,将来应能以数字或模拟技术升级传输宽带广播式和交互式业务。

光纤具有频带宽(可用带宽达 50 THz)、容量大、损耗小、不易受电磁干扰等突出优点,早已成为骨干网的主要传输手段。随着技术的发展和光缆、器件成本的下降,光纤技术逐渐渗透到接入网应用中,并在 IP 网络业务和各类多媒体业务需求的推动之下,得到了极为迅速的发展。

我国接入网当前发展的战略重点,已经转向能满足未来宽带多媒体需求的宽带接入领域(网络"瓶颈"之所在)。而在实现宽带接入的各种技术手段中,光纤接入网是最能适应未来发展的解决方案,特别是 ATM 无源光网络(ATM-PON)几乎是综合宽带接入的一种经济有效的方式。

9.5.1　光纤接入网系统的基本配置

光纤接入网系统的基本配置如图 9-22 所示。光纤最重要的特点是:它可以传输很高速率的数字信号,容量很大,并可以采用波分复用(WDM)、频分复用(FDM)、时分复用(TDM)、空分复用(SDM)和副载波复用(SCM)等各种光的复用技术来进一步提高光纤的利用率。

从图 9-22 中可以看出,从给定网络接口(V 接口)到单个用户接口(T 接口)之间的传输手段的总和称为接入链路。利用这一概念,可以方便地进行功能和规程的描述以及规定网络需求。通常,接入链路的用户侧和网络侧是不一样的,因而是非对称的。光接入传输系统可以看作是一种使用光纤的具体实现手段,用以支持接入链路。因此,光接入网可以定义为:共享同样网络侧接口且由光接入传输系统支持的一系列接入链路,由光线路终端(optical line terminal,OLT)、光配线网络/光配线终端(optical distributing network/optical distributing terminal,ODN/ODT)、光网络单元(optical network unit,ONU)及相关适配功能(adaptation function,AF)设备组成,还可能包含若干个与同一 OLT 相连的 ODN。

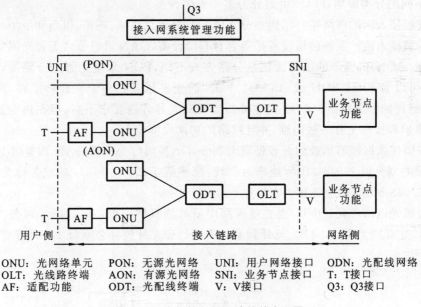

图 9-22 光纤接入网系统的基本配置

OLT 的作用是为光接入网提供网络侧与本地交换机之间的接口,并经一个或多个 ODN 与用户侧的 ONU 通信。OLT 与 ONU 的关系为主从通信关系,OLT 可以分离交换和非交换业务,管理来自 ONU 的信令和监控信息,为 ONU 和本身提供维护和指配功能。OLT 可以直接设置在本地交换机接口处,也可以设置在远端。OLT 在物理上可以是独立设备,也可以与其他功能集成在一个设备内。

ODN 为 OLT 与 ONU 之间提供光传输手段,其主要功能是完成光信号功率的分配任务。ODN 是由无源光元件(如光纤光缆、光连接器和光分路器等)组成的纯无源的光配线网,呈树型结构。ODT 的作用与 ODN 的相同,主要区别在于 ODT 是由光有源设备组成的。

ONU 的作用是为光接入网提供直接的或远端的用户侧接口,处于 ODN 的用户侧。ONU 的主要功能是终结来自 ODN 的光纤,处理光信号,并为多个小企业用户和居民用户提供业务接口。ONU 的网络侧是光接口,而用户侧是电接口。因此,ONU 需要有光/电和电/光转换功能,还要完成对语音信号的 D/A 和 A/D 转换、复用信令处理和维护管理功能。ONU 的位置有很大灵活性,既可以设置在用户住宅处,也可设置在 DP(配线点)处,甚至 FP(灵活点)处。

AF 为 ONU 和用户设备提供适配功能,具体物理实现既可以包含在 ONU 内,也可以完全独立。以光纤到路边(fiber to the curb,FTTC)为例,ONU 与 NT1(network termination 1,相当于 AF)在物理上就是分开的。当 ONU 与 AF 独立时,则 AF 还要提供在最后一段引入线上的业务传送功能。

随着信息传输向全数字化过渡,光接入方式必然成为宽带接入网的最终解决方法。目前,用户网光纤化主要有两个途径:一是基于现有电话铜缆用户网,引入光纤和光接入传输系统改造成光接入网;二是基于有线电视(CATV)同轴电缆网,引入光纤和光传输系统改造成光纤/同轴混合(hybrid fiber coaxial,HFC)网。

9.5.2 光纤接入网的种类

根据不同的分类原则,OAN 可划分为多个不同种类。

(1) 按照接入网的网络拓扑结构划分,OAN 可分为总线型、环型、树型和星型等。

(2) 按照接入网的室外传输设备是否含有有源设备,OAN 可以分为无源光网络(PON)和有源光网络(AON)。两者的主要区别是分路方式不同,PON 采用无源光分路器,AON 采用电复用器(可以为 PDH、SDH 或 ATM)。PON 的主要特点是易于展开和扩容,维护费用较低,但对光器件的要求较高。AON 的主要特点是对光器件的要求不高,但在供电及远端电器件的运行维护和操作上有一些困难,并且网络的初期投资较大。

(3) 按照接入网能够承载的业务带宽来划分,OAN 可分为窄带 OAN 和宽带 OAN 两类。窄带和宽带的划分以 2.048 Mb/s 速率为界线,速率低于 2.048 Mb/s 的业务称为窄带业务,速率高于 2.048 Mb/s 的业务称为宽带业务。

(4) 按照光网络单元(ONU)在光接入网中所处的具体位置不同,OAN 可分为光纤到路边(FTTC)、光纤到大楼(FTTB)、光纤到家(FTTH)和光纤到办公室(FTTO)等应用类型,如图 9-23 所示。

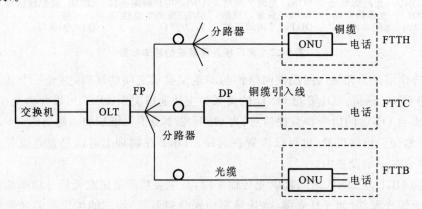

图 9-23 光纤接入网的应用类型

① 光纤到路边(FITC):在 FTTC 结构中,ONU 设置在路边的入孔或电线杆上的分线盒处,有时也可能设置在交接箱处。此时从 ONU 到各个用户之间的部分仍为双绞线铜缆。若要传送宽带图像业务,则除了距离很短的情况外,这一部分可能会需要同轴电缆。这样 FTTC 将比传统的数字环路载波(DLC)系统的光纤化程度更靠近用户,增加了更多的光缆共享部分。

② 光纤到大楼(FTTB):FTTB 也可以看作是 FTTC 的一种变形,不同之处在于将 ONU 直接放到楼内(通常为居民住宅公寓或小企业单位办公楼),再经多对双绞线将业务分送给各个用户。FTTB 是一种点到多点结构,通常不用于点到点结构。FTTB 的光纤化程度比 FTTC 更进一步,光纤已敷设到楼,因而更适用于高密度区,也更接近于长远发展目标。

③ 光纤到家(FTTH)和光纤到办公室(FITO):在原来的 FTTC 结构中,如果将设置在路边的 ONU 换成无源光分路器,然后将 ONU 移到用户房间内即为 FTTH 结构。如果将 ONU

放在办公大楼的终端设备处并能提供一定范围的灵活的业务,则构成光纤到办公室(FTTO)结构。FTTO 主要用于企事业单位的用户,业务量需求大,因而适用于点到点或环型结构。而 FTTH 用于居民住宅用户,业务量较小,因而经济的结构必须是点到多点方式。总的看来,FTTH 结构是一种全光纤网,即从本地交换机到用户全部为光连接,中间没有任何铜缆,也没有有源电子设备,是真正完全透明的网络。

9.5.3　无源光网络接入技术

在 PON 中采用 ATM 技术,就成为 ATM 无源光网络(ATM-PON,APON)。PON 是实现宽带接入的一种常用网络形式,电信骨干网绝大部分采用 ATM 技术进行传输和交换,显然,无源光网络的 ATM 化是一种自然的做法。APON 将 ATM 的多业务、多比特速率能力和统计复用功能与无源光网络的透明宽带传送能力结合起来,从长远来看,这是解决电信接入"瓶颈"的较佳方案。APON 实现用户与 4 个主要类型业务节点之一的连接,即 PSTN/ISDN 窄带业务、B-ISDN 宽带业务、非 ATM 业务(数字视频付费业务)和 Internet 的 IP 业务。

APON 的模型结构如图 9-24 所示。其中,UNI 为用户网络接口,SNI 为业务节点接口,ONU 为光网络单元,OLT 为光线路终端。

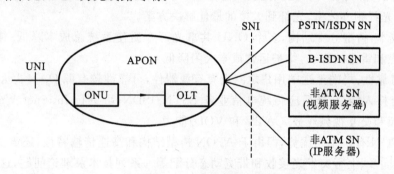

图 9-24　APON 模型结构

PON 是一种双向交互式业务传输系统,它可以在业务节点(SNI)和用户网络节点(UNI)之间以透明方式灵活地传送用户的各种不同业务。基于 ATM 的 PON 接入网主要由光线路终端 OLT(局端设备)、光分路器(Splitter)、光网络单元 ONU(用户端设备),以及光纤传输媒质组成。其中 ODN 内没有有源器件。局端到用户端的下行方向,由 OLT 通过分路器以广播方式发送 ATM 信元给各个 ONU。各个 ONU 则遵循一定的上行接入规则将上行信息同样以信元方式发送给 OLT,其关键技术是突发模式的光收发机、快速比特同步和上行的接入协议(媒质访问控制)。ITU-T 于 1998 年 10 月通过了有关 APON 的 G.983.1 建议。该建议提出下行和上行通信分别采用 TDM 和 TDMA 方式来实现用户对同一光纤带宽的共享。同时,主要规定标称线路速率、光网络要求、网络分层结构、物理媒质层要求、会聚层要求、测距方法和传输性能要求等。G.983.1 对 MAC 协议并没有详细说明,只定义了上、下行的帧结构,对 MAC 协议做了简要说明。

1999 年,ITU-T 又推出了 G.983.2 建议,即 APON 的光网络终端(optical network terminal,ONT)管理和控制接口规范,目标是实现不同 OLT 和 ONU 之间的多厂商互通,规定了与协议无关的管理信息库被管实体、OLT 和 ONU 之间信息交互模型、ONU 管理和控制通道以及协议和消息定义等。该建议主要从网络管理和信息模型上对 APON 系统进行定义,以使不同厂商的设备实现互操作。该建议在 2000 年 4 月份正式通过。

在宽带光纤接入技术中,电信运营者和设备供应商普遍认为 APON 是最有效的,它构成了既能提供传统业务又能提供先进多媒体业务的宽带平台。APON 主要特点有:采用点到多点式的无源网络结构,在光分配网络中没有有源器件,比有源的光网络和铜线网络简单,更加可靠,更加易于维护;如果大量使用 FTTH(光纤到家),则有源器件和电源备份系统从室外转移到了室内,对器件和设备的环境要求降低,使维护周期加长;维护成本的降低使运营者和用户双方受益;由于它的标准化程度很高,可以大规模生产,从而降低了成本;另外,ATM 统计复用的特点使 APON 能比 TDM 方式的 PON 服务于更多用户,ATM 的 QoS 优势也得以继承。

根据 G.983.1 规范的 ATM 无源光网络,OLT 最多可寻址 64 个 ONU,PON 所支持的虚通路(VP)数为 4096,PON 寻址使用 ATM 信元头中的 12 位 VP 域。由于 OLT 具有 VP 交叉互联功能,所以局端 VB5 接口的 VPI 和 PON 上的 VPI(OLT 到 ONU)是不同的。限制 VP 数为 4096,使 ONU 的地址表不会很大,同时又保证了高效地利用 PON 资源。

以 ATM 技术为基础的 APON,综合了 PON 系统的透明宽带传送能力和 ATM 技术的多业务、多比特率支持能力的优点,代表了接入网发展的方向。APON 系统主要有以下优点。

(1) 理想的光纤接入网:无源纯媒质的 ODN 对传输技术体制的透明性,使 APON 成为未来光纤到家、光纤到办公室、光纤到大楼的最佳解决方案。

(2) 低成本:树型分支结构,多个 ONU 共享光纤介质使系统总成本降低;纯介质网络能彻底避免电磁和雷电的影响,维护运营成本大为降低。

(3) 高可靠性:局端至远端用户之间没有有源器件,可靠性较有源 OAN 大大提高。

(4) 综合接入能力:能适应传统电信业务 PSTN/ISDN;可进行 Internet Web 浏览;同时具有分配视频和交互视频业务(CATV 和 VOD)能力。

虽然 APON 有一系列优势,但由于 APON 树型结构和高速传输特性,还需要解决诸如测距、上行突发同步、上行突发光接收和带宽动态分配等一系列技术及理论问题,这给 APON 系统的研制带来一定的困难。目前这些问题已基本得到解决,我国的 APON 产品已经问世,APON 系统正逐步走向实用阶段。

9.6　无线接入技术

无线接入技术是指从业务节点接口到用户终端全部或部分采用无线方式,即利用卫星、微波等传输手段向用户提供各种业务的一种接入技术。由于其开通方便,使用灵活,得到广泛的应用。另外,未来个人通信的目标是实现任何人在任何时候、任何地方能够以任何方式与任何人通信,而无线接入技术是实现这一目标的关键技术之一,因此越来越受到人们的重视。

无线接入技术经历了从模拟到数字,从低频到高频,从窄带到宽带的发展过程,其种类很多,应用形式多种多样。但总的来说,无线接入可大致分为固定无线接入和移动接入两大类。

9.6.1　固定无线接入技术

固定无线接入(fixed wireless access,FWA)主要是为固定位置的用户(如住宅用户、企业用户)或仅在小范围区域(如大楼内、厂区内,无需越区切换的区域)内移动的用户提供通信服务,其用户终端包括电话机、传真机或计算机等。目前,FWA 连接的骨干网络主要是 PSTN,因此,也可以说 FWA 是 PSTN 的无线延伸,其目的是为用户提供透明的 PSIN 业务。

1. 固定无线接入技术的应用方式

按照无线传输技术在接入网中的应用位置，FWA 主要有以下 3 种应用方式：馈线、配线和引入线，它们的位置如图 9-25 所示。

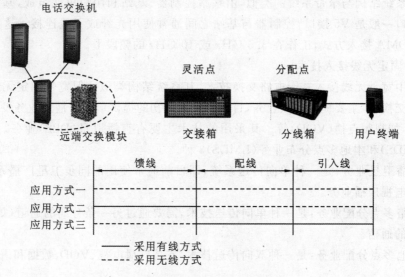

图 9-25　固定无线接入的主要应用形式

（1）全无线本地环路。从本地交换机到用户端全部采用无线传输方式，即用无线代替了铜缆的馈线、配线和引入线。

（2）无线配引线/用入线本地环路。从本地交换机到灵活点或分配点采用有线传输方式，再采用无线方式连接至用户，即用无线替代了配线和引入线或引入线。

（3）无线馈线/馈配线本地环路。从本地交换机到灵活点或分配点采用无线传输方式。从灵活点到各用户使用光缆、铜缆等有线方式。

目前，我国规定固定无线接入系统可以工作在 450 MHz、1.8 GHz、1.9 GHz 和 3 GHz 等 4 个频段。

2. 固定无线接入的实现方式

按照向用户提供的传输速率来划分，固定无线接入技术的实现方式可分为窄带无线接入（小于 64 Kb/s）、中宽带无线接入（64～2048 Kb/s）和宽带无线接入（大于 2048 Kb/s）。

1）窄带固定无线接入技术

窄带固定无线接入以低速电路交换业务为特征，其数据传输速率一般小于或等于 64 Kb/s。使用较多的窄带固定无线接入技术如下。

（1）微波点对点系统。采用地面微波视距传输系统实现接入网中点到点的信号传送。这种方式主要用于将远端集中器或用户复用器与交换机相连。

（2）微波点对多点系统。以微波方式作为连接用户终端和交换机的传输手段。目前大多数实用系统采用 TDMA 多址技术实现一点到多点的连接。

（3）固定蜂窝系统。由移动蜂窝系统改造而成，去掉了移动蜂窝系统中的移动交换机和用户手机，保留其中的基站设备，并增加固定用户终端。这类系统的用户多采用 TDMA 或 CDMA 以及它们的混合方式接入基站上，适用于在紧急情况下迅速开通的无线接入业务。

（4）固定无绳系统。由移动无绳系统改造而成，只需将全向天线改为高增益扇形天线即可。

2）中宽带固定无线接入技术

中宽带固定无线系统可以为用户提供 64～2048 Kb/s 的无线接入速率，开通 ISDN 等接入业务。其系统结构与窄带系统的类似，由基站控制器、基站和用户单元组成，基站控制器和交换机的接口一般是 V5 接口，控制器与基站之间通常使用光纤或无线连接。这类系统的用户多采用 TDMA 接入方式，工作在 3.5 GHz 或 10 GHz 的频段上。

3）宽带固定无线接入技术

窄带和中宽带无线接入基于电路交换技术，其系统结构类似。但宽带固定无线接入系统是基于分组交换的，主要提供视频业务，目前已经从最初的提供单向广播式业务发展到提供双向视频业务，如视频点播（VOD）等。其采用的技术主要有直播卫星（DBS）业务、多路多点分配业务（MMDS）和本地多点分布业务（LMDS）3 种。

（1）直播卫星业务：是一种单向传送系统，即目前通常使用的同步卫星广播系统，主要传送单向模拟电视广播业务。

（2）多路多点分配业务：是一种单向传送技术，需要通过另一条分离的通道（如电话线路）实现与前端的通信。

（3）本地多点分配业务：是一种双向传送技术，支持广播电视、VOD、数据和语音等业务。

9.6.2　无线接入技术

无线接入技术在本地网中的重要性与日俱增，越来越多的通信厂商和电信运营部门积极地提出和使用各种各样的无线接入方案，无线通信市场上的各种蜂窝移动通信、无绳电话、移动卫星技术等，也纷纷被用于无线接入网。目前，无线接入技术正开始走向宽带化、综合化与智能化，以下介绍正在开发的一些无线接入新技术。

1. 本地多点分布业务技术

本地多点分布业务（local multipoint distribution service, LMDS）系统是一种宽带固定无线接入系统。它工作在微波频率的高端（20～40 GHz 频段），以点对多点的广播信号传送方式为电信运营商提供高速率、大容量、高可靠性、全双工的宽带接入手段，为运营商在"最后一公里"宽带接入和交互式多媒体应用提供了经济、简便的解决方案。

LMDS 首先由美国开发，其不支持移动业务。LMDS 采用小区制技术，根据各国使用频率的不同，其服务范围为 1.6～4.8 km。运营商利用这种技术只需购买所需的网元就可以向用户提供无线宽带服务。LMDS 是面对用户服务的系统，具有高带宽和双向数据传输的特点，可以提供多种宽带交互式数据业务及语音和图像业务，特别适用于突发性数据业务和高速 Internet 接入。

LMDS 是结合高速率的无线通信和广播的交互性系统。LMDS 网络主要由网络运行中心（network operating center, NOC）、光纤基础设施、基站和用户站设备组成。NOC 包括网络管理系统设备，它管理着用户网的大部分领域；多个 NOC 可以互联。光纤基础设施一般包括 SONET OC-3 和 DS-3 链路、中心局（CO）设备、ATM 和 IP 交换机系统，可与 Internet 及 PSTN 互联。基站用于进行光纤基础设施向无线基础设施的转换，基站设备包括与光纤终端的网络接口、调制解调器和微波传输与接收设备，可不含本地交换机。基站结构主要有两种：一种是含有本地交换机的基站结构，连到基站的用户无需进入光纤基础设施即可与另一个用户通信，这就表示计费、信道接入管理、登记和认证等是在基站内进行的；另一种基站结构是只提供与光纤基础设施的简单连接,此时所有业务都接向光纤基础设施中的 ATM 交换机或 CO 设备。如果连接到同一基站的两个用户希望建立通信,那么通信以及计费、认证、登记和业务管理功能都在中心地点完成。用户站设备因供货厂商不同而相差甚远,但一般都包括安装在户外的微波设备和安装在室内的提供调制解调、控制、用户站接口功能的数字设备。用户站设备可以通过 TDMA、FDMA 及 CDMA 方式接入网络。不同用户站要求不同的设备结构。

图 9-26 所示的是目前被广泛接受的 LMDS 系统。用户站由一个安装在屋顶的天线及室外收发信机和一个用户接口单元组成。而中心站是由一个安装在室外的天线及收发信机以及一个室内控制器组成,此控制器连接到一个 ATM 交换机的光纤环路中。此系统目前仍是以 4 个扇区进行匹配的,今后可能发展到 24 个扇区。

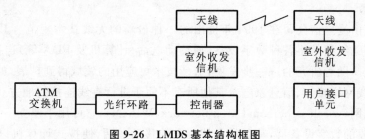

图 9-26　LMDS 基本结构框图

LMDS 技术的主要特点如下。

(1) 可提供极高的通信带宽。LMDS 工作在 28 GHz 微波波段附近,是微波波段的高端部分,属于开放频率,可用频带为 1 GHz 以上。

(2) 蜂窝式的结构配置可覆盖整个城域范围。LMDS 属无线访问的一种新形式,典型的 LMDS 系统为分散的类似蜂窝的结构配置。它由多个枢纽发射机(或称为基地站)管理一定范围内的用户群,每个发射机经点对多点无线链路与服务区内的固定用户通信。每个蜂窝站的覆盖范围为 2～10 km,覆盖范围可相互重叠。每个覆盖区又可以划分多个扇区,可根据用户远端的地理分布及容量要求而定,不同公司的单个基站的接入容量可达 200 Mb/s。LMDS 天线的极化特性用来降低同一个地点不同扇区以及不同地点相邻扇区的干扰,即假如一个扇区利用垂直极化方式,那么相邻扇区便使用水平极化方式,这样理论上能保证在同一地区使用同一频率。

(3) LMDS 可提供多种业务。LMDS 在理论上可以支持现有的各种语音和数据通信业务。LMDS 系统可提供高质量的语音服务,而且没有时延,用户和系统之间的接口通常是 RJ.11 电话标准,与所有常用的电话接口是兼容的。LMDS 还可以提供低速、中速和高速数据业务。低速数据业务的速率为 1.2～9.6 Kb/s,能处理开放协议的数据,网络允许本地接入点接到增值业务网并可以在标准语音电路上提供低速数据。中速数据业务速率为 9.6 Kb/s～2 Mb/s,这样的数据通常是增值网络本地接入点。在提供高速数据业务(2～55 Mb/s)时,要用 100 Mb/s 的快速以太网和光纤分布的数据接口(fiber distributed data interface,FDDI)等,另外还要支持物理层、数据链路层和网络层的相关协议。除此之外,LMDS 还能支持高达 1 Gb/s 速率的数据通信业务。

(4) LMDS 能提供模拟和数字视频业务,如远程医疗、高速会议电视、远程教育、商业及用户电视等。

此外,LMDS 有完善的网管系统支持,较成熟的 LMDS 设备都具有自动功率控制、本地和远端软件下载、自动故障汇报、远程管理及自动性能测试等功能。这些功能可方便用户对本地和远程网络进行监控,并可降低系统维护费用。

　　与传统的光纤接入、以太网接入和无线点对点接入方式相比,LMDS有许多优势。首先,LMDS的用户能根据自身的市场需求和建网条件等对系统设计进行选择,并且LMDS有多种调制方式和频段设备可选,上行链路可选择TDMA或FDMA方式,因此,LMDS的网络配置非常灵活。其次,这种无线宽带接入方式配备多种中心站接口(如N×E1,E3,155 Mb/s等)和外围站接口(如E1、帧中继、ISDN、ATM、10 MHz以太网等)。再次,LMDS的高速率和高可靠性,以及它便于安装的小体积、低功耗外围站设备,使得这种技术极适合于市区使用。在具体应用方面,LMDS除可以代替光纤迅速建立宽带连接外,利用该技术还可建立无线局域网以及IP宽带无线本地环。

2. 蓝牙技术

　　蓝牙技术是由爱立信公司在1994年提出的一种最新的无线技术规范。其最初的目的是希望采用短距离无线技术将各种数字设备(如移动电话、计算机及PDA等)连接起来,以消除繁杂的电缆连线。随着研究的进一步发展,蓝牙技术可应用的领域得到扩展,如蓝牙技术应用于汽车工业、无线网络接入、信息家电及其他所有不便于进行有线连接的地方。最典型的应用是无线个人局域网(wireless personal area network,WPAN),它可用于建立一个便于移动、连接方便、传输可靠的数字设备群,其目的是使特定的移动电话、便携式计算机以及各种便携式通信设备的主机之间在近距离内实现无缝的资源共享。蓝牙协议能使包括蜂窝电话、掌上电脑、笔记本电脑、相关外设和家庭Hub等众多设备之间进行信息交换。

　　蓝牙技术定位在现代通信网络的最后10 m,是涉及网络末端的无线互联技术,是一种无线数据与语音通信的开放性全球规范。它以低成本的近距离无线连接为基础,为固定设备与移动设备通信环境建立一个特别连接。从总体上看,蓝牙技术有如下一些特点。

　　(1)蓝牙工作频段为全球通用的2.4 GHz工业、科学和医学(industry science and medicine,ISM)频段,由于ISM频段是对所有无线电系统都开放的频带,因此,使用其中的某个频段都会遇到不可预测的干扰源。为此,蓝牙技术特别设计了快速确认和调频方案以确保链路稳定,并结合了极高跳频速率(1600跳/秒)和调频技术,这使它比工作在相同频段而跳频速率均为50跳/秒的802.11 FHSS和HomeRF无线电更具抗干扰性。

　　(2)蓝牙的数据传输速率为1 Mb/s。采用时分双工方案来实现全双工传输,支持物理信道中的最大带宽。

　　(3)蓝牙基带协议是电路交换与分组交换的结合。信道上信息以数据包的形式发送,即在保留的时隙中可传输同步数据包,每个数据包以不同的频率发送。蓝牙支持多个异步数据信道或多达3个并发的同步语音信道,还可以用一个信道同时传送异步数据和同步语音。每个语音信道支持64 Kb/s同步语音链路。异步信道可支持一端最大速率为721 Kb/s,而另一端速率为57.6 Kb/s的不对称连接,也可以支持432.6 Kb/s的对称连接。

　　一个蓝牙网络由一台主设备和多个辅设备组成,它们之间保持时间和跳频模式同步,每个独立的同步蓝牙网络可称为一个微微网。由于蓝牙网络面向小功率、便携式的应用场合,在一般情况下,一个典型的微微网的有效范围大约在10 m之内。微微网结构如图9-27所示。当有多个辅设备时,通信拓扑即为点到多点的网络结构。在这种情况下,微微网中的所有设备共享信道及带宽。一个微微网中包含一个主设备单元和可多达7个激活的辅设备单元。多个微微网交叠覆盖形成一个分散网。事实上,一个微微网中的设备可以作为主设备或辅设备加入另一个微微网中,并通过时分复用技术来完成。

从理论上讲,蓝牙技术可以被植入所有的数字设备中,用于短距离无线数据传输。目前,可以预计蓝牙技术主要用于计算机、移动电话、工业控制及无线个人域网(WPAN)。蓝牙接口可以直接集成到计算机主板或者通过 PC 卡或 USB 接口连接,实现计算机之间及计算机与外设之间的无线连接。这种无线连接对于便携式计算机可能更有意义。通过在便携式计算机中植入蓝牙技术,便携式计算

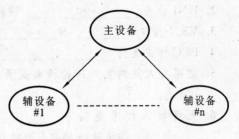

图 9-27 微微网的网络结构

机就可以通过蓝牙移动电话或蓝牙接入点连接远端网络,方便地进行数据交换。从目前来看,移动电话是蓝牙技术的最大应用领域。在移动电话中植入蓝牙技术,可以实现无线耳机、车载电话等功能,还能实现与便携式计算机和其他手持设备的无电缆连接,组成一个方便灵活的无线个人域网(WPAN)。无线个人域网(WPAN)将会是全球个人通信世界中的重要环节之一,所以蓝牙技术的战略含义不言而喻。蓝牙技术普及后,蓝牙移动电话还能作为一个工具,实现所有的商用卡交易。

至今已有 250 种以上各种已认证通过的蓝牙产品,而且目前蓝牙设备一般由 2~3 个芯片(9 mm×9 mm)组成,价格较低。可以说借助蓝牙技术才可能实现"手机电话遥控一切",而其他应用模式还可以进一步开发。

虽然蓝牙在多向性传输方面具有较大的优势,但也需防止信息的误传和被截取。如果用户带一台蓝牙的设备来到一个装备 IEEE 802.11 无线网卡的局域网的环境,将会引起相互干扰;蓝牙具有全方位的特性,若是设备众多,识别方法和速度会出现问题;蓝牙具有一对多点的数据交换能力,故它需要安全系统来防止未经授权的访问;蓝牙的通信速度为 750 Kb/s,而现在带 4 Mb/s IR 端口的产品比比皆是,最近 16 Mb/s 的扩展也已被批准。尽管如此,蓝牙应用产品的市场前景仍然被看好,蓝牙为语音、文字及影像的无线传输大开方便之门。蓝牙技术可视为一种最接近用户的短距离、微功率、微微小区型无线接入手段,将在构筑全球个人通信网络及无线连接方面发挥其独特的作用。

小　结

接入网是指本地交换机与用户终端设备之间的实施网络,接入网是由业务节点接口和相关用户接口之间的一系列传递实体组成的。

接入网有 3 种主要接口,即用户网络接口、业务节点接口和维护管理接口。

接入网的功能结构分为用户端口功能、业务端口功能、核心功能、传递功能、接入网系统管理功能。

接入网有基于公共电话线的 xDSL 接入系统、同轴电缆上的 HFC/SDL 接入系统、光纤接入系统和无线接入系统。

习　题

一、填空题

1. 接入网通常由_____、_____、_____等部分组成。

2. UNI 分为 _____ 和 _____ 两种类型。

3. V5.1 接口有 _____ 和 _____ 两个子协议。

4. BCC 协议支持 _____、_____ 和 _____ 3 个处理过程。

5. 按照接入网的室外传输设备是否含有有源设备分类,光纤接入网可分为 _____ 和 _____ 两类。

6. 无线接入技术是指从 _____ 到 _____ 全部或部分采用无线方式,即利用 _____、_____ 等传输手段向用户提供各种业务的一种接入技术。

二、简答题

1. 接入网的接口有哪些?

2. 简述接入网的技术类型。

3. 为什么要引入 V5 接口?它有什么主要特点?

4. V5 接口主要支持哪些业务接入?

5. V5 接口主要支持哪几个协议?说明各个协议的功能。

6. 光纤接入网分为哪几类?

7. 什么是无源光网络?

8. 实际运行中的无线接入技术有哪些?

第 10 章　网络维护与网络安全

　　能够正确地维护网络,确保在网络出现故障之后能够迅速、准确地定位问题,并排除故障,对网络维护人员和网络管理人员来说是个挑战,这不但要求他们对网络协议和技术有着深入的理解,更重要的是要建立一个系统化的故障排除思想,并合理应用于实践中,以将一个复杂的问题隔离、分解或缩减排错范围,从而及时修复网络故障。

　　本章前半部分主要介绍网络故障分类、检测和排除等有关网络维护基本知识,后半部分简单叙述网络安全的一些基本概念和技术。对于网络安全的内容同学们会在后续的课程中重点学习。

10.1　网络故障的一般分类

　　网络中可能出现的故障多种多样,如不能访问网上邻居,不能登录服务器,不能收发电子邮件,不能使用网络打印机,某个网段或某个 VLAN 工作失常或整个网络都不能正常工作等。从设备看,就是网络中的某个、某些主机或整个网络都不能正常工作;从功能看,就是网络的部分或全部功能丧失。由于网络故障的多样性和复杂性,对网络故障进行分类有助于快速判断故障性质,找出原因并迅速解决问题,使网络恢复正常运行。

10.1.1　根据网络故障性质分类

　　根据网络故障的性质,故障可分为连通性故障、协议故障和配置故障。

1. 连通性故障

　　连通性故障是网络中最常见的故障之一,体现为计算机与网络上的其他计算机不能连通,即所谓的"ping 不通"。

　　导致连通性故障的原因很多,如网卡硬件故障、网卡驱动程序未安装正确、网络设备故障等。

　　由此可见,发生连通性故障的位置可能是主机、网卡、网线、信息插座、集线器、交换机、路由器,而且硬件本身或者软件设置的错误都可能导致网络不能连通。

2. 协议故障

　　协议故障也是一种配置故障,只是由于协议在网络中的地位十分重要,故专门将这类故障独立出来讨论。

　　导致协议故障的原因如下。

　　(1) 协议未安装。仅实现局域网通信,需安装 NetBEUI 或 IPX/SPX 或 TCP/IP 协议;实现 Internet 通信,需安装 TCP/IP 协议。

　　(2) 协议配置不正确。TCP/IP 协议涉及的基本配置参数有 4 个,即 IP 地址、子网掩码、DNS 和默认网关,任何一个设置错误,都可能导致故障发生。

（3）在同一网络或 VLAN 中有两个或两个以上的计算机使用同一计算机名称或 IP 地址。

3. 配置故障

配置错误引起的故障也在网络故障中占有一定的比重。网络管理员对服务器、交换机、路由器的不当设置，网络使用者对计算机设置的不当修改，都会导致网络故障。

导致配置故障的原因主要有服务器配置错误、代理服务器或路由器的访问列表设置不当、第三层交换机的路由设置不当、用户配置错误等。

由此可见，配置故障较多地表现在不能实现网络所提供的某些服务上，如不能接入 Internet，不能访问某个服务器或不能访问某个数据库等，但能够使用网络所提供的另一些服务。配置故障与硬件连通性故障在表现上有较大差别，硬件连通性故障通常表现为所有的网络服务都不能使用，这是判定为硬件连通性故障还是配置故障的重要依据。

10.1.2　根据 OSI 协议层分类

根据 OSI 七层协议的分层结构，故障可分为物理层故障、数据链路层故障、网络层故障、传输层故障、会话层故障、表示层故障和应用层故障。

在 OSI 分层的网络体系结构中，每个层次都可能发生网络故障。据有关资料统计，大约 70% 以上的网络故障发生在 OSI 七层协议的下三层。

引起网络故障的原因可能有以下几方面。

（1）物理层中物理设备相互连接失败或者硬件及线路本身的问题，如网线、网卡问题。

（2）数据链路层的网络设备的接口配置问题，如封装不一致。

（3）网络层网络协议配置或操作错误，如 IP 地址配置错误或重复。

（4）网络操作系统或网络应用程序错误，如应用层的故障主要是各种应用层服务的设置问题。

10.2　网络故障检测

在分析故障现象，初步推测故障原因之后，就要着手对故障进行具体的检测，以准确判断故障原因并排除故障，使网络运行恢复正常。

工欲善其事，必先利其器。在故障检测时合理利用一些工具，有助于快速、准确地判断故障原因。常用的故障检测工具有软件工具和硬件工具两类。

10.2.1　网络故障检测工具

总的来说，网络测试的硬件工具可分为两大类：一类用做测试传输媒质（网线），另一类用做测试网络协议、数据流量。

1. 网络线缆测试仪

最常见的网络线缆测试仪如图 10-1 所示。该系列网络测试仪通过使用附带的远程终结器，无论在电缆安装前后，都能快速测试电缆的线序和定位。通常测试网线是否通信的最基本方法就是用测线仪，测试的方法就是将线的两端直接插入测线仪的端口，按下电源开关，如果指示灯依次闪亮，证明该网线正常通信；如果测线仪的某个指示灯不亮，或指示灯不按顺序闪亮，就证明该网线通信有问题。

图 10-1 常见的网络线缆测试仪

2. Fluke One-Touch Series Ⅱ 网络分析仪

One-Touch Series Ⅱ 即 Fluke 公司的第二代 One-Touch 系列产品。其特点是：集中多种测试仪功能，能够迅速诊断故障；采用触摸屏操作，十分方便。

One-Touch Series Ⅱ 新增的交换机测试功能扩展了网络元件的检查能力和远程的网页浏览及控制功能，可以使网管人员更直观地浏览、分析远方的测试结果，缩短网络故障的诊断和排除时间，网络吞吐量测试选件能为网管人员的分析判断提供有力的依据。

One-Touch Series Ⅱ 可以自动识别 Novell、Windows NT 及 NetBIOS 服务器，迅速检查服务器、路由器和交换机的连通性。

One-Touch Series Ⅱ 可进行电缆和光缆的测试（长度、开路、短路、串扰等），测试网卡集线器的好坏，测试 10 Mb/s 以太网的利用率、碰撞率及各种错误。还可以将以太网的一些关键参数如碰撞、错误及广播等对流量的影响进行指导性解释。

3. Fluke Net Tool 多功能网络测试仪

Fluke 公司的多功能网络测试仪 Net Tool 也称为网络万用表，它将电缆测试、网络测试及计算机配置测试集成在一个手掌大小的盒子中，功能完善，携带使用方便。其主要特点如下。

（1）简单易用，价格便宜。

（2）在线测试计算机与交换机的通信。Net Tool 具有独特的在线测试功能，当计算机开始访问网络资源时，测试仪就清楚地报告计算机与网络的对话；然后显示计算机中有关网络协议的一切设置，如 MAC 地址和 IP 地址，路由器、服务器（DHCP、E-mail、HTTP 和 DNS）配置和使用的打印机等。

（3）能够正确识别各种类型的插座，能够测试电缆的连通性等。

10.2.2 网络故障检测软件工具

故障检测的软件工具分成两类：一类是 Windows 自带的网络测试工具；另一类是商品化的测试软件。

1. Windows 自带的测试工具

Windows 自带了一些常用的网络测试命令，可以用于网络的连通性测试，配置参数测试和协议配置、路由跟踪测试等。常用的命令有 ping、ipconfig、tracert、pathping、netstat、arp 等几种。这些命令有两种执行方式，即通过"开始"菜单打开"运行"窗口直接执行；或在命令提示符下执行。如果要查看它们的帮助信息，可以在命令提示符下直接输入"命令符"或"命令符/？"。

1）ping 命令

ping 命令是在网络中使用最频繁的测试连通性的工具，同时它还可诊断其他一些故障。ping 命令使用 ICMP 协议来发送 ICMP 请求数据包，如果目标主机能够收到这个请求，则发回 ICMP 响应。ping 命令可利用响应数据包记录的信息对每个包的发送和接收时间进行报告，并报告无响应包的百分比，这在确定网络是否正确连接以及网络连接的状况（丢包率）十分有用。

2）ipconfig 命令

ipconfig 是在网络中常用的参数测试工具，用于显示本地计算机的 TCP/IP 配置信息，如本机主机名和所有网卡的 IP 地址、子网掩码、MAC 地址、默认网关、DHCP 和 WINS 服务器。当用户的网络中设置的是 DHCP 时，利用 ipconfig 可以让用户很方便地了解到 IP 地址的实际配置情况。

3）tracert 命令

tracert 命令的作用是显示源主机与目标主机之间数据包走过的路径，可确定数据包在网络上的停止位置，即定位数据包发送路径上出现的网关或者路由器故障。与 ping 命令一样，它也是通过向目标发送不同生存时间（TTL）的 ICMP 数据包，根据接收到的回应数据包的经历信息显示来诊断到达目标的路由是否有问题。数据包所经路径上的每个路由器在转发数据包之前，将数据包上的 TTL 递减 1。当数据包的 TTL 减为 0 时，路由器把 ICMP 已超时的消息发回源系统。

4）pathping 命令

pathping 命令综合了 ping 命令和 tracert 命令的功能，并且能够计算显示出路径中任意一路由器或节点，以及链接处的数据包丢失的比例信息，由此可找到丢包严重的路由器。屏幕先显示跃点列表，与使用 tracert 命令的显示相同。接着该命令最大花费 125 s，从路径上的路由器收集信息，进行统计计算，最后将统计信息显示在屏幕上。

5）netstat 命令

netstat 命令有助于了解网络的整体使用情况。它可以显示当前正在活动的网络连接的详细信息，如显示网络连接、路由表和网络接口信息，可以让用户得知目前总共有哪些网络连接正在运行。利用该程序提供的参数功能，可以了解该命令的其他功能信息，如显示以太网的统计信息、显示所有协议的使用状态，这些协议包括 TCP 协议、UDP 协议及 IP 协议等，另外还可以选择特定的协议并查看其具体使用信息，还能显示所有主机的端口号以及当前主机的详细路由信息。

6）arp 命令

arp 命令用于将 IP 地址与网卡物理地址绑定，可以解决 IP 地址被盗用而导致不能使用网络的问题。但该命令仅对局域网的代理服务器或网关路由器有用，而且只是针对采用静态 IP 地址策略的网络。

2. 商品化的测试软件

商品化测试软件主要是指商品化的网络管理系统，如 Cisco 公司的 Cisco works for Windows 和 Fluke 公司的 Network Inspector 等。本书不再对这些测试软件的功能、操作作具体介绍，感兴趣的同学可查找有关书籍翻阅。

10.2.3　网络监视和管理工具

所谓网络监视就是监视网络数据流并对这些数据进行分析。把专门用于采集网络数据流并提供分析能力的工具称为网络监视器。网络监视器能提供网络利用率和数据流量方面的一般性数据，还能够从网络中捕获数据帧，并能够筛选、解释、分析这些数据的来源、内容等信息。比如我们常用的网络监视和软件工具有 Ethereal、NetXRay 和 Sniffer 等。

1. Ethereal

Ethereal 是一个网络监视工具，它可以用来监视所有网络上被传送的分组，并分析其内容。它通常被用来检查网络运作的状况，或是用来发现网络程序的 bug。目前 Ethereal 提供了对 TCP、UDP、Telnet、FTP 等常用协议的支持，在很多情况下可以代替 Sniffer。

2. NetXRay

NetXRay 主要用作以太网络上的网管软件，对于 IP、NetBEUI、TCP/UDP 等协议都能进行详细的分析，它的功能主要分成三大类：网络状态监控、接收并分析分组、传送分组和网络管理查看。

3. Sniffer

Sniffer 是一个嗅探器，它既可以是硬件，也可以是软件，用来接收在网络传输的信息。Sniffer 的目的是使网络接口处于混杂模式，从而截获网络上的内容。在一般情况下，网络上所有的工作站都可以"听"到通过的流量，但对于不属于自己的报文则不予响应。如果某工作站的网络接口处于杂收模式，那么它就可以捕获网络上所有的报文。

Sniffer 能够"听"到在网上传输的所有的信息，它可以是硬件也可以是软件。从这种意义上讲，每一个机器或者每一个路由器都是一个 Sniffer。

Sniffer 可以捕获用户的口令；可以截获机密的或专有的信息；也可以被用来攻击相邻的网络或者用来获取更高级别的访问权限。

1) Sniffer 的工作原理

通常在同一个网段的所有网络接口都有访问在物理媒质上传输的所有数据的能力，而每个网络接口都还应有一个硬件地址，该硬件地址不同于网络中存在的其他网络接口的硬件地址，同时，每个网络至少还要一个广播地址。在正常情况下，一个合法的网络接口应该只响应这样的两种数据帧：

（1）帧的目标区域具有和本地网络口相匹配的硬件地址；

（2）帧的目标区域具有"广播地址"。

在接收到上面两种情况的数据包时，网卡通过 CPU 产生一个硬件中断，该中断能引起操作系统注意，然后将帧中所包含的数据传送给系统进一步处理。

而 Sniffer 就是一种能将本地网卡的状态设置成混杂模式的软件，当网卡处于这种"混杂"模式时，该网卡具备"广播地址"，它对所有遇到的每一个帧都产生一个硬件中断以提醒操作系统处理流经该物理媒质上的每一个报文包。

可见，Sniffer 工作在网络环境中的底层，它会拦截所有的正在网络上传送的数据，并且通过相应的软件处理，可以实时分析这些数据的内容，进而分析所处的网络状态和整体布局。

2) Sniffer 的工作环境

Sniffer 就是能够捕获网络报文的设备。嗅探器在功能和设计方面有很多不同，有些只能分析一种协议，而另一些可能能够分析几百种协议。一般情况下，大多数的嗅探器至少能够分析下面的协议:标准以太网、TCP/IP、IPX、DECNet。

10.3　网络故障排除

10.3.1　一般网络故障的解决步骤

前面我们基本了解了计算机网络故障的大致种类,那么,如何排除网络故障呢?我们建议采用系统化故障排除思想。故障排除系统化是合理地一步一步找出故障原因并解决故障的总体原则,它的基本思想是系统地将可能的故障原因所构成的一个大集合缩减(或隔离)成几个小的子集,从而使问题的复杂度迅速下降。

故障排除时有序的思路有助于解决所遇到的任何困难,图 10-2 所示的是一般网络故障排除的处理流程。

需要注意的是,图 10-2 所示的故障排除流程是网络维护人员所能够采用的排错模型中的一种,当然我们可以根据自己的经验和实践总结了另外的排错模型。网络故障排除的处理流程是可以变化的,但故障排除有序化的思维模式是不可变化的。

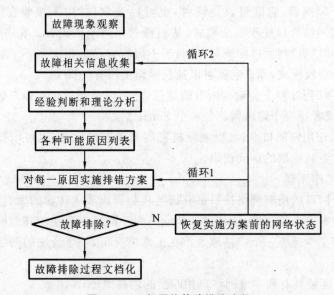

图 10-2　一般网络故障排除流程

10.3.2　网络故障的分类诊断技术

前面介绍过,按照网络故障的性质,网络故障可分成连通性故障、协议故障和配置故障。那么在网络故障检测和排除过程中,对这种分类方法的三种故障类型也有相应的故障诊断技术。

1. 连通性故障排除步骤

(1)确认连通性故障。

当出现一种网络应用故障时,如无法浏览 Internet 的 Web 页面,应首先尝试使用其他网络应用,如收发 E-mail、查找 Internet 上的其他站点或使用局域网络中的 Web 浏览等。如果其他一些网络应用可正常使用,如能够在网上邻居中发现其他计算机,或可"ping"其他计算机,那么可以排除内部网连通性有故障。

查看网卡的指示灯是否正常。正常情况下,在不传送数据时,网卡的指示灯闪烁较慢,传送数据时,闪烁较快。无论指示灯是不亮还是不闪,都表明有故障存在。如果网卡不正常,则需更换网卡。

"ping"本地的 IP 地址,检查网卡和 IP 网络协议是否安装完好。如果"ping"得通,说明该计算机的网卡和网络协议设置都没有问题,问题出在计算机与网络的连接上。这时应当检查网线的连通性和交换机及交换机端口的状态。如果"ping"不通,说明 TCP/IP 协议有问题。

在控制面板的"系统"中查看网卡是否已经安装或是否出错。如果在系统中的硬件列表中没有发现网络适配器,或网络适配器前方有一个黄色的"!",说明网卡未安装正确,需将未知设备或带有黄色的"!"网络适配器删除,刷新安装网卡,并为该网卡正确安装和配置网络协议,然后进行应用测试。如果网卡无法正确安装,说明网卡可能损坏,必须换一块网卡重试。

使用"ipconfig /all"命令查看本地计算机是否安装 TCP/IP 协议,是否设置好 IP 地址、子网掩码和默认网关及 DNS 域名解析服务。如果尚未安装协议,或协议尚未设置好,则安装并设置好协议后,重新启动计算机执行基本检查的操作。如已经安装协议,认真查看网络协议的各项设置是否正确。如果协议设置有错误,修改后重新启动计算机,然后再进行应用测试。如果协议设置正确,则可确定是网络连接问题。

(2) 故障定位。

在与故障计算机连接的同一台交换机的其他计算机上进行网络应用测试,如果仍不正常,在确认网卡和网络协议都正确安装的前提下,可初步认定是交换机发生了故障。为了进一步确认,可再换一台计算机继续测试,进而确定交换机故障。如果在其他计算机上测试结果完全正常,则说明交换机没有问题,故障发生在原计算机与网络的连通性上。

(3) 故障排除。

如果确定交换机发生故障,则应首先检查交换面板上的各指示灯闪烁是否正常。如果所有指示灯都在非常频繁地闪烁或一直亮着,可能是由于网卡损坏而发生广播风暴,关闭再重新打开电源后试试看能否恢复正常。如果恢复正常,找到红灯闪烁的端口,将网线从该端口中拔出。然后找该端口所连接的计算机,测试并更换损坏的网卡。如果面板指示灯一个也不亮,则先检查一下 UPS 是否工作正常,交换机电源是否已经打开,或电源插头是否接触不良。如果电源没有问题,则说明交换机硬件出了故障,更换交换机。如果确定故障发生在某一个连接上,则首先应测试、确认并更换有问题的网卡。若网卡正常,则用线缆测试仪对该连接中涉及的所有网线和跳线进行测试,确认网线的连通性。如果网线或接头有故障,则重新制作网线接头或更换网线;如果网线正常,则检查交换机相应端口的指示灯是否正常,更换一个端口再试。

2. 协议故障排除步骤

当计算机出现协议故障现象时,应当按照以下步骤进行故障的定位。

检查计算机是否安装有 TCP/IP 协议或相关协议,若欲访问 Novell 网络,则还应添加 IPX/SPX 等。

检查计算机的 TCP/IP 属性参数配置是否正确。如果设置有问题,将无法浏览 Web 和收发 E-mail,也无法享受网络提供的其他 Intranet 或 Internet 服务。

使用 ping 命令,测试与其他计算机和服务器的连接状况。

在控制面板的"网络"属性中,单击"文件及打印共享"按钮,在弹出的"文件及打印共享"对话框中检查一下是否已选择"允许其他用户使用我的文件"和"允许其他计算机使用我的打印机"复选框。如果没有,全部选中或选中一个;否则,将无法使用共享文件夹或共享网络打印机。

若某台计算机屏幕提示"名字"或"IP 地址重复",则在"网络"属性的"标识"中重新为该计算机命名或分配 IP 地址,使其在网络中具备唯一性。

至于广域网协议的配置,可参见路由器配置的内容。

3. 配置故障排除步骤

首先检查发生故障计算机的相关配置。如果发现错误,修改后,再测试相应的网络服务能否实现。如果没有发现错误,或相应的网络服务不能实现,则执行下一步骤。

测试同一网络内的其他计算机是否有类似的故障,如果有,说明问题肯定出在服务器或网络设备上;如果没有,也不能排除服务器和网络设备存在配置错误的可能性,都应对服务器或网络设备的各种设置、配置文件进行认真仔细的检查。

10.3.3　网络故障的分层诊断技术

在常见的网络故障中,因为出现在物理层、数据链路层和网络层的问题较多,所以下面就这三层为例作一分析。诊断网络故障的过程应该沿着 OSI 七层模型从物理层开始向上进行。首先检查物理层,然后检查数据链路层,依次类推,设法确定通信失败的故障点,直到系统通信正常为止。

1. 物理层及其诊断

物理层是 OSI 分层结构体系中最基础的一层,它建立在通信媒质的基础上,实现系统和通信媒体的物理接口,为数据链路实体之间进行透明传输,为建立、保持和拆除计算机和网络之间的物理连接提供服务。

物理层的故障主要表现在:设备的物理连接方式是否恰当,连接电缆是否正确,Modem、CSU/DSU 等设备的配置及操作是否正确。确定路由器端口物理连接是否完好的最佳方法是使用 show interface 命令,检查每个端口的状态,解释屏幕输出信息,查看端口状态、协议建立状态。

2. 数据链路层及其诊断

数据链路层的主要任务是使网络层无需了解物理层的特征而获得可靠的传输。数据链路层为通过数据链路层的数据进行封装和解封装、差错检测和校正,并协调共享媒质。在数据链路层交换数据之前,协议关注的是形成帧和同步设备。查找和排除数据链路层的故障,需要查看路由器的配置,检查连接端口共享同一数据链路层的封装情况。每对接口要和与其通信的其他设备有相同的封装。通过查看路由器的配置检查其封装,或者使用 show 命令查看相应接口的封装情况。

3. 网络层及其诊断

网络层主要负责数据的分段打包与重组以及差错报告,更重要的是它负责信息通过网络的最佳路径。

排除网络层故障的基本方法是:沿着从源到目标的路径,查看路由器路由表,同时检查路由器接口的 IP 地址,如果路由没有在路由表中出现,应该通过检查来确定是否已经输入适当的静态路由、默认路由或者动态路由;然后手工配置一些丢失的路由,或者排除一些动态路由选择过程的故障,包括 RIP 或者 IGRP 路由协议出现的故障。例如,对于 IGRP 路由选择信息只在同一自治系统号的系统之间交换数据,查看路由器配置的自治系统号的匹配情况。

4. 高层及其诊断

高层协议负责端到端数据传输。如果确保网络层以下没有出现问题而高层协议出现问题,那么很可能就是网络终端出现故障,这时应该检查计算机、服务器等网络终端,确保应用程序正常工作,终端设备硬件、软件运行良好。

10.3.4　网络设备的诊断技术

前面所介绍的各种故障诊断技术有一个共同点,就是首先要确定故障的位置,然后再对产生故障的设备进行故障分析和排除。如果将每种设备可能的故障、故障产生的原因和故障的解决办法归纳出来,无疑可以大大提高故障排除的效率。在解决网络故障的时候,同样先定位产生故障的设备,然后再参照相应设备的故障诊断技术来具体分析解决。

1. 主机故障

(1) 协议没有安装。

(2) 网络服务没有配置好。

(3) 病毒。

(4) 安全漏洞,比如主机没有控制其上的 finger、rpc、rlogin 等多余服务或不当共享本机硬盘等。

2. 网卡故障

(1) 网卡物理硬件损坏,可用替换法。

(2) 网卡驱动没有正确安装。

(3) 操作系统中的网卡记忆功能。

3. 网线和信息模块故障

(1) 网线接头接触不良。

(2) 网线物理损坏造成连接中断。

(3) 网线接头没有按照标准制作。

(4) 信息模块没有按照标准制作。

这些故障可以用测线仪很容易检测出来。

4. 集线器故障

(1) 集线器与其他设备连接的端口工作方式不同。

(2) 集线器级联故障。

(3) 集线器电源故障。

可以用更换端口或者更换集线器的方法来检测集线器故障。

5. 交换机故障

(1) 交换机 VLAN 配置不正确。

(2) 交换机死机。可通过重启交换机的方法来判断故障原因,也可以用替换法检测交换机故障。

6. 路由器故障

1) 串口故障排除

串口出现连通性问题时,为了排除串口故障,一般是从 show interface serial 命令开始,分析它的屏幕输出报告内容,找出问题所在。串口报告的开始提供了该接口状态和线路协议状态。接口和线路协议的可能组合有以下几种。

（1）串口运行、线路协议运行，这是完全的工作条件。该串口和线路协议已经初始化，并正在交换协议的存活信息。

（2）串口运行、线路协议关闭，这个显示说明路由器与提供载波检测信号的设备连接，但没有正确交换连接两端的协议存活信息。可能的故障发生在路由器配置问题、租用线路干扰或远程路由器故障、Modem 的时钟问题，通过链路连接的两个串口不在同一子网上，都会出现这个报告。

（3）串口和线路协议都关闭，可能是电信部门的线路故障、电缆故障或者是 Modem 故障。

（4）串口管理性关闭和线路协议关闭，这种情况是在接口配置中输入了 shutdown 命令。通过输入 no shutdown 命令，打开管理性关闭。接口和线路协议都运行的状况下，虽然串口链路的基本通信建立起来了，但仍然可能由于信息包丢失和信息包错误时会出现许多潜在的故障问题。正常通信时接口输入或输出信息包不应该丢失，或者丢失的量非常小，而且不会增加。如果信息包丢失有规律性增加，表明通过该接口传输的通信量超过接口所能处理的通信量。查找其他发生信息包丢失的原因，查看 show interface serial 命令的输出报告中的输入/输出保持队列的状态。当发现保持队列中信息包数量达到了信息的最大允许值，可以增加保持队列设置的大小。

2）以太接口故障排除

以太接口的典型故障问题是：带宽的过分利用；碰撞冲突次数频繁；使用不兼容的类型。使用 show interface Ethernet 命令可以查看该接口的吞吐量、碰撞冲突、信息包丢失等有关内容等。

如果接口和线路协议报告运行状态正常，并且节点的物理连接都完好，但是不能通信，引起问题的原因也可能是两个节点使用了不兼容的帧类型。解决问题的办法是重新配置使用相同帧类型。

如果要求使用不同帧类型的同一网络的两个设备互相通信，可以在路由器接口使用子接口，并为每个子接口指定不同的封装类型。

7. ADSL 故障

ADSL 常见的硬件故障大多数是接头松动、网线断开、集线器损坏和计算机系统故障等方面的问题。一般都可以通过观察指示灯来帮助定位。

10.4　常见网络故障与排除实例

10.4.1　常见病毒故障与排除

故障 1

故障现象：操作系统为 Windows XP＋SP1，上网时打开 3～5 个浏览器窗口，CPU 占用率就上升到 100％并经常出错。

原因及解决方法：导致 CPU 占用率过高的原因，很可能是计算机感染病毒，特别是各种蠕虫病毒。建议安装病毒查杀软件，并启用病毒防火墙，彻底查杀系统中所有的病毒。除此之外，还应当及时在线升级病毒库和 Windows 安全补丁。系统中的 IE 文件遭到破坏，也会导致该现象，可以使用 SFC 命令来检查是否有系统文件损坏。计算机本身开启的服务太多，消耗了太多系统资源也是原因之一。请关掉不需要的系统服务。

故障 2

故障现象：防火墙冲突导致无法上网。局域网采用 Windows XP 的 ICS 共享 Internet 连接。主机装有瑞星杀毒软件 2006 版及瑞星防火墙，Internet 连接防火墙也开启。网内计算机通过主机共享上网，操作系统为 Windows98/2000/XP，装有瑞星杀毒软件 2006 版及瑞星防火墙，并开启了系统 Internet 防火墙。主机 IP 为 192.168.0.1，其余机器为 192.168.0.x，工作组相同为 MSHOME，子网掩码也相同为 255.255.255.0。虽然 ICS 主机能正常访问 Web 网站，但局域网中的其他计算机却不行。

原因及解决方法：

第一，在 Windows XP ICS 主机上，只能启用一款网络防火墙，不能同时启用瑞星防火墙和 Internet 连接防火墙。试着关闭 Internet 连接防火墙。

第二，局域网客户端不能启用防火墙，无论是瑞星防火墙还是 Internet 连接防火墙，否则，将导致资源共享和 Internet 连接共享失败。试着关闭所有的防火墙。

故障 3

故障现象："网上邻居"中找不到服务器。单位网络一直使用正常，但某天早上开机，大部分的计算机就上不了网（计算机提示通信失败），从"网上邻居"里找不到服务器。查毒没有查到任何病毒。以为是交换机的部分端口坏了，于是将不能上网的计算机的端口换到可以上网的交换机端口上，仍然不行。

原因及解决方法：从以上情况来看，估计网络上有"冲击波"等病毒。建议在查病毒时，关闭交换机，查网络中的每一台计算机。另外，在关闭交换机之前，请查看交换机上的状态指示灯，如果指示灯一直在"狂闪"，说明网络负载比较重，是"冲击波"病毒的典型表现。请用最新的杀毒软件检查网络中的每一台计算机，并安装 Windows 2000/XP 系统的冲击波补丁。

10.4.2　常见主机故障与排除

故障 1

故障现象：在"网上邻居"中可以看到自己，却看不到其他联网计算机。

原因及解决方法：这可能是"网上邻居"最常见的故障之一。不过这个故障比较复杂，属于网络互联问题，涉及许多因素，有常见的软件配置因素，也可能有硬件故障因素。

既然在网上邻居中能够看到自己的计算机，说明本机上的网卡和软件安装均没有问题，但因为所有其他计算机都没有在"网上邻居"中出现，其他计算机同时出现问题的可能性不大，所以出现这种问题的可能性通常是计算机自身和线路故障（包括硬件设备）造成的。可以试着从以下几个方面寻找原因。

（1）检查是否只有一台计算机存在这种问题，还是所有其他计算机都存在这种问题。如果只有个别计算机存在这种问题，则可以肯定的是故障原因基本上与其他计算机无关，只与本机软件配置和相连接的网卡、网线、集线器等设备端口有关。

（2）确定属于本机或有关的硬件故障有关后，则应分别进行进一步的检测。先排除自身的软件配置问题：查看所有计算机的 IP 地址是否都配置在同一网段上；是否还应安装"网络客户"选项；最重要的是要检查在计算机上是否已正确安装启动了"计算机浏览器服务"。

（3）如果软件配置没有问题，则需要进一步确认硬件部分有无问题。对于这类由硬件造成的故障，要借助于网络软件工具进行测试，以进一步确定是否真的由硬件引起。

故障 2

故障现象：开启 Guest 账号也无法共享资源。办公室的计算机是 Windows XP 操作系统，以前开启过 Guest 账号，局域网中的其他计算机就可以访问其中的共享文件夹。不知道是什么原因，现在再在"网上邻居"中单击该计算机时，会出现无权访问的提示。

原因及解决方法：确认当前用户（如登录的用户名和以前的不一样）的设置中，Guest 账号是否也处于启用状态；确认连接至局域网的连接没有启用"Internet 连接防火墙"；重新运行"设置家庭或小型办公网络"，将该计算机重新添加至网络；重新设置共享文件夹；检查 IP 地址信息是否正确。

故障 3

故障现象：局域网内用户访问外网不畅。办公室内有 20 台计算机和 5 台笔记本电脑上网，网络已经配置完毕。服务器运行 Windows 2000，启用 DHCP、DNS、IIS、SQL Server 2000 服务，运行 Web 服务器，安装双网卡。因公司暂时没采用静态 IP 地址，而使用 ADSL＋Windows 2000 的 ICS 共享 Internet 连接。局域网访问互联网的速度奇慢，有时需要刷新好几次才能打开网页。ping 局域网均正常，局域网 ping 网站有时正常地返回 Times 和 TTL 值，但是网页打不开。

原因及解决方法：

（1）如果将 DHCP 等网络服务及 SQL 数据库服务全部集中在代理服务器一台机器上，将造成系统负担过大，而使 Internet 连接共享服务的效率大打折扣，从而导致 Internet 连接速率大幅下降。建议关闭不必要的服务，或者将对系统资源要求高的服务配置到其他机器上。另外也应检查机器是否感染了蠕虫病毒。

（2）Windows 2000 自带的 Internet 连接共享效率并不是很高，只适用于小范围的场合，如果机器数量比较多，推荐使用 Windows 2000 中自带的 NAT 或者使用 ISA Server 做代理服务器，使用 Wingate、Sygate 之类的代理软件效果也不错。这是使用 Windows 2000 的 Internet 连接共享的常见问题。

（3）试着从代理服务器上测试 Internet 连接速度。如果代理服务器上连接速度也非常慢，应当与 ISP 联络，更换 ADSL 链路或 ADSL Modem。

（4）检查局域网的集线设备工作是否正常，并重新启动交换机。

10.4.3 常见网卡故障与排除

故障现象：启动 Windows XP，通过"网上邻居"查看网络连接情况，发现"本地连接"已经正常启用，右击"本地连接"，在弹出的快捷菜单中选择"属性"，在 TCP/IP 中添加 ISP 分配的固定 IP 地址及相关数据，单击"确定"按钮后却出现提示"您为这个网络适配器输入的 IP 地址 61.182.39.54 已经分配给另一个适配器 Realtek RTL8139 Family PCI Fast Ethernet NIC"。

原因及解决方法：原来在取掉老网卡的时候，并没有把这块网卡从"设备管理器"中卸载，而是直接换掉了旧的网卡，并且还是占用原来的 PCI 槽。系统在发现新网卡后，把原来的网卡当作一个活动网卡，并保留其 TCP/IP 设置，以备再次启用。重新插入被更换的网卡，在进入系统桌面时没有"发现新硬件"的提示，查看"本地连接"属性，在 TCP/IP 设置中还是原来已经设置好的固定 IP 及相关参数。依次选择"控制面板"→"系统"→"硬件"→"硬件向导"→"卸载/拔掉设备"→"卸载设备"，再选择"显示隐藏设备"复选框，在硬件列表中找到自己的网卡设备，选择并卸载该设备即可。卸载完成之后，再重新启动，系统会自动扫描到新硬件并进行安装。

10.4.4　常见交换机故障与排除

故障 1

故障现象:将某工作站连接到交换机上的几个端口后,无法 ping 通局域网内其他计算机,但桌面上"本地连接"图标仍然显示网络连通。

原因及解决方法:先检查这些被 ping 的计算机是否安装有防火墙。三层交换机可以设置 VLAN,不同 VLAN 内的工作站在没有设置路由的情况下无法 ping 通,因此要修改 VLAN 的设置,使它们在一个 VLAN 中,或设置路由使 VLAN 之间可以通信。

故障 2

故障现象:将某工作站连接到交换机上后,无法 ping 通其他计算机,桌面上"本地连接"图标显示网络不通。或者是在某个端口上连接的时间超过了 10 s,超过了交换机端口的正常反应时间。

原因及解决方法:采用重新启动交换机的方法,一般能解决这种端口无响应的问题。若是端口故障,则需要更换端口。

故障 3

故障现象:有网管功能的交换机的某个端口变得非常缓慢,最后导致整台交换机或整个堆叠交换机都慢下来。通过控制台检查交换机的状态,发现交换机的缓冲池增长得非常快,达到 90%或更多。

原因及解决方法:首先应该使用其他计算机更换这个端口上原来的连接,看是否由这个端口连接的那台计算机的网络故障导致,也可以重新设置出错的端口并重新启动交换机。个别情况,可能是这个端口已损坏。

10.4.5　常见路由器故障与排除

故障 1

故障现象:无法登录至宽带路由器设置页面。

原因及解决方法:首先确认路由器与计算机已经正确连接。检查网卡端口和路由器 LAN 端口对应的指示灯是否正常。如果指示灯不正常,重新插好网线或者替换双绞线;然后在计算机中检查网络连接,先将计算机的 IP 地址设置成自动获取 IP 地址。

查看网卡的连接是否正确获得 IP 地址和网关信息,如果设置为自动获取 IP,这些信息计算机已经正确获得。注意是否开启防火墙服务,如开启请将它禁用。

比较新的路由器(尤其是家用的)多采用 IE 登录路由器的方式进行维护,因此可以在 IE 的连接设置中选择"从不进行拨号连接",再单击"局域网设置",清空所有选项。然后在浏览器地址栏中输入宽带路由器的 IP 地址,按回车键即可进入设置页面。如还不能登录,请尝试将网关设置为路由器的 IP 地址,本机 IP 地址设为与路由器同网段的 IP 地址再进行连接。如果用上面的方法还不能解决所遇到的问题,检查网卡是否与系统的其他硬件有冲突。

故障 2

故障现象:路由器无法获取广域网地址。

原因及解决方法:首先检查路由器的 WAN 口指示灯是否已经亮起,如果没亮,则网线或者网线接头有问题;然后检查路由器是否已经正确配置并保存重启,否则设置不能生效。有时候还可能需要克隆网卡的 MAC 地址到路由器的广域网接口,具体设置参考路由器手册。

10.5　计算机网络安全概述

随着网络的普及,数据通过网络传递已是人们生活中的一部分了。然而电子化的数据容易被复制、伪造、修改或破坏,为了避免别人非法访问自己的数据,数据安全机制应运而生。数据安全机制的目标有:

(1) 完整无误(Integrity)——确认网络收到的数据是正确的,途中没有被篡改或变化;

(2) 身份认证(Authentication)——确认数据发送者的身份;

(3) 不可否认(Nonrepudiation)——确认其他人无法假冒数据发送者身份,使发送者无法否认这份数据是他所发出的;

(4) 信息保密(Confidentiality)——确保数据在网络上传递时不会被他人窃取。

10.5.1　网络安全的基本概念

从狭义的角度讲,网络安全是指网络系统的硬件、软件及其系统中的数据受到保护,不会因为偶然或恶意的原因而遭到破坏、更改或泄露,确保系统能连续、可靠、正常地运行,网络服务不被中断。

从广义的角度讲,凡是涉及计算机网络上信息的保密性、完整性、可用性、真实性和可控性的相关技术和理论都是计算机网络安全的研究领域。

网络安全涉及的内容既有技术方面的问题,又有管理方面的问题,两方面相互补充,缺一不可。

计算机网络安全包括广泛的策略和解决方案,具体内容如下。

(1) 访问控制:对进入系统的用户进行控制。

(2) 选择性访问控制:进入系统后,要对文件和程序等资源的访问进行控制。

(3) 病毒和计算机破坏程序:防止和控制不同种类的病毒和其他破坏性程序造成的影响。

(4) 加密:信息的编码和解码,只有被授权的人才能访问信息。

(5) 系统计划和管理:计划、组织和管理与计算机网络相关的设备、策略和过程,以保证资源安全。

(6) 物理安全:保证计算机和网络设备的安全。

(7) 通信安全:解决信息通过网络和电信系统传输时的安全问题等。

计算机网络安全是每个计算机网络系统的重要因素之一,很多网络系统受到破坏,往往是对网络安全意识不够而造成的,因此,计算机网络的安全是不容忽视的大问题。

10.5.2　影响网络安全的主要因素

影响网络安全的因素很多,归纳起来,主要有以下几个方面。

1. 网络软件系统的漏洞

任何一种软件系统(包括操作系统和应用软件),可能由于程序员一时的有意或无意疏忽而留下了漏洞,而这些漏洞正好成为黑客进行攻击的首选目标,也是网络安全问题的主要根源之一。

2. 网络架构和协议本身的安全缺陷

不管采用何种架构将计算机之间互联成网络以便共享信息资源,都必须使用网络协议,而协议具有开放性,在设计时安全性考虑得不完善,必将造成网络本身的不安全。例如,目前广泛使用的网络通信协议 TCP/IP 是完全公开的,其设计目的是实现网络互联,而没有过多考虑安全因素,其本身就存在安全缺陷。

3. 网络硬件设备和线路的安全问题

网络硬件设备端口、传输线路和主机都有可能因未屏蔽或屏蔽不严给黑客造成可乘之机。黑客通过电磁泄漏实施窃听截获信息,或通过主机某一端口没关闭而进入主机获取有用信息。

4. 操作人员的安全意识不强

计算机及网络操作人员安全意识不强,失误、失职、误操作、管理制度不健全等人为因素都会造成网络安全隐患。例如,网络管理员将超级用户密码外泄。

5. 环境因素

各种自然灾害及电力的不稳而造成的突然掉电、停电等都将对网络的安全造成威胁。

10.5.3　网络攻击的主要手段

网络攻击是指任何以干扰、破坏网络系统为目的的非授权行为。目前,网络攻击有以下几种手段。

1. 网络欺骗入侵

网络欺骗入侵包括 IP 欺骗、ARP 欺骗、DNS 欺骗和 WWW 欺骗四种方式。其方法是伪造一个可信任地址的数据包获取目标主机的信任,从而达到目的。

IP 欺骗就是通过伪造某台主机的 IP 地址,使得某台主机能够伪装成另外一台主机,而这台主机往往具有某种特权或被其他主机所信任。目前 IP 欺骗是黑客攻克防火墙系统最常用的一种方法,也是许多其他网络攻击手段的基础。

ARP 欺骗主要是通过更改 ARP Cache 的内容达到攻击的目的。由于 ARP Cache 中存有 IP 与 MAC 地址的映射信息,若黑客更改了此信息,则发送到某一 IP 的数据包就会被发送到黑客指定的主机上。

DNS 欺骗是一种更改 DNS 服务器中主机名和 IP 地址映射表的技术。当黑客改变了 DNS 服务器上的映射表后,客户机通过主机名请求浏览时,就会被引导到非法的服务器上。

WWW 欺骗也是通过更改映射关系从而达到攻击的目的。它不是更改 DNS 映射,而是更改 Web 映射。当客户机通过 IP 地址浏览时,就会被引导到非法的 Web 服务器上,打开非法的网页。

2. 拒绝服务攻击

拒绝服务(Denial Of Service,DOS)攻击是一种很简单有效且具有破坏性的网络攻击方式。其主要目的是对网络或服务器实施攻击,使其不能向合法用户提供正常的服务。DOS 攻击主要有两种攻击方式:网络带宽攻击和连通性攻击。网络带宽攻击是用极大的通信量冲击网络,消耗尽所有可用的网络带宽资源,造成网络系统瘫痪,即使是合法用户的正常请求也不能通过;连通性攻击是指用大量的连接请求冲击主机,消耗殆尽该主机的系统资源,使系统暂时不能响应用户的正常请求。尽管攻击者不可能得到任何的好处,但拒绝服务攻击会给合法用户和站点的形象带来较大的影响。

3. 密码窃取攻击

密码窃取攻击是指黑客通过窃听等方式在不安全的传输通道上截取正在传输的密码信息或通过猜测甚至暴力破解法窃取合法用户的账户和密码。这是一种常见的而且行之有效的网络攻击手段。黑客通过这种手段,在获取合法的用户账户和密码等信息后,就可成功登录系统。

4. 特洛伊木马

特洛伊木马程序表面上是做一件事情,而实际上却是在做另外的事情,它替代了用户不希望的功能,而这些额外的功能通常是有害的。特洛伊木马程序常常嵌套在一段正常的程序中,借以隐藏自己。

由于特洛伊木马程序是嵌套在正常的程序中,成为合法的程序段,恶意用户正是利用这一点对用户实施攻击,如获取口令、读写未授权文件以及获取目标主机的所有控制权。

解决特洛伊木马程序的基本思想是要发现正常程序中隐藏的特洛伊木马,常用的解决方法是使用数字签名技术为每个文件生成一个标志,在程序运行时通过检查数字签名发现文件是否被修改,从而保护已有的程序不被更换。

5. 邮件炸弹

邮件炸弹是指反复收到大量无用的电子邮件。过多的邮件会:加剧网络的负担;消耗大量的存储空间,造成邮箱的溢出,使用户不能再接收任何邮件;导致系统日志文件变得十分庞大,甚至造成文件系统溢出;同时,大量邮件的到来将消耗大量的处理时间,妨碍系统正常的处理活动。

6. 病毒攻击

病毒对计算机系统和网络安全造成了极大的威胁,网络为病毒快速传播提供了条件。病毒破坏轻者是恶作剧,重者不仅破坏数据,使软件的工作不正常或瘫痪,甚至可能破坏硬件系统。

为了避免系统遭受病毒的攻击,不仅应定期地对系统进行病毒扫描检查,而且还须对病毒的入侵做好实时的监视,防止病毒进入系统,彻底避免病毒的攻击。

7. 过载攻击

过载攻击是使一个共享资源或者服务处理大量的请求,从而导致无法满足其他用户的请求。过载攻击包括进程攻击和磁盘攻击等几种方法。

8. 后门攻击

后门攻击是指入侵者绕过日志,进入被入侵系统的过程。常见的后门有:调试后门、管理后门、恶意后门、Login 后门、服务后门、文件系统后门、内核后门等。

10.5.4　网络安全研究的主要问题

组建计算机网络的目的是为处理各类信息的计算机系统提供良好的通信平台。网络安全技术从根本上讲就是解决网络安全问题,从而达到保护在网络环境中存储、处理和传输信息安全的目的。

网络安全技术研究主要包括以下七个方面的问题。

1. 网络防攻击技术

1)网络防攻击的基本类型

在 Internet 中,对网络的攻击可以分为两种类型:服务攻击和非服务攻击。从黑客攻击的手段上看,又可以大致分为八种:系统入侵类攻击、缓冲区溢出攻击、欺骗类攻击、拒绝服务类攻击、防火墙攻击、病毒类攻击、木马程序攻击和后门攻击。

2)网络防攻击研究需要解决的几个基本问题

(1)网络可能遭到哪些人的攻击;

（2）攻击手段与攻击类型有哪些；

（3）如何及时检测并报告网络被攻击；

（4）如何采取相应的网络安全策略与网络安全防护体系。

2．网络安全漏洞与对策的研究

网络中的各种硬件、操作系统、数据库系统、应用软件、各种网络通信协议等不可能百分之百的安全，都会存在一定的安全问题，这为攻击者留下了可乘之机。管理员必须通过各种手段，如利用各种软件与测试工具主动地检测网络可能存在的各种安全漏洞，并及时地提出对策和补救措施。

3．网络中的信息安全问题

从攻击手段和方法来分，攻击一般可分为主动攻击和被动攻击两类。

主动攻击是指以各种方式有选择地破坏信息的有效性和完整性。被动攻击是在不影响网络正常工作的情况下，进行信息的截获、窃取和破译。

网络中的信息存储安全主要包括两个方面：信息存储安全和信息传输安全。

信息存储安全是指存储在网络中的静态数据不会被未授权的网络用户非法使用。

信息传输安全是指信息在网络传输过程中不被泄露或不被攻击。

4．防抵赖

防抵赖是指如何防止信息源节点用户对他所发送的信息事后不承认，或者信息目的节点用户接收到信息之后不认账。通常通过身份认证、数字签名、数字信封和第三方确认方法来确保网络信息传输的合法性问题，防止"抵赖"现象发生。

5．网络内部安全防范

网络内部安全防范是指如何防止内部具有合法身份的用户有意或无意地做出对网络与信息安全有害的行为。例如，有意或无意地泄露网络用户或管理员口令等。解决来自网络内部的不安全因素必须从技术和管理两个方面入手。一方面应制定和完善网络使用和管理制度，另一方面对网络实施监视。

6．网络防病毒

病毒按其寄生方式可分为：系统引导型病毒、文件型病毒、混合型（复合型）病毒、目录型病毒、宏病毒、网络蠕虫病毒、特洛伊木马型病毒和 Internet 语言病毒。网络病毒不仅危害大，而且传播速度快，目前已是保护网络与信息安全的重要问题之一。

7．网络数据备份、恢复及灾难恢复

当网络出现故障时，网络上的数据会丢失。那么对于丢失的数据，有没有一种方法可对其恢复，恢复的程度如何。当出现灾难性的故障时，数据的恢复采用什么方式解决以及在网络安全运行下，数据如何备份。这些都是目前网络安全研究所要解决的一个重要问题。

10.5.5　网络安全的常见防范技术

先进、可靠的网络安全防范技术是网络安全的根本保证。用户应对自身网络面临的威胁进行风险评估，进而选择各种适用的网络安全防范技术，形成全方位的网络安全体系。目前，主要有以下几种常见的网络安全防范技术。

1．防火墙技术

在网络中，防火墙是一种用来加强网络之间访问控制的特殊网络互联设备，它包括硬件和软件。防火墙是建立在内外网络边界上的过滤封锁机制，内部网络被认为是安全和可信赖的，而外部网络(通常是 Internet)被认为是不安全和不可信赖的。防火墙通过边界控制强化内部网络的安全策略,可防止不希望的、未经授权的通信进出被保护的内部网络。

目前,防火墙已成为控制网络系统访问的非常重要的方法,事实上在 Internet 上很多网站都是由某种形式的防火墙加以保护的,采用防火墙的保护措施可以有效地提高网络的安全性。

2. 身份验证技术

身份验证是用户向系统证明自己身份的过程,也是系统检查核实用户身份证明的过程。这两个过程是判明和确认通信双方真实身份的两个重要环节,人们常把这两项工作统称为身份验证(或身份鉴别)。

KerBeros 系统是目前应用比较广的身份验证技术。它的安全机制在于首先对发出请求的用户进行身份验证,确认其是否为合法用户。如果是合法用户,再核实该用户是否有权对他所请求的服务或主机进行访问。

3. 访问控制技术

访问控制是指对网络中资源的访问进行控制,只有被授权的用户,才有资格去访问有关的数据或程序,其目的是防止对网络中资源的非法访问。

访问控制是网络安全防范和保护的主要策略。访问控制技术包括入网访问控制、网络权限控制、目录级控制、数据属性控制以及服务器安全控制等手段。

4. 入侵检测技术

入侵检测技术是为保障计算机网络系统的安全而设计的一种能够及时发现并报告系统中未授权或异常现象的技术,是一种用于检测计算机网络中违反安全策略的行为和技术,是网络安全防护的重要组成部分。利用入侵检测系统能够识别出不希望有的活动,从而达到限制这些活动的目的。

5. 密码技术

密码技术是保护网络信息安全的最主动的防范手段,是一门集数学、计算机科学、电子与通信等诸多学科于一体的交叉学科。它不仅具有信息加密功能,而且具有数字签名、秘密分存、系统安全等功能。

6. 反病毒技术

目前,出现的计算机病毒已严重影响到计算机网络的正常运行。由于计算机病毒种类繁多、感染力强、传播速度越来越快、破坏性越来越强,因此,针对病毒的反病毒技术在计算机病毒对抗中应不断推陈出新。对于网络用户来讲,应安装网络防病毒软件,并经常进行升级,而对于个人来讲也是一样的,只是安装的是个人防病毒软件而已。

10.6　加密技术

数据加密是所有数据安全技术的核心,是指通过对网络中传输的数据进行加密来保障网络资源的安全性,它是一种主动防御策略。在计算机网络环境下很难做到对敏感性数据的隔离,较现实的方法是设法做到即使攻击者获得了数据,但仍无法理解其包含的意义,以便达到保密的目的。

计算机密码学是解决网络安全问题的技术基础,是一个专门的研究领域。密码技术主要研究数字的加密、解密、认证、数字签名和数字鉴别。

10.6.1　密码学的基本概念

1. 密码学的概念

密码学是研究密码系统或通信系统的安全问题的科学。它包括密码学和密码分析学两大内容。密码学是研究和设计各种密码体制，使信息得到安全的隐藏；密码分析学是在未知密钥的情况下研究分析破译密码，以获取已隐藏的信息。

2. 密码系统的模型

密码系统的设计目的是对传送的信息进行加密处理，使除授权者以外任何截取者在即使准确地收到了信号情况下也无法恢复出原来的信息。其原理如图 10-3 所示。

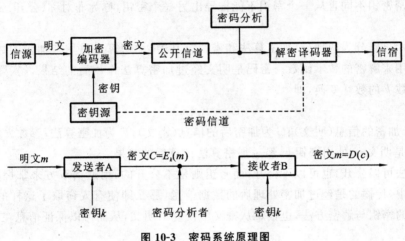

图 10-3　密码系统原理图

图 10-3 中各部分的意义如下。

信源：产生消息的源。

明文（或称消息）：需要采用某种方法对其进行变换来隐藏载荷着信息的消息。

密文（或称密报）：明文经过某种变换后成为一种载荷着不能被非授权者所理解的隐藏信息的消息。

加密编码器：明文变成密文的编码操作过程。

密钥：加密算法通常在一组密钥的控制下进行，这组密钥称为加密密钥，通常是离散的。

密钥源：产生密钥的源头。

公开信道：一般的通信信道。

密码分析：在未知密钥的情况下，经过对截获的密文推断出其明文的过程。

解密译码器：合法接收者（信宿）对接收到的密文进行解密变换，由于它知道密钥和解密变换，因此能很容易地从密文中恢复出明文。

信宿：是消息的接收者。

对于一个密码系统的基本要求是：

（1）当知道 k 时，E 容易求得；

（2）当知道 k 时，D 容易求得；

（3）当不知道 k 时，由 $C=E_k(m)$ 不易导出 m。

3. 加密算法和解密算法

数据加密的基本过程包括加密和解密两个过程。

　　加密是伪装明文以隐藏其真实内容,即将明文 X 伪装成密文 Y。伪装明文的操作过程称为加密,加密时所使用的信息变换规则称为加密算法。解密是加密的逆过程,它是将密文恢复出原明文的过程。解密时所采用的信息变换规则称为解密算法。

　　加密算法和解密算法通常都是在一组密钥控制下进行的,分别称为加密密钥和解密密钥,保密性是基于密钥而不是基于算法的。

　　密码体制是指一个系统所采用的基本工作方式以及它的两个基本构成要素:加密/解密和密钥。密码体制由加密算法和解密算法决定。

4. 对称密码体制和非对称(公开)密码体制

　　如加密密钥和解密密钥相同或者能从加密密钥推导出解密密钥,称为对称密码体制;如加密密钥和解密密钥不同且从一个密钥不能推导出另一个密钥,称为非对称(公开)密码体制。

5. 密码

　　加密技术可以分为两部分:加密算法和密钥。其中,加密算法是用来加密的数学函数,而解密算法是用来解密的数学函数。密码是明文经过加密算法作用后的结果。实际上,密码是含有一个参数 k 的数学变换,即

$$C = E_k(m)$$

其中:m 为未加密的信息(明文);C 为加密后的信息(密文);E 为加密算法;参数 k 为密钥。

　　密文 C 是明文 m 使用密钥 k,经过加密算法计算后的结果。

　　加密算法可以公开,也可以不公开,而密钥则是不公开的,由通信双方来掌握。如果在网络传输过程中,传输的是经过加密处理后的数据信息,那么即使有人窃取了这样的信息,由于不知道相应的密钥与解密方法,也很难从密文中恢复出明文,从而可以保证信息在传输过程中的安全。

6. 加密强度

加密强度取决于三个主要因素。

(1) 算法的强度:当尝试所有可能的密码组合之后,用数学方法也不能解密信息。

(2) 密钥的保密性:当密钥受到损害时,密钥的算法就不能发挥作用,因此,数据的保密程序直接与密钥的保密程度相关。

(3) 密钥长度:根据加密解密的算法程序,密钥的长度是以"位"为单位,在密钥的长度上加上一位则相当于把可能的密钥总数乘以 2 倍。

10.6.2　加密技术

　　目前,广泛使用的加密技术为对称加密(Symmetric Cryptography)技术和非对称加密(Asymmetric Cryptography)技术。在对称加密系统中,加密用的密钥与解密用的密钥是相同的,密钥在通信过程中需要严格保密;在非对称加密系统中,加密用的公钥与解密用的私钥是不同的,加密用的私钥是可以向大家公开的,而解密用的私钥是不可公开的,即需要保密。

1. 对称加密技术

　　在对称加密系统中,加密用的密码与解密用的密码是相同的,因此加密方与解密方必须使用同一算法和同一密钥,且密钥在通信中必须严格保密。图 10-4 所示的是加密算法原理的示意图。

　　由于通信的双方加密与解密时使用的是同一密钥,而算法又是公开的,因此,系统的保密性取决于密钥的安全性,如果第三方知道了密钥就会造成失密,这样密钥管理就变得非常重

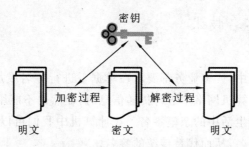

图 10-4　对称加密的原理示意图

要。通常密钥在加密方和解密方之间的传递和分发是在安全通道里进行的。如果密钥不是以安全方式传送,那么黑客就很可能非常容易地截获密钥,从而加密失败。如何产生满足保密的密钥,如何安全、可靠地传送密钥是一个十分复杂的问题。密钥管理涉及密钥的产生、分配、存储、销毁。即使设计了一个很好的加密算法,如果密钥管理问题处理不好,那么这样的系统仍是不安全的。目前,广泛使用的是数据加密标准(Data Encryption Standard,DES)算法。

2. 非对称(公钥)加密技术

对称密码体制存在着以下缺点。

(1)如果没有事先的约定,则不可能与他人通信。

(2)在一个具有 N 个用户的完备通信网络中,如果一个用户需要与其他 N−1 个用户进行加密通信,每个用户对应有一把密钥,那么它就需要维护 N−1 把密钥。当网络中 N 个用户之间进行加密通信时,则需要 N×(N−1)个密钥,才能保证任意双方间进行加密通信,密钥数量很大。

(3)不具备签名功能。

公开密码体制即非对称加密体制则可以解决以上问题。

非对称加密技术对信息的加密与解密使用不同的密钥,用来加密的密钥是可以公开的公钥,而用来解密的密钥则是需要保密的私钥,因此又被称为公钥加密(Public Key Encryption)技术。

非对称密码体制的思想是 Diffie 和 Hellman 于 1976 年提出的。加密过程和解密过程具有不同的算法和密钥,当算法公开时,在计算机上不可能由加密密钥求出解密密钥,只需由接收方保存解密密钥。在公开密钥体制中,每一个用户都有两个密钥,即一个是公钥,另一个是私钥。在向该用户发送加密信息前,先获得他的公开密钥,然后用这个公开密钥对明文进行加密,用户收到密文后,用私密密钥还原出明文,但是不能通过公钥计算出私钥。其过程如图 10-5 所示。

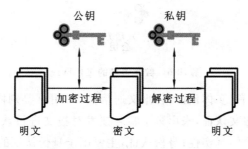

图 10-5　非对称加密的原理示意图

10.6.3 数字签名技术

1. 数字签名的概念

在金融和商业等系统中,许多业务都要求在单据上进行签名或加盖印章,证实其真实性,以备日后检查。但是在计算机网络中进行传递信息时,显然是不能用手签的方法,通常是使用数字签名技术来模拟日常生活中的亲笔签名。在计算机中我们可以采用数字签名的方法,利用公开密钥来实现数字签名,从而代替传统的签名。

为使数字签名能代替传统的签名,数字签名必须满足以下三个条件:

(1) 接收者能够核实发送者对报文的签名;

(2) 发送者事后不能抵赖对其报文的签名;

(3) 接收者无法伪造对报文的签名。

当前利用数字签名最常用的方法是非对称加密算法。

2. 数字签名的实现过程

数字签名是将发送文件与特定的密钥捆绑在一起,密文和用来解密的密钥一起发送,而该密钥本身又被加密,还需另一密钥来解码。这种组合加密被称为数字签名,其过程可用图10-6来表示。

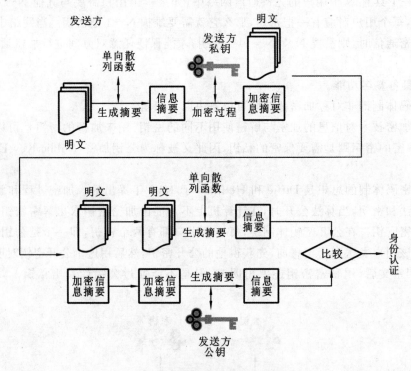

图 10-6 数字签名的工作原理

数字签名包含的认证有:实体认证,在报文通信前,采用可鉴别协议来认证通信是否在议定的通信实体之间进行;报文认证,采用数字签名技术对报文进行认证,即接收实体能验证报文的来源、时间性和目的地的真实性;身份认证,主要用于身份认证的内容有口令、密钥、徽标、笔迹、指纹等。

10.7 防火墙技术

防火墙是内部网络被认为是安全和可信赖的,而外部网络(通常是 Internet)被认为是不安全和不可信赖的。防火墙的作用是防止不希望的、未经授权的通信进出被保护的内部网络,通过边界控制强化内部网络的安全政策。

1. 防火墙的概念

所谓"防火墙(Firewall)",是指在两个网络之间实现访问控制的一个或一组硬件或软件系统,它是建立在内外网络边界上的过滤封锁机制。它是一种将两个网分开的方法,通常是将内网和外网分开,实际上是一种隔离技术。防火墙是在两个网络通信时执行的一种访问控制尺度,它允许"同意"的数据进入自己的网络,而将没被"同意"的数据屏蔽掉。设置防火墙的目的是保护内部网络资源不被外部非授权用户使用,防止内部受到外部非法用户的攻击。防火墙安装在内部网络与外部网络之间,如图 10-7 所示。

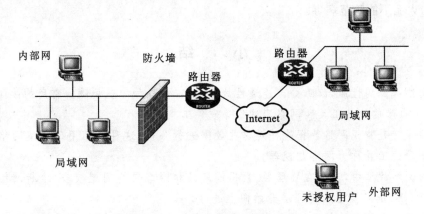

图 10-7 防火墙的位置与作用

防火墙既可以安装在一个单独的路由器中,用来过滤掉不想要的数据包,也可以是一个独立的设备或软件,安装在主机与路由器中,发挥更大的网络安全保护作用。

防火墙包含着一对矛盾(或称机制):一方面它允许数据通过;另一方面却不允许数据通过。由于防火墙的管理机制及安全策略(Security Policy)不同,因此这对矛盾呈现出不同的表现形式。

一个好的防火墙系统应具有以下几个方面的特性。

(1) 所有内部网络和外部网络之间数据传输必须经过防火墙。

(2) 只有被授权的合法数据及防火墙系统中安全策略允许的数据可以通过防火墙。

(3) 防火墙本身不受各种攻击的影响。

(4) 使用目前新的信息技术,如现代密码技术等。

(5) 人机界面友好,用户配置使用方便,容易管理。

2. 防火墙的功能

防火墙的主要功能包括以下几个方面。

(1) 限定内部用户访问特殊站点。

(2) 防止未授权用户访问内部网络。

（3）允许内部网络中的用户访问外部网络的服务和资源，而不泄漏内部网络的数据和资源。

（4）记录通过防火墙的信息内容和活动。

（5）对网络攻击进行监测和报警。

（6）具有防攻击能力，保证自身的安全性。

3. 防火墙的局限性

尽管防火墙为网络提供了十分必要的安全保障，但也存在着一定的局限性，主要表现在以下几个方面。

（1）不能防范恶意的知情者。

（2）防火墙不能防范不通过它的连接，即防火墙只能有效地防止通过它进行传输的信息，而不能防止不通过它而传输的信息。

（3）防火墙不能防备全部的威胁，即防火墙只能防备已知的威胁，而不能防备未知的威胁。

（4）防火墙不能防范病毒。

小　　结

根据网络故障的性质，故障分为连通性故障、协议故障和配置故障。常用的故障检测工具有 Windows 自带的软件工具和网络测试仪等硬件工具两类。

网络监视就是监视网络数据流并对这些数据进行分析，这种专门用于采集网络数据流并提供分析能力的工具称为网络监视器。

常见的网络故障中，出现在物理层、数据链路层和网络层的问题较多，诊断网络故障的过程可以沿着 OSI 七层模型从物理层开始向上进行。

计算机网络上信息的保密性、完整性、可用性、真实性和可控性的相关技术和理论都是计算机网络安全的研究领域。

防火墙是根据一定的安全规定来检查、过滤网络之间传送的报文分组，以便确定这些报文分组的合法性。

网络管理则是指对网络应用系统的管理，它包括配置管理、故障管理、性能管理、安全管理、记账管理等部分。

习　　题

1. 网络故障根据其性质一般分为哪几类？它们是如何产生的？
2. 简述网络故障的分类诊断技术。
3. 常用的网络安全技术有哪些？
4. 使用防火墙的目的是什么？
5. 一个好的防火墙系统应具有哪几个方面的特性？
6. 常见的网络攻击有哪些，使用什么方法可以解决？
7. 在网络系统设计中，需要从哪几个方面采取防病毒措施？
8. 根据 OSI 网络管理标准，网络管理主要应包括哪几个方面？

第11章　计算机网络实训相关知识

11.1　交换机原理与应用

1. 基本以太网

1）以太网标准

以太网是 Ethernet 的意思,过去使用的是十兆标准,现在是百兆到桌面,千兆做干线。

常见的标准有:

10BASE-2　细缆以太网

10BASE-5　粗缆以太网

10BASE-T　星型以太网

100BASE-T　快速以太网

1000BASE-T　千兆以太网

2）接线标准

星型以太网采用双绞线连接,双绞线是 8 芯,分四组,两芯一组绞在一起,故称双绞线。

8 芯双绞线只用其中 4 芯:1、2、3、6。

常见接线方式有以下两种。

568B 接线规范:　白橙　橙　白绿　蓝　白蓝　绿　白棕　棕

　　　　　　　　　 1　　 2　　 3　　 4　　 5　　 6　　 7　　 8

568A 接线规范:　白绿　绿　白橙　蓝　白蓝　橙　白棕　棕

　　　　　　　　　 1　　 2　　 3　　 4　　 5　　 6　　 7　　 8

将 568B 的 1 和 3 对调,2 和 6 对调,就得到 568A。

3）接线方法

两边采用相同的接线方式称为平接,两边采用不同的接线方式称为扭接。

不同的设备之间连接使用平接线;相同的设备之间连接使用扭接线。

计算机、路由器与集线器、交换机连接时使用平接线。

这是因为网线中的 4 条线,一对是输入,一对是输出,输入应该与输出对应。

2. 交换机原理与应用

1）冲突域和广播域

交换机是根据网桥的原理发展起来的,学习交换机先认识以下两个概念。

(1) 冲突域:是数据必然发送到的区域。

Hub 是无智能的信号驱动器,有入必出,整个由 Hub 组成的网络是一个冲突域。

交换机的一个接口下的网络是一个冲突域,所以交换机可以隔离冲突域。

(2) 广播域:是指广播数据时可以发送到的区域。

交换机和集线器对广播帧是透明的,所以用交换机和 Hub 组成的网络是一个广播域。

路由器的一个接口下的网络是一个广播域,所以路由器可以隔离广播域。

2) 交换机原理

(1) 端口地址表:记录了端口下包含主机的 MAC 地址。端口地址表是交换机上电后自动建立的,保存在 RAM 中,并且自动维护。

交换机隔离广播域的原理是根据其端口地址表和转发决策决定的。

(2) 转发决策:交换机的转发决策有三种操作,即丢弃、转发和扩散。

丢弃:当本端口下的主机访问已知本端口下的主机时丢弃。

转发:当某端口下的主机访问已知某端口下的主机时转发。

扩散:当某端口下的主机访问未知端口下的主机时要扩散。

每个操作都要记录下发包端的 MAC 地址,以备其他主机的访问。

(3) 成存期:是端口地址列表中表项的寿命。每个表项在建立后开始进行倒计时,每次发送数据都要刷新计时。对于长期不发送数据主机,其 MAC 地址的表项在生成其结束时删除。所以端口地址列表记录的总是最活动的主机的 MAC 地址。

3) 交换网络中的环

以太网是总线型或星型结构的,不能构成环路,否则会产生以下两个严重后果:

(1) 产生广播风暴,造成网络堵塞;

(2) 克隆帧会在各个端口出现,造成地址学习(记录帧源地址)混乱。

解决环路问题方案如下:

(1) 网络在设计时,人为地避免产生环路;

(2) 使用生成树 STP(Spanning Tree Protocol)功能,将有环的网络剪成无环网络。

STP 被 IEEE 802 规范为 802.1d 标准。

生成树协议有以下术语。

(1) 网桥协议数据单元(Bridge Protocol Data Unit,BPDU):是生成树协议交换机间通信的数据单元,用于确定角色。

(2) 网桥号(Bridge ID):交换机的标识号,它由优先级和 MAC 地址组成,优先级 16 位,MAC 地址 48 位。

(3) 根网桥(Root Bridge):定义为网桥号最小的交换机,根网桥所有的端口都不会阻塞。

(4) 根端口(Root Port):非根网桥到根网桥累计路径花费最小的端口,负责本网桥与根网桥通信的接口。

(5) 指定网桥(Designated Bridge):网络中到根网桥累计路径花费最小交换机,负责收发本网段数据。

(6) 指定端口(Designated Port):网络中到根网桥累计路径花费最小的交换机端口,根网桥每个端口都是指定端口。

(7) 非指定端口(NonDesignated Port):余下的端口是非指定端口,它们不参与数据的转发,也就是被阻塞的端口。

根端口是从非根网桥选出,指定端口是从网段中选出。

生成树协议工作时,所有端口都要经过一个端口状态的建立过程。

生成树协议通过 BPDU 广播,确定各交换机及其端口的工作状态和角色。

交换机上的端口状态分别为:关闭、阻塞、侦听、学习和转发状态。

(1) 关闭状态：不收发任何报文，当接口空连接或人为关闭时处于关闭状态。

(2) 阻塞状态：在机器刚启动时，端口是阻塞状态(20 s)，但接收 BPDU 信息。

(3) 侦听状态：不接收用户数据(15 s)，收发 BPDU，确定网桥及接口角色。

(4) 学习状态：不接收用户数据(15 s)，收发 BPDU，进行地址学习。

(5) 转发状态：开始收发用户数据，继续收发 BPDU 和地址学习，维护 STP。

4) 关于 VLAN

VLAN(Virtual Lan)是虚拟逻辑网络，交换机通过 VLAN 设置，可以划分为多个逻辑网络，从而隔离广播域。具有三层模块的交换机可以实现 VLAN 间的路由。

(1) 端口模式。

交换机端口有两种模式：access 和 trunk。access 口用于与计算机相连，而交换机之间的连接应该是 trunk。

交换机端口默认 VLAN 是 VLAN1，工作在 access 模式。

access 口收发数据时，不含 VLAN 标志。具有相同 VLAN 号的端口在同一个广播域中。

trunk 口收发数据时，包含 VLAN 标志。trunk 又称为干线，可以设置允许多个 VLAN 通过。

(2) VLAN 中继协议。

VLAN 中继协议有以下两种。

ISL(Inter-Switch Link)：是 Cisco 专用的 VLAN 中继协议。

802.1q(dot1q)：是标准化的，应用较为普遍。

(3) VTP。

VTP(Vlan Trunking Protocol)是 VLAN 传输协议，在含有多个交换机的网络中，可以将中心交换机的 VLAN 信息发送到下级的交换机中。

中心交换机设置为 VTP Server，下级交换机设置为 VTP Client。

VTP Client 要能学习到 VTP Server 的 VLAN 信息，要求在同一个 VTP 域，并要口令相同。

(4) VLAN 共享。

如果要求某个 VLAN 与其他 VLAN 访问，可以设置 VLAN 共享或主附 VLAN。

共享模式的 VLAN 端口，可以成为多个 VLAN 的成员或同时属于多个 VLAN。

在主附 VLAN 结构中，子 VLAN 与主 VLAN 可以相互访问，子 VLAN 间的端口不能互相访问。

一般的 VLAN 间使用不同网络地址；主附 VLAN 中主 VLAN 和子 VLAN 使用同一个网络地址。

5) 交换机和路由器的口令恢复

(1) 交换机的口令恢复。

交换机的口令恢复的操作是先启动超级终端，在交换机上电时按住的"mode"键。几秒后松手，进入 ROM 状态，将 nvram 中的配置文件 config.txt 改名或删除，再重启。

参考命令为：

switch：rename flash：config.text flash：config.bak

switch：erase flash：config.text

（2）路由器的口令恢复。

路由器的口令恢复操作先启动超级终端，在路由器上电时按计算机的"Ctrl＋Break"组合键，进入 ROM 监控状态 rommon＞，用配置寄存器命令 confreg 并设置参数值 0x2142，跳过配置文件，设置口令后再还原为 0x2102。

参考命令为：

rommon＞confreg 0x2142

router(config)＃config-register 0x2102

没有特权口令无法进入特权状态，只能进入 ROM 监控状态，使用 confreg 0x2142 命令。当口令修改完后，可以在特权模式下恢复为使用配置文件状态。

3. 三层交换机

1）三层交换机原理

交换机是链路层设备，使用 MAC 地址，完成对帧的操作。

交换机的 IP 地址做管理用，交换机的 IP 地址实际是 VALN 的 IP。

不同 VLAN 的主机间访问，相当于网络间的访问，要通过路由实现。

不同 VLAN 的主机间访问有以下几种情况。

（1）两个 VLAN 分别接入路由器的两个物理接口，这是路由器的基本应用。

（2）两个 VLAN 通过 trunk 接入路由器的一个物理接口，这是应用于子接口的单臂路由。

（3）使用具有三层交换模块的交换机。

① 通过 VLAN 的 IP 地址做网关，实现三层交换，要求设置 VLAN 的 IP 地址。

② 将端口设置在三层工作，要求端口设置为 no switchport，再设置端口的 IP 地址。

2）三层交换机的通道技术

三层交换机通道技术是将交换机的几个端口捆绑使用，即端口的聚合。

使用通道技术一个方面提高了带宽，同时提高了线路的可靠性。

但是如果设置不当，有可能产生环路，造成广播风暴而堵塞网络。

要聚合的端口要划分到指定的 VLAN 或 trunk。

配置三层通道时，先要进入通道，再用 no switchport 命令关闭二层，设置通道 IP 地址。

一个通道一般小于 8 个接口，接口参数应该一致，如工作模式、封装的协议、端口类型。

3）端口协商方式

端口的聚合有两种方式：手动的方式和自动协商的方式。

手动的方式很简单，设置端口成员链路两端的模式为"on"。

命令格式为：

channel-group ＜number＞ mode on

自动协商的方式有两种类型：PAgP(Port Aggregation Protocol)和 LACP(Link aggregation Control Protocol)。

PAgP：Cisco 设备的端口聚合协议，有 auto 和 desirable 两种模式。

　　　auto 模式在协商中只收不发，desirable 模式的端口收发协商的数据包。

LACP：标准的端口聚合协议 802.3ad，有 active 和 passive 两种模式。

　　　active 相当于 PAgP 的 auto，而 passive 相当于 PAgP 的 desirable。

4）通道端口间的负载平衡

通道端口间的负载平衡有两种方式：基于源 MAC 的转发和基于目的 MAC 的转发。

scr-mac：源 MAC 地址相同的数据帧使用同一个端口转发。

dst-mac：目的 MAC 地址相同的数据帧使用同一个端口转发。

11.2　路由器原理与应用

1. 路由的基本概念

路由器是网络层的设备，负责 IP 数据包的路由选择和转发。

1）路由类型

路由的类型有：直连路由、静态路由、默认路由和动态路由。

直连路由是与路由器直接相连网络的路由，路由器对直连网络有转发能力。

静态路由是管理员人为设置的路由，网络开支小，可以有效地改善网络状况。

默认路由是静态路由的一个特例，将路由表不能匹配的数据包送默认路由，一般在最后。

动态路由是路由协议自动建立和管理的路由，常见动态路由协议有：RIP（Routing Information Protocol）、IGRP（Interior Gateway Routing Protocol）、EIGRP（Enhance Interior Gateway Routing Protocol）、OSPF（Open Shortest Path First）、BGP（Backbone Getway Protocol）。

上述路由协议称为 routing protocol，而 IP、IPX 称为 routed protocol（可路由的协议）。也有一些协议是不可路由的，如 NetBEUI 协议。

2）路由算法

路由算法常见的有三种类型：距离矢量 D-V（Distance-Vector）算法，如 RIP、IGRP、BGP；链路状态 L-S（Link State）算法，如 OSPF、IS-IS；混合算法，如 Cisco 的 EIGRP。

3）路由交换范围

路由器通过交换信息建立路由表，当网络结构发生变化时，路由表能自动维护。

路由表跟随网络结构变化过程称为收敛。为了减少收敛过程引起的网络动荡，要考虑路由交换范围。

RIP 协议通过 network 命令指定。例如，设置 10.0.0.0 网络的接口参与路由信息交换为

router(config-router)network 10.0.0.0

OSPF 协议通过 network 命令指定。例如，设置 10.65.1.1 网络的接口参与路由信息交换为

router(config-router)network 10.65.1.1 0.0.0.0 area 0

area 是网络管理员在自治系统（国际机构分配）AS（Autonomous System）内部划分的区域；0.0.0.0 是匹配码；0 表示要求匹配，1 表示不关心。

4）路由表

路由表（Routing Table）是路由器中路由项的集合，是路由器进行路径选择的依据。

每条路由项包括：目的网络和下一跳，还有优先级、花费等。

路由优先匹配原则如下。

（1）直接路由：直连的网络优先级最高。

（2）静态路由：优先级可设，一般高于动态路由。

（3）动态路由：相同花费时，长掩码的子网优先。

（4）默认路由：最后有一条默认路由，否则数据包丢弃。

2. RIP 路由协议

1) RIP 协议的认识

RIP(Routing Information Protocol)协议是采用 D-V(Distance-Vector)算法的距离矢量协议。

根据跳数(Hop Count)来决定最佳路径。最大跳数为 16,限制了网络的范围。

单独以跳数作为距离或花费,在有些情况下是不合理的,因为跳数少不一定是最佳路径。

实际上带宽和可靠性也是重要的因素,有时需要管理员修改花费值。

RIP 有两个版本:RIP-1 和 RIP-2。

RIP-1:采用广播方式发送报文,不支持子网路由。

RIP-2:支持多播方式、子网路由和路由的聚合。

2) 路由表的维护

通过 UDP 协议每隔 30 s 发送路由交换信息,从而确定邻居的存在。

若 180 s 还没有收到某相邻节点路由信息,标记为此路不可达。若再过 120 s 后还没有收到路由信息,则删除该条路由。

当网络结构变化时,要更新路由表,这个过程称为收敛(Convergence)。

RIP 标记一条路由不可达要经过 3 min,收敛过程较慢。

路由表是在内存当中的,路由器上电时初始化路由表,对每个直连网络生成一条路由。

同时复制相邻路由器的路由表,复制过程中跳数加 1,且下一跳指向该路由器。

若去往某网络的下一跳是 RouteA,并且 RouteA 去该网络的路由没有了,则删除这一路由。

跳数是到达目的网络所经过的路由器数目,直连网络的跳数是 0,且有最高的优先级。

3) 路由环路

矢量路由的一个弱点就是可能产生路由环路,产生路由环路的原因有两种:一种是静态路由设置的不合理;另一种是动态路由定时广播产生的误会。

先看静态路由设置不合理的情况:设两个路由器 RouterA 和 RouterB,其路由表中各有一条去往相同目的网络的静态路由,但下一跳彼此指向对方,形成环路。

再看动态路由造成的情况:假设某路由器 RouterA 通过 RouterB 至网络 neta,但 RouterB 到 neta 不可达了,且 RouterB 的广播路由比 RouterA 先来到,RouterB 去 neta 不可达,但 RouterA 中有去往 neta 路由,且下一跳是 RouterB,这时 RouterB 就会从 RouterA 那里学习该路由,将去往 neta 的路由指向 RouterA,跳数加 1。

去 neta 的路由原本是 RouterB 传给 RouterA 的,现 RouterB 却从 RouterA 学习该路由,显然是不对的,但这一现象还会继续,RouterA 去 neta 网络的下一路是 RouterB,当 RouterB 的跳数加 1 的时候,RouterA 将再加 1。周而复返形成环路,直至路由达到最大值 16。

4) 解决路由环路的办法

(1) 规定最大跳数。

RIP 规定了最大跳数为 16,跳数等于 16 时视为不可达,从而阻止环跳进行。

(2) 水平分割。

水平分割是过滤掉发送给原发者的路由信息。具体路由信息单向传送。

(3) 毒性逆转。

毒性逆转是水平分割的改进,收到原是自己发出的路由信息时,将这条信息跳数置成 16,

即毒化。

（4）触发方式。

一旦发现网络变化，不等呼叫，立即发送更新信息，迅速通知相邻路由器，防止误传。

（5）抑制时间。

在收到路由变化信息后，启动抑制时间，此时间内变化项被冻结，防止被错误地覆盖。

3. OSPF 路由协议

1）OSPF 的特点

OSPF（Open Shortest Path First），即开放式最短路径优先协议。

使用 L-S（Link State）算法的链路状态路由协议，路由算法复杂，适合大型网络。

网络拓扑结构变化时，采用触发方式，组播更新，收敛快，要求更高的内存和 CPU 资源。

LSA（Link State Advertisement），即链路状态通告，是以本路由器为根的最小路径优先树。

LSDB（Link State DataBase），即链路状态数据库，这是各个路由器的 LSA 的集合。

每个路由器的 LSA 是不同的，但它们的集合 LSDB 是相同的。

D-V 算法只考虑下一跳，没有全局的概念，交给下一跳就完成任务，所以容易产生环路。

L-S 算法中，每个路由器可以根据网络整体结构决定路径，所以不会产生环路。

2）指定路由器与路由器标志

指定路由器 DR（Dezignated Router）是 OSPF 路由交换的中心，数据通过 DR 进行交换。

在路由器群组中优先级（Router Priority）最高的为 DR，次高的为备份指定路由器 BDR。

管理员可以通过设置优先级指定 DB 和 BDR。优先级相同时，比较 router id。

如果没有设置 router id，则以回环接口 loopback ip 值高的为 DR；如果没有设置 loopback ip，取接口的 IP 地址中最高的为 DR。

3）建立路由表

（1）Hello 报文。

Hello 报文用于发现新邻居问候老邻居，选举指定路由器 DR 和 BDR。

（2）DD 报文。

DD 报文（Database Description Packet）用 LSA 头（head）信息表示 LSA 的变化情况，将其发送给 DR，DR 再发给其他路由器。

（3）LSR 报文。

LSR 报文（Link State Request Packet）是请求更新包，当 LSDB 需要更新时，将其发送给 DR，点对点连接时直接同步 LSDB。

（4）LSU 报文（Link State Update Packet）。

DR 用多播地址 224.0.0.6 收，224.0.0.5 发，同步整个区域的 LSDB。

（5）确认后计算路由。

LSDB 同步后，计算 cost 花费，考虑跳数、带宽、可靠性等综合因素求解最佳路径。

4）单区域 OSPF 配置

单区域 OSPF 配置是指运行 OSPF 协议的路由器在同一个区域 area n，对于只有一个区域的网络，区域号是任意的，一般设置为 0。

单区域 OSPF 有三种连接情况：点对点的连接（Point to Point）、广播方式的连接（Broadcast Multi Access Network）、非广播方式多点连接（Non Multi Access Network）。

点对点连接结构最简单,可靠性高,工作稳定;以太网连接是典型的广播方式的连接;帧中继连接属于非广播方式多点连接类型。

5) 多区域 OSPF 的设置

多区域中要求有一个是骨干区域 area 0,边界路由器跨接两个区域。

多区域的区域内部按单区域设置,多区域间通过边界路由器连接。

stub 是末节区域,末节区域不接收 OSPF 以外的路由信息。

如果路由器想去往区域以外网络,要使用默认路由。

只有多区域中才存在末节区域,末节区域要设置在边界路由器上。

作为企业可以将分支区域设置为末节区域。

分支区域不需要知道总部网络的细节,却能够通过缺省路由到达那里。

4. 访问控制列表

1) 访问控制列表类型与作用

访问控制列表是对通过路由器的数据包进行过滤。

过滤是根据 IP 数据包的 5 个要素:源 IP 地址、目的 IP 地址、协议号、源端口和目的端口进行的。

访问控制列表有两类:标准访问控制列表和扩展访问控制列表。

标准访问列表:列表号为 1~99,只对源 IP 地址进行访问控制。

扩展访问列表:列表号为 100~199,可以对源和目的地址、协议、端口号进行访问控制。

2) 访问控制列表的产生过程

定义一个 ACL:access-list <number> <permit|deny> <sourceIP wild|any>。

进入指定接口:interface <interface>。

绑定指定 ACL:ip access-group <number> [in|out]。

3) 访问控制列表匹配原则

访问控制列表默认的是 deny any,一般是逐行匹配,也可以设置深度匹配。所以一般是从小的范围向大的范围写访问控制列表,成为梯形结构。

一般在访问控制表的最后一行要写 permit any。

4) 命名方式的访问控制列表

命名方式是用名称代替列表号,便于记忆,扩展了条目数量,可以是基本型或扩展型。

命令方式 ACL 语法有些变化,支持删除一个列表中的某个语句。

命名语法格式:

router(config)♯ip access-list {standard|extended} name

router(config std nacl)♯{deny|permit}<S_ip><S_Wild>

router(config ext nacl)♯{deny|permit}[protocol]<S_ip><S_Wild><D_ip><D_Wild>[op]

第一行是定义命名方式访问控制列表类型:标准或扩展。

第二行是标准命名方式的访问控制列表的语法格式。

第三行是扩展命令方式的访问控制列表的语法格式。

5. 地址转换 NAT

1) NAT 的认识

NAT(Network Address Translate)是地址转换操作。

NAT 可以将局网中的私有 IP 转换成公有 IP，解决了内部网络访问 internet 的问题。

NAT 可以做负载均衡，将内部多个服务器对外映射成一台服务器。

Inside local address：内部网的私有 IP。

Inside global address：内部网的公有 IP。

Outside global address：互联网中的公有 IP。

Outside local address：互联网中的公有 IP 对应的私有 IP。

NAT 可分为原地址变换 SNAT 和目的地址变换 DNAT。

按工作方式划分，NAT 可分为静态 NAT 和动态 NAT。

SNAT 命令中使用 source 参数，DNAT 命令中使用 destination 参数。

注：对已连接的返回包可自动对应。

2）静态 NAT

静态 NAT 是在指定接口上，对数据包的原 IP 或目的 IP 进行一对一的转换。

静态 NAT 常用于将某个私有 IP 固定的映射成为一个公有 IP。

语法：

Router(config)♯ip nat inside source static ＜ipa＞ ＜ipb＞

在指定接口 inside 中对数据包的原地址进行变换，一般 ipa 是私网 IP，ipb 是公网 IP。

3）动态 NAT

动态 NAT 一般用于将局域网中的多个私有 IP 从公有 IP 地址池中提取公有 IP 来对外访问。

设内部局域网是：10.66.0.0，公网 IP 地址池为：60.1.1.1～60.1.1.8，当内部网络要访问 internet 时，从公网 IP 地址池中提取公网 IP 对外访问。

语法如下。

定义地址池 p1：

Router(config)♯ip nat pool p1 60.1.1.1 60.1.1.8 netmask 255.255.255.0

定义访问控制列表 1：

Router(config)♯access-list 1 permit 10.66.0.0 0.0.255.255

将访问控制列表 1 的源地址，动态地从公网 IP 地址池 p1 提取公网 IP：

Router(config)♯ip nat inside source list 1 pool p1

4）PAT

PAT(Port Address Translate)是端口地址转换，将私有 IP 转换到公网 IP 的不同端口上，并使用参数 overload，属于动态 NAT。

语法：

Router(config)♯access-list 2 permit 10.66.0.0 0.0.255.255

Router(config)♯ip nat inside source list 2 interface s0/0 overload

5）基于 NAT 的负载均衡

NAT 可以实现负载均衡。

一般的 NAT 都是将内部私有 IP 转换为公网 IP，连接方向从内向外。而对于负载均衡是将一个公网 IP 翻译成多个内部私有 IP，连接访问从外向内。例如，内部的 WWW 服务负载过重，可将多台同样的服务器对外映射成一个 IP 地址，内部的多台服务器捆绑在一起构成虚拟服务器，外部访问这个虚拟服务器时，路由器轮流指向各台服务器，从而达到负载均衡。

语法：

定义地址池 p2，使用 rotary 参数轮循。

ra(config)♯ip nat pool p2 10.1.1.2 10.1.1.4 netmask 255.255.255.0 type rotary

ra(config)♯access-list 1 permit 60.1.1.1

ra(config)♯ip nat inside destination list 1 pool p2

在指定接口 inside 中建立 list 2 与 pool p2 的对应关系。Destination 表示转换目的地址。

6) 基于服务的 NAT

基于服务的 NAT 配置，细化了 NAT 的应用，转换可以具体到协议和端口，即指定的服务上。

例如，对内网的虚拟服务器（使用一个公网 IP）的访问：当访问 TCP 20 端口时就将它转到内部 FTP 服务上；当访问 TCP 21 端口时也将它转到内部 FTP 服务上；当访问 TCP 80 端口时就将它转换到内部的 WWW 服务器上。

语法：

Router(config)♯ip nat inside source static tcp 10.65.1.2 20 60.1.1.1 20

Router(config)♯ip nat inside source static tcp 10.65.1.2 21 60.1.1.1 21

Router(config)♯ip nat inside source static tcp 10.65.1.3 80 60.1.1.1 80

11.3　常见广域网协议及特点

1. 常用的广域网协议

常用的广域网协议有 PPP(Point to Point Protocol)、HDLC(High level Data Link Control)和 fram-relay。

PPP：点对点的协议，华为路由器默认的封装，是面向字符的控制协议。

HDLC：高级数据链路控制协议，Cisco 路由器默认的封装，是面向位的控制协议。

fram-relay：表示帧中继交换网，它是 x.25 分组交换网的改进，以虚电路的方式工作。

2. PPP 协议

1) PPP 协议的组成和特点

PPP 协议是在 SLIP 基础上开发的，解决了动态 IP 和差错检验问题。

PPP 协议包含数据链路控制协议 LCP 和网络控制协议 NCP。

LCP 协议提供了通信双方进行参数协商的手段。

NCP 协议使 PPP 可以支持 IP、IPX 等多种网络层协议及 IP 地址的自动分配。

PPP 协议支持两种验证方式：PAP 和 CHAP。

2) PAP 验证

PAP(Password Authentication Protocol)验证是简单认证方式，采用明文传输，验证只在开始连接时进行。

验证方式如下：

(1) 被验方先发起连接，将 username 和 password 一起发给主验方；

(2) 主验方收到被验方 username 和 password 后，在数据库中进行匹配，并回送 ACK 或 NAK。

3）CHAP 验证

CHAP(Challenge-Handshake Authentication Protocol)验证是要求握手验证方式,安全性较高,采用密文传送用户名。

主验方和被验方两边都有数据库。

要求双方的用户名互为对方的主机名,即本端的用户名等于对端的主机名,且口令相同。

验证方式如下:

(1)主验方向被验证方发送随机报文,将自己的主机名一起发送;

(2)被验方根据主验方的主机名在本端的用户表中查找口令字,将口令加密运算后加上自己的主机名及用户名回送主验方;

(3)主验方根据收到的被验方的用户名在本端查找口令字,根据验证结果返回验证结果。

3. HDLC 协议

HDLC(High level Data Link Control),即高级数据链路层控制协议,是 Cisco 路由器默认的封装协议。

HDLC 是面向位协议,用"数据位"定义字段类型,而不用控制字符,通过帧中用"位"的组合进行管理和控制。

帧格式为:

字段:	开始标志	地址字段	控制字段	信息字段	校验序列	结束标志
位长:	8	8×n	8	任意	16	8
字段:	F=01111110	A	C	I	FCS	F=01111110

4. 帧中继

企业网申请帧中继时,局端提供 DLCI 号和接入的 LMI 类型,局端是 DCE,客户端是 DTE。

设局端提供的虚电路号 DLCI 是 16 和 17,本地管理类型接口 LMI 是 Cisco。

设置内容:连接端口的 IP 地址,指定 lmi 类型,设置虚电路号。

例如,

Router(config)♯int s0/0

Router(config-if)♯ip address 172.16.20.1 255.255.255.0

Router(config-if)♯encap frame-relay

Router(config-if)♯frame-relay lmi-type cisco

Router(config-if)♯frame-relay dlci 16

如果在实验室条件下配置帧中继,要求用一个路由器做中继交换机 switching。

Router(config)♯frame-relay switching

当要求一点对多点时,可以使用子接口的帧中继设置。

11.4　PIX 防火墙特点与应用

1. PIX 防火墙的认识

PIX 是 Cisco 的硬件防火墙,硬件防火墙有工作速度快、使用方便等特点。

PIX 有很多型号,并发连接数是 PIX 防火墙的重要参数。PIX25 是典型的设备。

PIX 防火墙常见接口有:console、Failover、Ethernet、USB。

网络区域包括:内部网络(inside)、外部网络(outside)和中间区域。中间区域又称 DMZ(停火区),放置对外开放的服务器。

2. 防火墙的配置规则

在没有连接的状态(没有握手或握手不成功或非法的数据包)下,任何数据包无法穿过防火墙(内部发起的连接可以回包,通过 ACL 开放的服务器允许外部发起连接)。

inside 可以访问任何 outside 和 dmz 区域。dmz 可以访问 outside 区域。inside 访问 dmz 需要配合 static(静态地址转换)。outside 访问 dmz 需要配合 acl(访问控制列表)。

3. PIX 防火墙的配置模式

PIX 防火墙的配置模式与路由器的类似,有以下 4 种管理模式。

PIXfirewall>:用户模式

PIXfirewall#:特权模式

PIXfirewall(config)#:配置模式

monitor>:ROM 监视模式,开机按住 Esc 键或发送一个"Break"字符,进入监视模式。

4. PIX 基本配置命令

PIX 常用命令有:nameif、interface、ip address、nat、global、route、static 等。

1) nameif

设置接口名称,并指定安全级别,安全级别取值范围为 1~100,数字越大安全级别越高。

例如,要求设置:ethernet0 命名为外部接口 outside,安全级别是 0;ethernet1 命名为内部接口 inside,安全级别是 100;ethernet2 命名为中间接口 dmz,安装级别为 50,则使用命令:

PIX525(config)#nameif ethernet0 outside security0

PIX525(config)#nameif ethernet1 inside security100

PIX525(config)#nameif ethernet2 dmz security50

2) interface

配置以太网口工作状态,常见状态有:auto、100full、shutdown。

auto:设置网卡工作在自适应状态。

100full:设置网卡工作在 100 Mb/s,全双工状态。

shutdown:设置网卡接口关闭,否则为激活。

命令:

PIX525(config)#interface ethernet0 auto

PIX525(config)#interface ethernet1 100full

PIX525(config)#interface ethernet2 shutdown

3) ip address

配置网络接口的 IP 地址,例如,

PIX525(config)#ip address outside 133.0.0.1 255.255.255.252

PIX525(config)#ip address inside 192.168.0.1 255.255.255.0

内网 inside 接口使用私有地址 192.168.0.1,外网 outside 接口使用公网地址 133.0.0.1。

4) global

指定公网地址范围:定义地址池。

Global 命令的配置语法:

global (if_name) nat_id ip_address-ip_address [netmark global_mask]

其中,if_name:表示外网接口名称,一般为 outside;nat_id:建立的地址池标志(nat 要引用);ip_address-ip_address:表示一段 ip 地址范围;netmark global_mask:表示全局 ip 地址的网络掩码。例如,

PIX525(config)♯global (outside) 1 133.0.0.1-133.0.0.15

地址池 1 对应的 IP 是:133.0.0.1~133.0.0.15。

PIX525(config)♯global (outside) 1 133.0.0.1

地址池 1 只有一个 IP 地址 133.0.0.1。

PIX525(config)♯no global (outside) 1 133.0.0.1

表示删除这个全局表项。

5) nat

地址转换命令,将内网的私有 ip 转换为外网 ip。

nat 命令配置语法:nat (if_name) nat_id local_ip [netmark]

其中,if_name:表示接口名称,一般为 inside;nat_id:表示地址池,由 global 命令定义;local_ip:表示内网的 ip 地址,对于 0.0.0.0 表示内网所有主机;netmark:表示内网 ip 地址的子网掩码。

在实际配置中,nat 命令总是与 global 命令配合使用。

一个指定外部网络,一个指定内部网络,通过 net_id 联系在一起。例如,

PIX525(config)♯nat (inside) 1 0 0

表示内网的所有主机(0 0)都可以访问由 global 指定的外网。

PIX525(config)♯nat (inside) 1 172.16.5.0 255.255.0.0

表示只有 172.16.5.0/16 网段的主机可以访问 global 指定的外网。

6) route

route 命令定义静态路由。

语法:

route (if_name) 0 0 gateway_ip [metric]

其中,if_name:表示接口名称;0 0 :表示所有主机;Gateway_ip:表示网关路由器的 ip 地址或下一跳;metric:路由花费,缺省值是 1。例如,

PIX525(config)♯route outside 0 0 133.0.0.1 1

设置缺省路由从 outside 口送出,下一跳是 133.0.0.1。

0 0 代表 0.0.0.0 0.0.0.0,表示任意网络。

PIX525(config)♯route inside 10.1.0.0 255.255.0.0 10.8.0.1 1

设置到 10.1.0.0 网络下一跳是 10.8.0.1,最后的"1"是路由花费。

7) static

配置静态 IP 地址翻译,使内部地址与外部地址一一对应。

语法:

static(internal_if_name,external_if_name) outside_ip_address inside_ ip_address

其中,internal_if_name:表示内部网络接口,安全级别较高,如 inside;external_if_name:表示外部网络接口,安全级别较低,如 outside;outside_ip_address:表示外部网络的公有 ip 地址;inside_ ip_address 表示内部网络的本地 ip 地址。

注:括号内顺序是先内后外,外边的顺序是先外后内。例如,

PIX525(config)♯static (inside,outside) 133.0.0.1 192.168.0.8

表示内部 ip 地址 192.168.0.8,访问外部时被翻译成 133.0.0.1 全局地址。

PIX525(config)♯ static (dmz,outside) 133.0.0.1 172.16.0.2

中间区域 ip 地址 172.16.0.2,访问外部时被翻译成 133.0.0.1 全局地址。

8) conduit

管道 conduit 命令用来设置允许数据从低安全级别的接口流向具有较高安全级别的接口。

例如,允许从 outside 到 DMZ 或 inside 方向的会话(作用同访问控制列表)。

语法:

conduit permit|deny protocol global_ip port[-port]foreign_ip [netmask]

其中,global_ip:是一台主机时前面加 host 参数,是所有主机时用 any 表示;foreign_ip:表示外部 ip;netmask:表示可以是一台主机或一个网络。例如,

PIX525(config)♯ static (inside,outside) 133.0.0.1 192.168.0.3

PIX525(config)♯ conduit permit tcp host 133.0.0.1 eq www any

这个例子说明 static 和 conduit 的关系。192.168.0.3 是内网一台 Web 服务器。

现在希望外网的用户能够通过 PIX 防火墙访问 Web 服务。

首先做 static 静态映射:192.168.0.3—>133.0.0.1;然后利用 conduit 命令允许任何外部主机对全局地址 133.0.0.1 进行 http 访问。

9) 访问控制列表 ACL

访问控制列表的命令与 couduit 命令类似,例如,

PIX525(config)♯ access-list 100 permit ip any host 133.0.0.1 eq www

PIX525(config)♯ access-list 100 deny ip any any

PIX525(config)♯ access-group 100 in interface outside

10) 侦听命令 fixup

fixup 的作用是启用或禁止一个服务或协议,通过指定端口设置 PIX 防火墙要侦听 listen 服务的端口。例如,

PIX525(config)♯ fixup protocol ftp 21

启用 FTP 协议,并指定 FTP 的端口号为 21。

PIX525(config)♯ fixup protocol http 8080

PIX525(config)♯ no fixup protocol http 80

启用 HTTP 协议 8080 端口,禁止 80 端口。

11) telnet

当从外部接口要 telnet 到 PIX 防火墙时,telnet 数据流需要用 vpn 隧道 ipsec 提供保护或在 PIX 上配置 SSH,然后用 SSH client 从外部到 PIX 防火墙。例如,

telnet local_ip [netmask]

local_ip 表示被授权可以通过 telnet 访问到 PIX 的 ip 地址。

如果不设此项,PIX 的配置方式只能用 console 口接超级终端进行。

12) 显示命令

show interface　　　　　　　　;查看端口状态

show static　　　　　　　　　　;查看静态地址映射

show ip　　　　　　　　　　　　;查看接口 ip 地址

```
show config                    ;查看配置信息
show run                       ;显示当前配置信息
write terminal                 ;将当前配置信息写到终端
show cpu usage                 ;显示 CPU 利用率,排查故障时常用
show traffic                   ;查看流量
show connect count             ;查看连接数
show blocks                    ;显示拦截的数据包
show mem                       ;显示内存
```

13) DHCP 服务

PIX 具有 DHCP 服务功能。例如,

PIX525(config)♯ip address dhcp

PIX525(config)♯dhcpd address 192.168.1.100-192.168.1.200 inside

PIX525(config)♯dhcp dns 202.96.128.68 202.96.144.47

PIX525(config)♯dhcp domain abc.com.cn

5. PIX 防火墙举例

设 ethernet0 命名为外部接口 outside,安全级别是 0;ethernet1 被命名为内部接口 inside,安全级别是 100;ethernet2 被命名为中间接口 dmz,安全级别是 50。

PIX525♯conf t

PIX525(config)♯nameif ethernet0 outside security0

PIX525(config)♯nameif ethernet1 inside security100

PIX525(config)♯nameif ethernet2 dmz security50

PIX525(config)♯interface ethernet0 auto

PIX525(config)♯interface ethernet1 100full

PIX525(config)♯interface ethernet2 100full

```
PIX525(config)♯ip address outside 133.0.0.1 255.255.255.252        ;设置接口 IP
PIX525(config)♯ip address inside 10.66.1.200 255.255.0.0           ;设置接口 IP
PIX525(config)♯ip address dmz 10.65.1.200 255.255.0.0             ;设置接口 IP
PIX525(config)♯global (outside) 1 133.1.0.1-133.1.0.14            ;定义的地址池
PIX525(config)♯nat (inside) 1 0 0                                 ;0 0 表示所有
PIX525(config)♯route outside 0 0 133.0.0.2                        ;设置默认路由
PIX525(config)♯static (dmz,outside) 133.1.0.1 10.65.1.101         ;静态 NAT
PIX525(config)♯static (dmz,outside) 133.1.0.2 10.65.1.102         ;静态 NAT
PIX525(config)♯static (inside,dmz) 10.66.1.200 10.66.1.200        ;静态 NAT
PIX525(config)♯access-list 101 permit ip any host 133.1.0.1 eq www ;设置 ACL
PIX525(config)♯access-list 101 permit ip any host 133.1.0.2 eq ftp ;设置 ACL
PIX525(config)♯access-list 101 deny ip any any                    ;设置 ACL
PIX525(config)♯access-group 101 in interface outside     ;将 ACL 应用在 outside 端口
```

当内部主机访问外部主机时,通过 nat 转换成公网 IP,访问 internet。

当内部主机访问中间区域 dmz 时,将自己映射成自己访问服务器,否则内部主机将会映射成地址池的 IP,到外部去找。

当外部主机访问中间区域 dmz 时，对 133.0.0.1 映射成 10.65.1.101，static 是双向的。

PIX 的所有端口默认是关闭的，进入 PIX 要经过 ACL 入口过滤。

静态路由指示内部的主机和 dmz 的数据包从 outside 口出去。

附录 实训项目

实验 1　双绞线的制作

1.1　实训目的和要求

（1）掌握双绞线的制作标准、制作步骤；

（2）掌握使用剥线钳、压线钳；

（3）掌握直通线和交叉线的制作技术；

（4）掌握双绞线的测试方法。

1.2　实训内容和步骤

1. 实训内容

（1）制作直通双绞线；

（2）制作交叉双绞线；

（3）测试直通双绞线和交叉双绞线。

2. 实训步骤

1）制作直通双绞线

（1）按照橙、绿、蓝、棕的顺序来排列四对双绞线。与绿线相绞的白线叫白绿，与橙线相绞的白线叫白橙，与蓝线相绞的白线叫白蓝，与棕线相绞的白线叫白棕。

（2）按白橙、橙、白绿、蓝、白蓝、绿、白棕、棕的顺序分离四对线缆，将它们捋平。维持该颜色顺序及线缆的平整性，用压线钳把线缆剪平。

（3）将线缆放入 RJ-45 连接器中，在放置过程中注意 RJ-45 连接器的把子朝下，RJ-45 连接器的口对着自己，并保持线缆的颜色顺序不变，确定保护套也被插入到插头。把线缆推入得足够紧凑，检查线序以及护套的位置，确保它们都是正确的（见附图 1-1）。

（4）把插头紧紧插入压线钳的压线部分，彻底对其进行压接。

（5）利用同样的方法制作线的另一端。

2）制作交叉双绞线

（1）按白绿、绿、白橙、蓝、白蓝、橙、白棕、棕的顺序分离四对线缆，并将它们捋平。维持该颜色顺序及线缆的平整性，用压线钳把线缆剪平。

附图 1-1　实验 1 图

（2）将线缆放入 RJ-45 连接器中，保持线缆的颜色顺序不变，并确定保护套也被插入到插头。把线缆推入得足够紧凑，检查线序以及护套的位置，确保它们都是正确的。

（3）把插头紧紧插入压线钳的压线部分，彻底对其进行压接。

（4）利用同样的方法制作缆线的另一端（线对的颜色排列顺序：白橙、橙、白绿、蓝、白蓝、绿、白棕、棕）。

3）测试

这里用电缆测试仪测试双绞线，测试时将双绞线两端分别插入信号发射器和信号接收器，打开电源，同一条线的指示灯会一起亮起来。例如，发射器的第一个指示灯亮时，若接收器第一个灯也亮，表示两者第一只脚接在同一条线上；若发射器的第一个灯亮时，接收器却没有任何灯亮起，那么这只脚与另一端的任何一只脚都没有连通，可能是导线中间断了，或是两端至少有一个金属片未接触该条芯线。利用电缆测试仪分别测试所制作的直通双绞线和交叉双绞线。

1.3　实训小结

通过本次实训，学生基本能掌握双绞线的制作方法，为他们以后的工作奠定了一个好的基础。在本次实训中，学生一定要牢记双绞线的排列顺序。

1.4　实训习题

（1）双绞线为什么要缠绕？3 类线和 5 类线缠绕的圈数一样吗？

（2）不采用 EIA 标准制作双绞线是否可以，为什么？

实验 2　计算机和交换机基本设置

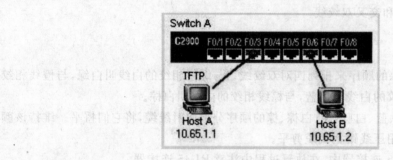

附图 2-1　实验 2 图

添加一个交换机和一个计算机，双击交换机，进入终端配置。

```
<Quidway>system
password：
[Quidway]sysname S3026                    ;交换机命名
[S3026]super password 111                 ;设置特权密码
[S3026]user-interface vty 0 4
[S3026-ui-vty0-4]authentication-mode password
[S3026-ui-vty0-4]set authentication-mode password simple 222
[S3026-ui-vty0-4]user privilege level 3
```

```
[S3026-ui-vty0-4]quit
[S3026]quit
<S3026>sys
password:111
[S3026]display currect-config
[S3026]dis curr


[S3026]vlan 2
[S3026-vlan2]port ethernet0/2
[S3026-vlan2]port e0/4 to et0/6
[S3026-vlan2]quit
[S3026]dis vlan
[S3026]int e0/3
[S3026-Ethernet1]port access vlan 2
[S3026-Ethernet1]quit
[S3026]dis vlan
[S3026]dis curr


[S3026]interface vlan 1
[S3026-Vlan-interface1]ip address 10.65.1.8 255.255.0.0
[S3026-Vlan-interface1]quit
[S3026]ip route-static 0.0.0.0 0.0.0.0 10.65.1.2
[S3026]ip default-gateway 10.65.1.2
[S3026]dis curr
[S3026]save


login:root
password:linux
[root@PCA root]#ifconfig eth0 10.65.1.1 netmask 255.255.0.0
[root@PCA root]#ifconfig
[root@PCA root]#route add default gw 10.65.1.2
[root@PCA root]#route

[root@PCA root]#ping 10.65.1.8
[root@PCA root]#telnet 10.65.1.8
```

实验3 配置端口聚合

要求聚合的端口工作在全双工,速度一致,在同一槽口且连续。
参数 ingress:源 MAC;both:源和目的 MAC。

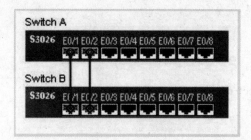

附图 3-1　实验 3 图

对于 SwitchA：

[Quidway]sysname SwitchA

[SwitchA]interface ethernet0/1

[SwitchA-Ethernet0/1]duplex full

[SwitchA-Ethernet0/1]speed 100

[SwitchA-Ethernet0/1]port link-type trunk

[SwitchA-Ethernet0/1]port trunk permit vlan all

[SwitchA-Ethernet0/1]int e0/2

[SwitchA-Ethernet0/2]duplex full

[SwitchA-Ethernet0/2]speed 100

[SwitchA-Ethernet0/2]port link-type trunk

[SwitchA-Ethernet0/2]port trunk permit vlan all

对于 SwitchB：

[Quidway]sysname SwitchB

[SwitchB]interface ethernet0/1

[SwitchB-Ethernet0/1]duplex full

[SwitchB-Ethernet0/1]speed 100

[SwitchB-Ethernet0/1]port link-type trunk

[SwitchB-Ethernet0/1]port trunk permit vlan all

[SwitchB-Ethernet0/1]int e0/2

[SwitchB-Ethernet0/2]duplex full

[SwitchB-Ethernet0/2]speed 100

[SwitchB-Ethernet0/2]port link-type trunk

[SwitchB-Ethernet0/2]port trunk permit vlan all

聚合操作：

[SwitchA]link-aggregation ethernet0/1 to ethernet0/2 both

[SwitchB]link-aggregation ethernet0/1 to ethernet0/2 both

[SwitchA]display link-aggregation ethernet0/1

[SwitchA]undo link-aggregation all

实验 4 基本 VLAN 设置

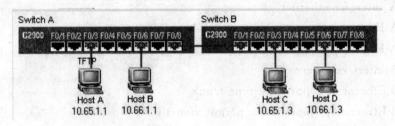

附图 4-1 实验 4 图

[SwitchA]vlan 2

[SwitchA-vlan2]port e0/2

[SwitchA-vlan2]port e0/3 to e0/4

[SwitchA-vlan2]vlan 3

[SwitchA-vlan3]port e0/5 to e0/6

[SwitchA]dis vlan all

[SwitchA]dis current

[SwitchB]vlan 2

[SwitchB-vlan2]port e0/3 to e0/4

[SwitchB-vlan2]vlan 3

[SwitchB-vlan3]port e0/5 to e0/6

[SwitchB-vlan3]quit

[SwitchB]dis vlan all

[SwitchB]dis current

设置计算机的 IP 为：

PCA:10. 65. 1. 1   PCB:10. 66. 1. 1   PCC:10. 65. 1. 3   PCD:10. 66. 1. 3

[root@PCA root]#ping 10. 65. 1. 1;通（本机 IP）

[root@PCA root]#ping 10. 65. 1. 3;不通（中间连接线是 vlan 1）

[root@PCA root]#ping 10. 66. 1. 1;不通（不同网络，不同 vlan）

[root@PCA root]#ping 10. 66. 1. 3;不通（不同网络，不同 vlan）

[root@PCB root]#ping 10. 66. 1. 3;不通（中间连接线是 vlan 1）

将 PCA 改接到 SwitchA E0/2（vlan 1）

[root@PCA root]♯ping 10.65.1.3；不通（同网络，不同 vlan）

将 PCC 改接到 SwitchB E0/2（vlan 1）

[root@PCA root]♯ping 10.65.1.3；通（同网络，同在 vlan 1）

再改回来，并设置 trunk：

[S3026A]interface ethernet0/8

[S3026A-Ethernet0/8]port link-type trunk

[S3026A-Ethernet0/8]port trunk permit vlan all

[S3026B]interface ethernet0/1

[S3026B-Ethernet0/1]port link-type trunk

[S3026B-Ethernet0/1]port trunk permit vlan all

[S3026B-Ethernet0/1]quit

[S3026B]dis curr

[root@PCA root]♯ping 10.65.1.3；通

[root@PCA root]♯ping 10.66.1.3；不通

[root@PCB root]♯ping 10.66.1.3；通

即：PCA 和 PCC 同在 vlan 2 是通的，PCB 和 PCD 同在 vlan 3 是通的。

PCA 和 PCB 是不通的。同理 PCC 和 PCD 也是不通的。

再加入一个交换机 switchC，将它串入 switchA 和 switchB 之间，连接方式为 switchA：E0/8-->switchC：E0/3；switchC：E0/6-->switchB：E0/1

（1）新加入的 SwitchC 默认状态时，测试连通性。

从 PCA->PCC，从 PCB->PCD 测试：

[root@PCA root]♯ ping 10.65.1.3；不通

[root@PCB root]♯ ping 10.66.1.3；不通

由于新加入的交换机没有设置 trunk，端口默认为 vlan 1，交换机的 trunk 要成对出现，因为当 dot1q 不能和另一端交换信息时，会自动关掉。

（2）将交换机之间的连线都设置成 trunk 时，再测试连通性。

[S3026C]interface ethernet0/3

[S3026C-Ethernet0/1]port link-type trunk

[S3026C-Ethernet0/1]port trunk permit vlan all

［S3026C］interface ethernet0/6

［S3026C-Ethernet0/8］port link-type trunk

［S3026C-Ethernet0/8］port trunk permit vlan all

现在有两条正确的 trunk，再看一下联通情况：

［root@PCA root］# ping 10.65.1.3；通

［root@PCB root］# ping 10.66.1.3；通

（3）设置 VTP。

VTP 是 vlan 传输协议，在 VTP Server 上配置的 vlan 在条件允许条件下，可以从 VTP client 端看到 VTP Server 上的 vlan，并将自己端口加入到 vlan 中。

［S3026C］vtp domain abc

［S3026C］vtp mode server

［S3026C］vtp password ok

［S3026B］vtp domain abc

［S3026B］vtp mode client

［S3026B］vtp password ok

［S3026A］# disp vlan

［S3026B］# disp vlan

［S3026C］# disp vlan

当口令和域名一致时，client 端可以学习到 server 端的 vlan，在 VTP Server 端还可以有很多策略，这里只是说明最基本的问题。

VTP 在企业、机关、学校的应用是很多的，在主交换机上设置好 vlan 以后，下级的交换机不用再设置 vlan，可以将 client 的某些端口添加到 VTP Server 中定义的 vlan 中，加强了管理。

实验 5　配置 primary VLAN 和 secondary VLAN

主附 VLAN 一般用于一个网络段的情况，主 VLAN 和子 VLAN 间可以访问，而子 VLAN 之间是不能访问的。

［SwitchA］vlan 2

［SwitchA-vlan2］port ethernet 0/5 to ethernet 0/6

［SwitchA］vlan 3

［SwitchA-vlan3］port ethernet 0/7 to ethernet 0/8

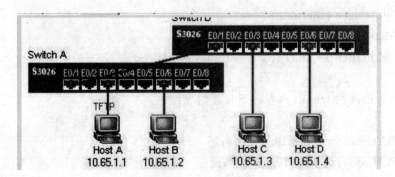

附图 5-1　实验 5 图

[SwitchA]vlan 5
[SwitchA-vlan5]port ethernet 0/1 to ethernet 0/4
[SwitchA-vlan5]isolate-user-vlan enable　　　　　　;vlan5 是主 vlan
[SwitchA-vlan5]quit

[SwitchA]isolate-user-vlan 5 secondary 2,3　　　　;vlan2,3 是子 vlan

[SwitchB]vlan 2
[SwitchB-vlan2]port ethernet 0/5 to ethernet 0/6

[SwitchB]vlan 3
[SwitchB-vlan3]port ethernet 0/7 to ethernet 0/8

[SwitchA]vlan 4
[SwitchB-vlan4]port ethernet 0/1 to ethernet 0/4
[SwitchB-vlan4]isolate-user-vlan enable　　　　　　;vlan4 是主 vlan
[SwitchB-vlan4]quit

[SwitchB]isolate-user-vlan 4 secondary 2,3　　　　;vlan2,3 是子 vlan

实验 6　交换机的镜像与生成树

附图 6-1　实验 6 图

(1) 设置镜像。

镜像是一个端口的数据被映射到另一个端口,进行数据分析。

[Quidway]monitor-port e0/8

[Quidway]port mirror e0/1

或

[Quidway]port mirror e0/1 to e0/2 observing-port e0/8

(2) 生成树。

[Quidway]stp {enable|disable}

[Quidway]stp priority 4096　　　　　　　;设置交换机的优先级

[Quidway]stp root primary　　　　　　　;设置交换机为树根

[Quidway-Ethernet0/1]stp cost 200　　　;设置交换机端口的花费

实验 7　交换机综合配置实训

1. 实训内容

在华为 3COM Quidway S 系列交换机上,配置端口聚合、VLAN 和 STP。

2. 实训目的

能够根据要求在华为交换机上熟练配置端口聚合、VLA N 和 STP,具备交换机综合应用的能力。

3. 实训环境

实训器材:华为 3COM Quidway S2008-EI 交换机三台,安装 Windows 98 以上操作系统的 PC 四台,网线若干,Console 线缆一根。

拓扑结构:如附图 7-1 所示,每两台交换机之间通过 2 条双绞线互联。

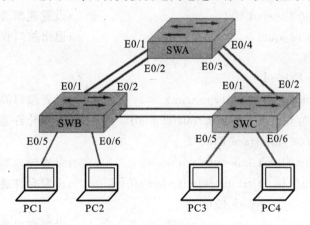

附图 7-1　实验 7 图

各主机 IP 地址及所属 VLAN 参见附表 7-1。

附表 7-1　实验 7 表

设 备 名 称	连接设备及接口	IP 地址和子网掩码	所属 VLAN
PC1	SWB 的 E0/5	192.168.0.1/24	VLAN 2
PC2	SWB 的 E0/6	192.168.0.2/24	VLAN 3
PC3	SWC 的 E0/5	192.168.0.3/24	VLAN 2
PC4	SWC 的 E0/6	192.168.0.4/24	VLAN 3

4. 实验步骤

（1）配置 PC。

按照附表 7-1 配置每一台主机的 IP 地址和子网掩码。

配置步骤：（略）

（2）配置交换机 SWA。

使用超级终端连接到交换机 SWA，分别作如下配置。

① 配置接口属性。

<Quidway>sys	;进入系统视图

Enter system view, return to user view with Ctrl+Z.

[Quidway]sysname SWA	;给交换机更名
[SWA]interface Ethernet0/1	;进入以太网端口 1
[SWA-Ethernet0/1]duplex full	;设置为全双工工作模式
[SWA-Ethernet0/1]speed 100	;设置速率为 100 Mb/s
[SWA-Ethernet0/1]interface Ethernet0/2	;进入以太网端口 2
[SWA-Ethernet0/2]duplex full	;设置为全双工工作模式
[SWA-Ethernet0/2]speed 100	;设置速率为 100 Mb/s
[SWA-Ethernet0/2]interface Ethernet0/3	;进入以太网端口 3
[SWA-Ethernet0/3]duplex full	;设置为全双工工作模式
[SWA-Ethernet0/3]speed 100	;设置速率为 100 Mb/s
[SWA-Ethernet0/3]interface Ethernet0/4	;进入以太网端口 4
[SWA-Ethernet0/4]duplex full	;设置为全双工工作模式
[SWA-Ethernet0/4]speed 100	;设置速率为 100 Mb/s
[SWA-Ethernet0/4]quit	;退出接口视图

② 配置接口类型。

[SWA]interface Eth0/1	
[SWA-Ethernet0/1]port link-type trunk	;设置端口类型
[SWA-Ethernet0/1]port trunk permit vlan all	;设置允许通过的 VLAN 帧
[SWA-Ethernet0/1]interface Eth0/2	
[SWA-Ethernet0/2]port link-type trunk	;设置端口类型
[SWA-Ethernet0/2]port trunk permit vlan all	;设置允许通过的 VLAN 帧
[SWA-Ethernet0/2]interface Eth0/3	
[SWA-Ethernet0/3]port link-type trunk	;设置端口类型
[SWA-Ethernet0/3]port trunk permit vlan all	;设置允许通过的 VLAN 帧
[SWA-Ethernet0/3]interface Eth0/4	
[SWA-Ethernet0/4]port link-type trunk	;设置端口类型
[SWA-Ethernet0/4]port trunk permit vlan all	;设置允许通过的 VLAN 帧

③ 配置链路聚合。

[SWA]link-aggregation Ethernet0/1 to Ethernet0/2 both

[SWA]link-aggregation Ethernet0/3 to Ethernet0/4 both

④ 创建虚网。

[SWA]vlan 2

[SWA]vlan 3

（3）配置交换机 SWB。

使用超级终端连接到交换机 SWB,完成下面配置。

① 配置接口属性。

＜Quidway＞sys	;进入系统视图

Enter system view,return to user view with Ctrl＋Z.

[Quidway]sysname SWB	;更名交换机
[SWB]interface Ethernet0/1	;进入以太网端口 1
[SWB-Ethernet0/1]duplex full	;设置为全双工工作模式
[SWB-Ethernet0/1]speed 100	;设置速率为 100 Mb/s
[SWB-Ethernet0/1]interface Ethernet0/2	;进入以太网端口 2
[SWB-Ethernet0/2]duplex full	;设置为全双工工作模式
[SWB-Ethernet0/2]speed 100	;设置速率为 100 Mb/s
[SWB-Ethernet0/2]interface Ethernet0/3	;进入以太网端口 3
[SWB-Ethernet0/3]duplex full	;设置为全双工工作模式
[SWB-Ethernet0/3]speed 100	;设置速率为 100 Mb/s
[SWB-Ethernet0/3]interface Ethernet0/4	;进入以太网端口 4
[SWB-Ethernet0/4]duplex full	;设置为全双工工作模式
[SWB-Ethernet0/4]speed 100	;设置速率为 100 Mb/s
[SWB-Ethernet0/4]quit	;退出接口视图

② 配置接口类型。

[SWB]interface Eth0/1	
[SWB-Ethernet0/1]port link-type trunk	;设置端口类型
[SWB-Ethernet0/1]port trunk permit vlan all	;设置允许通过的 VLAN 帧
[SWB-Ethernet0/1]interface Eth0/2	
[SWB-Ethernet0/2]port link-type trunk	;设置端口类型
[SWB-Ethernet0/2]port trunk permit vlan all	;设置允许通过的 VLAN 帧
[SWB-Ethernet0/2]interface Eth0/3	
[SWB-Ethernet0/3]port link-type trunk	;设置端口类型
[SWB-Ethernet0/3]port trunk permit vlan all	;设置允许通过的 VLAN 帧
[SWB-Ethernet0/3]interface Eth0/4	
[SWB-Ethernet0/4]port link-type trunk	;设置端口类型
[SWB-Ethernet0/4]port trunk permit vlan all	;设置允许通过的 VLAN 帧

③ 配置链路聚合。

[SWB]link-aggregation Ethernet0/1 to Ethernet0/2 both

[SWB]link-aggregation Ethernet0/3 to Ethernet0/4 both

④ 配置每一台主机属于特定的子网。

[SWB]vlan 2	;创建 VLAN 2

[SWB-vlan2]port Eth0/5	;将端口 5 加入到 VLAN 2
[SWB-vlan2]vlan 3	;创建 VLAN 3
[SWB-vlan3]port Eth0/6	;将端口 6 加入到 VLAN 3
[SWB-vlan3]quit	;回到系统视图

（4）配置交换机 SWC。

使用超级终端连接到交换机 SWC，分别作如下配置。

① 配置接口属性。

<Quidway>sys	;进入系统视图

Enter system view,return to user view with Ctrl+Z.

[Quidway]sysname SWC	;给交换机更名
[SWC]interface Ethernet0/1	;进入以太网端口 1
[SWC-Ethernet0/1]duplex full	;设置为全双工工作模式
[SWC-Ethernet0/1]speed 100	;设置速率为 100 Mb/s
[SWC-Ethernet0/1]interface Ethernet0/2	;进入以太网端口 2
[SWC-Ethernet0/2]duplex full	;设置为全双工工作模式
[SWC-Ethernet0/2]speed 100	;设置速率为 100 Mb/s
[SWC-Ethernet0/2]interface Ethernet0/3	;进入以太网端口 3
[SWC-Ethernet0/3]duplex full	;设置为全双工工作模式
[SWC-Ethernet0/3]speed 100	;设置速率为 100 Mb/s
[SWC-Ethernet0/3]interface Ethernet0/4	;进入以太网端口 4
[SWC-Ethernet0/4]duplex full	;设置为全双工工作模式
[SWC-Ethernet0/4]speed 100	;设置速率为 100 Mb/s
[SWC-Ethernet0/4]quit	;退出接口视图

② 配置接口类型。

[SWC]interface Eth0/1	
[SWC-Ethernet0/1]port link-type trunk	;设置端口类型
[SWC-Ethernet0/1]port trunk permit vlan all	;设置允许通过的 VLAN 帧
[SWC-Ethernet0/1]interface Eth0/2	
[SWC-Ethernet0/2]port link-type trunk	;设置端口类型
[SWC-Ethernet0/2]port trunk permit vlan all	;设置允许通过的 VLAN 帧
[SWC-Ethernet0/2]interface Eth0/3	
[SWC-Ethernet0/3]port link-type trunk	;设置端口类型
[SWC-Ethernet0/3]port trunk permit vlan all	;设置允许通过的 VLAN 帧
[SWC-Ethernet0/3]interface Eth0/4	
[SWC-Ethernet0/4]port link-type trunk	;设置端口类型
[SWC-Ethernet0/4]port trunk permit vlan all	;设置允许通过的 VLAN 帧

③ 配置链路聚合。

[SWC]link-aggregation Ethernet0/1 to Ethernet0/2 both

[SWC]link-aggregation Ethernet0/3 to Ethernet0/4 both

④ 配置每一台主机属于特定的子网。

[SWC]vlan 2	;创建 VLAN 2
[SWC-vlan2]port Eth0/5	;将端口 5 加入到 VLAN 2
[SWC-vlan2]vlan 3	;创建 VLAN 3
[SWC-vlan3]port Eth0/6	;将端口 6 加入到 VLAN 3
[SWC-vlan3]quit	;回到系统视图

注:连接完成后,交换机指示灯快速闪烁,几秒钟后保持常亮,不再闪烁,说明三台交换机这样连接时,转发数据报文,存在环路,所以网络应启用 STP 来避免环路。

(5) 配置 STP。

① 在各交换机上启用 STP。

[SWA]stp enable	;启用 STP 协议
[SWB]stp enable	;启用 STP 协议
[SWB]stp enable	;启用 STP 协议

② 配置 SWA 为根网桥。

[SWA]stp root primary	;把 SWA 设定为根网桥

③ 测试网络连通性。

PC1 ping PC2	;不通,不在同一 VLAN 中
PC1 ping PC3	;通,在同一 VLAN 中
PC1 ping PC4	;不通,不在同一 VLAN 中

④ 查看各个交换机上的 STP 信息。

[SWA]display stp	;了解交换机 SWA 是否已经设置为根网桥
[SWB]display stp	;了解交换机 SWB 的一切 STP 信息
[SWC]display stp	;了解交换机 SWC 的一切 STP 信息

实验 8　路由器 BootROM 升级

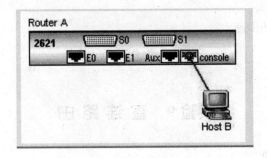

附图 8-1　实验 8 图

```
<Quidway>system
[Quidway]reload
```

Press Ctrl+B to enter Boot Menu...

Boot Menu：
1：Download application program
2：Download Bootrom program
3：Modify Bootrom password
4：Exit menu
5：Reboot

Enter your choice(1-5)：1

Downloading application program
from serial ... (rs232)
please choose your download speed：
1：9600bps
2：19200bps
3：38400bps
4：Exit and reboot
Enter your choice(1-4)：2

Download speed is 38400bps.
Please change the terminal's speed to 38400bps.
And select XMODEM
protocol. Press ENTER key when ready.

Downloading ... CC (please select [File]->[Send])

＃＃＃＃＃＃＃＃＃＃＃＃＃＃＃＃＃＃＃＃＃＃＃＃＃＃＃＃＃＃＃＃＃＃ ok!

Download completed.
Write flash auccessfully!

[Quidway]

实验 9　直 连 路 由

<Quidwqy>system
password：
[Quidway]interface ethernet0
[Quidway-Ethernet0]ip addr 10.65.1.2 255.255.255.0

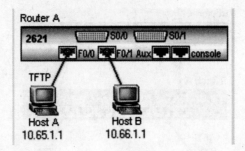

附图 9-1　实验 9 图

[Quidway-Ethernet0]undo shutdown

[Quidway-Ethernet0]int e1

[Quidway-Ethernet1]ip addr 10. 66. 1. 2 255. 255. 255. 0

[Quidway-Ethernet1]undo shutdown

[root@PCA root]#ifconfig eth0 10. 65. 1. 1 netmask 255. 255. 0. 0

[root@PCB root]#ifconfig eth0 10. 66. 1. 1 netmask 255. 255. 0. 0

[root@PCA root]#ping 10. 65. 1. 2　　　;通,没有关只能 ping 直连的口

[root@PCA root]#ping 10. 66. 1. 2　　　;不通,PCA 没有设置网关

[root@PCA root]#route add default gw 10. 65. 1. 2

[root@PCA root]#ping 10. 66. 1. 2　　　;通

[root@PCA root]#ping 10. 66. 1. 1　　　;不通,因 PCB 没有网关

[root@PCB root]#route add default gw 10. 66. 1. 2

[root@PCA root]#ping 10. 66. 1. 1　　　;通

去掉计算机 Host B 与 Router 的连线,再 ping:

[root@PCA root]#ping 10. 66. 1. 2　　　;不通(没有接线端口会自动关掉)

再连接 Host B 与 Router 的连线,再 ping:

[root@PCA root]#ping 10. 66. 1. 2　　　;通

实验 10　单 臂 路 由

设置 PCA ip:10. 65. 1. 1;gateway:10. 65. 1. 2

设置 PCB ip:10. 66. 1. 1;gateway:10. 66. 1. 2

(1) 一个接口两个 IP 的情况。

<Quidwqy>system

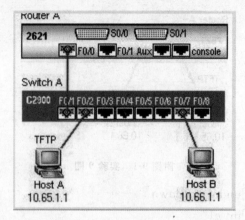

附图 10-1　实验 10 图

password：

[Quidway]interface ethernet0

[Quidway-Ethernet0]ip addr 10.65.1.2 255.255.255.0

[Quidway-Ethernet1]ip addr 10.66.1.2 255.255.255.0 secondary

[Quidway-Ethernet1]undo shutdown

[root@PCA root]#ping 10.66.1.1 通

(2) 划分两个子接口。

[SwitchA]vlan 2

[SwitchA-vlan2]port e0/3

[SwitchA]vlan 3

[SwitchA-vlan3]port e0/6

[SwitchA]ine e0/1

[SwitchA-Ethernet0/1]port link-type trunk

[SwitchA-Ethernet0/1]port trunk permit vlan all

[SwitchA-Ethernet0/1]port trunk encap dot1q

[SwitchA]dis curr

[Quidway]int e0

[SwitchA-Ethernet0]int e0.1

[SwitchA-Ethernet0.1]encapsulation dot1q 2

[SwitchA-Ethernet0.1]ip addr 10.65.1.2 255.255.255.0

[SwitchA-Ethernet0.1]nudo shut

[SwitchA-Ethernet0.1]int e0.2

[SwitchA-Ethernet0.2]encapsulation dot1q 2

[SwitchA-Ethernet0.2]ip addr 10.66.1.2 255.255.255.0

[SwitchA-Ethernet0.2]nudo shut

[SwitchA]dis curr

[root@PCA root]♯ping 10.66.1.1 ；通

实验 11 静态路由实验

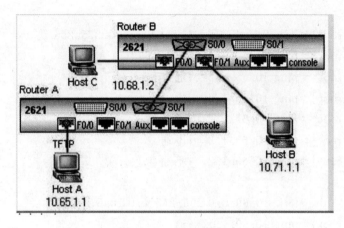

附图 11-1 实验 11 图

PCA：10.65.1.1；PCB：10.66.1.1；PCC：10.70.1.1；PCD：10.71.1.1

[RouterA]interface ethernet0
[RouterA-Ethernet0]ip addrress 10.65.1.2 255.255.0.0
[RouterA-Ethernet0]undo shutdown
[RouterA-Ethernet0]int e1
[RouterA-Ethernet1]ip addrress 10.66.1.2 255.255.0.0
[RouterA-Ethernet1]undo shutdown
[RouterA-Ethernet1]int s1
[RouterA-Serial1]ip addrress 10.68.1.2 255.255.0.0
[RouterA-Serial1]undo shutdown
[RouterA-Serial1]clock rate 64000
[RouterA-Serial1]quit
[RouterA]ip routing
[RouterA]dis curr

[RouterB]interface ethernet0
[RouterB-Ethernet0]ip addrress 10.70.1.2 255.255.0.0
[RouterB-Ethernet0]undo shutdown
[RouterB-Ethernet0]int e1
[RouterB-Ethernet1]ip addrress 10.71.1.2 255.255.0.0
[RouterB-Ethernet1]undo shutdown

［RouterB-Ethernet1］int s0

［RouterB-Serial0］ip addrress 10. 68. 1. 1 255. 255. 0. 0

［RouterB-Serial0］undo shutdown

［RouterB-Serial0］quit

［RouterB］ip routing

［RouterB］dis curr

［root@PCA root］# ifconfig eth0 10. 65. 1. 1 netmask 255. 255. 0. 0

［root@PCA root］# route add default gw 10. 65. 1. 2

［root@PCA root］# ping 10. 65. 1. 2　　 ;通

［root@PCA root］# ping 10. 66. 1. 2　　 ;通

［root@PCA root］# ping 10. 67. 1. 2　　 ;通

［root@PCA root］# ping 10. 68. 1. 2　　 ;不通

［root@PCA root］# ping 10. 69. 1. 2　　 ;不通

［RouterA］ip route-static 10. 69. 0. 0 255. 255. 0. 0 10. 67. 1. 1

［root@PCA root］# ping 10. 69. 1. 1　　 ;通

设置 RouterA 的 IP：

f0/0：10. 65. 1. 2　 --->PCA：10. 65. 1. 1

f0/1：10. 66. 1. 2　 --->PCB：10. 66. 1. 1

s0/0：10. 67. 1. 2

s0/1：10. 68. 1. 2　 --->接 RouterC s0/0

设置 RouterC 的 IP：

s0/0：10. 68. 1. 1　 <---

s0/1：10. 78. 1. 2　 --->接 RouterB s0/0

设置 RouterB 的 IP：

s0/0：10. 78. 1. 1　 <---

s0/1：10. 67. 1. 1

f0/0：10. 69. 1. 2　 --->PCC：10. 69. 1. 1

f0/1：10. 70. 1. 2　 --->PCD：10. 70. 1. 1

设置从 PCA 到 PCC 的静态路由：

［ROA］ip routing

［ROA］ip route-static 10. 69. 0. 0 255. 255. 0. 0 10. 68. 1. 1

［ROA］display ip route

［ROB］ip route-static 10. 69. 0. 0 255. 255. 0. 0 10. 78. 1. 1

［ROB］display ip route

［root@PCA root］# ping 10.69.1.1　；通
［root@PCA root］# ping 10.78.1.1　；不通
［root@PCA root］# ping 10.70.1.1　；不通

为什么 PCA 到 10.78.1.1 不通呢？它是去 10.69.1.1 要经过的地方啊，这是由于在 RouterA 上，没有去 10.78.0.0 网络的路由，所以到这个网络它不知道要向哪送去。

如何让 PCA 到 10.70.1.1(PCD)通呢？像 10.69.0.0 网络一样，在路径的路由器上，再各写一条到 10.70.0.0 网络的静态路由就可以了。

如果每一条路径都写一组静态路由显然不好，由于 PCA 在这个网络中实际只有一条主通路，所以使用默认路由较好。

我们再做一个使用默认路由的小实验，先去掉原有的静态路由。

［ROA］undo ip route-static 10.69.0.0 255.255.0.0 10.68.1.1
［ROA］display ip route

［ROA］undo ip route-static 10.69.0.0 255.255.0.0 10.78.1.1
［ROB］display ip route

［root@PCA root］# ping 10.69.1.1　；不通

［ROA］ip route-static 0.0.0.0 0.0.0.0 10.68.1.1
［ROB］display ip route

［ROB］ip route-static 0.0.0.0 0.0.0.0 10.69.1.1
［ROB］display ip route

［root@PCA root］# ping 10.69.1.1　；通
［root@PCA root］# ping 10.70.1.1　；通
［root@PCA root］# ping 10.78.1.1　；通

路由表是路由器实现路由的指导思想。到一个网络通不通，要看路由表中有没有去目的网络的路由表项，动态路由可以自动创建路由表，定时更新。

［RouterB-Serial0］undo ip addrress 10.67.1.1 255.255.0.0
［RouterB-Serial0］ip addrress 10.70.1.1 255.255.0.0

［RouterC］interface serial0
［RouterC-Serial0］ip addrress 10.67.1.1 255.255.0.0
［RouterC-Serial0］undo shutdown
［RouterC-Serial0］clock rate 64000
［RouterC-Serial0］int s1

〔RouterC-Serial1〕ip addrress 10. 70. 1. 1 255. 255. 0. 0

〔RouterC-Serial1〕undo shutdown

〔RouterC-Serial1〕quit

〔RouterC〕ip route-static 10. 69. 0. 0 255. 255. 0. 0 10. 70. 1. 1

〔RouterC〕dis curr

〔root@PCA root〕# ping 10. 69. 1. 1　　;通

〔root@PCA root〕# ping 10. 68. 1. 1　　;不通

实验 12　　动态路由实验

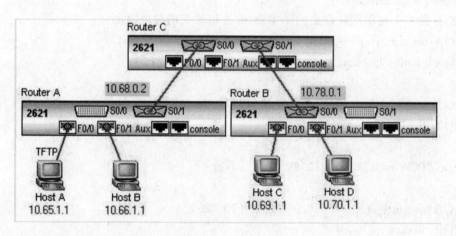

附图 12-1　实验 12 图

〔RouterA〕rip version 2 multicast

〔RouterA-rip〕network 10. 0. 0. 0　　　　　　　　　　　;可以用 all

〔RouterA-rip〕ip routing

〔RouterB〕rip version 2 multicast

〔RouterB-rip〕network 10. 0. 0. 0

〔RouterB-rip〕ip routing

〔RouterC〕rip version 2 multicast

〔RouterC-rip〕network 10. 0. 0. 0

〔RouterC-rip〕ip routing

〔RouterC〕dis ip route

〔root@PCA root〕# ping 10. 69. 1. 1　　　　　　　　　;通

〔root@PCA root〕# ping 10. 70. 1. 1　　　　　　　　　;通

〔RouterA-rip〕peer 10. 68. 1. 1　　　　　　　　　　;指明交换点

[RouterA-rip]summary	;聚合
[RouterA-Serial0]rip split-horizon	;水平分隔
[RouterA]rip work	
[RouterA]rip input	
[RouterA]rip output	
[Quidway]router id A. B. C. D	;配置路由器的 ID
[Quidway]ospf enable	;启动 OSPF 协议
[Quidway-ospf]import-route direct	;引入直连路由
[Quidway-Serial0]ospf enable area 0	;配置 OSPF 区域
[Quidway-Serial0]link-protocol ppp	

实验 13　PPP 协议配置实训

缺省情况下,华为路由器接口封装的链路层协议为 PPP,不需要口令验证。在实际应用中,为了提高网络安全性,一般都采用验证方式。PPP 协议的验证方式有两种:PAP 验证和 CHAP 验证。CHAP 验证只在网络上传输用户名,不传输用户口令,因此具有更高的安全性。在配置 PAP 验证时,有验证方和被验证方之分。配置验证方时,需要在本地数据库中创建用户名和密码,在广域网接口设置验证方式。配置被验证方时,需要在广域网接口指定验证方式,配置要发送的用户名和密码。CHAP 验证没有验证方和被验证方之分,都需要在本地数据库中创建对端的用户名和验证口令,两路由器设置的验证口令必须一致。另外,还需要在广域网接口设置验证方式和发送的用户名。值得注意的是,广域网接口发送的用户名必须是对端本地数据库中的用户。

实训器材:华为 Quidway AR28-11 路由器两台,安装 Windows 98 以上操作系统的 PC 一台,DCE 和 DTE 线缆各一根,Console 线缆一根。

拓扑结构:两路由器通过 DCE 和 DTE 线缆背靠背相连,将 Console 线缆的水晶头一端插在路由器的 Console 口上,另一端的 9 针接口插在 PC 的 COM 口上。

路由器各接口 IP 地址设置如下。

RTA:S0(200. 200. 10. 1/24);LoopBack0(192. 168. 1. 1/24)

RTB:S0(200. 200. 10. 2/24);LoopBack0(192. 168. 2. 1/24)

(1) 配置路由器接口 IP 地址。

① 配置 RTA。

<Quidway>system

[Quidway]sysname RTA

[RTA]interface loopBack0	;进入虚接口视图
[RTA-LoopBack0]ip address 192. 168. 1. 1 255. 255. 255. 0	;配置虚接口地址
[RTA-LoopBack0]quit	
[RTA]interface serial0/0	;进入串口视图
[RTA-Serial0/0]ip address 200. 200. 10. 1 255. 255. 255. 0	;配置串口地址

② 配置 RTB。

<Quidway>system

[Quidway]sysname RTB

[RTB]interface loopBack0

[RTB-LoopBack0]ip address 192.168.2.1 255.255.255.0

[RTB-LoopBack0]quit

[RTB]interface serial0/0

[RTB-Serial0/0]ip address 200.200.10.2 255.255.255.0

（2）配置 PPP 协议验证（RTA 为验证方，RTB 为被验证方）。

下面为 PPP 两种不同验证方式的配置方法，在实际应用中，可根据网络安全性要求，选择其中一种加以配置。

① PAP 验证方式。

· 配置 RTA

[RTA-Serial0/0]link-protocol ppp   ;封装 PPP 协议（可省略）

[RTA-Serial0/0]ppp authentication-mode pap   ;设置验证模式为 PAP

[RTA-Serial0/0]quit

[RTA]local-user rtb password simple 123456   ;配置用户列表

[RTA]local-user rtb service-type ppp   ;配置用户服务类型

· 配置 RTB

[RTB-Serial0/0]link-protocol ppp

[RTB-Serial0/0]ppp pap local-user rtb password simple 123456   ;配置 PAP 用户

② CHAP 验证方式

· 配置 RTA

[RTA]local-user rtb password simple 123456

[RTA]local-user rtb service-type ppp

[RTA]inerface serial0/0

[RTA-Serial0/0]link-protocol ppp

[RTA-Serial0/0]ppp authentication-mode chap

[RTA-Serial0/0]ppp chap user rta

· 配置 RTB

[RTB]local-user rta password simple 123456

[RTB]local-user rta service-type ppp

[RTB]inerface serial0/0

[RTB-Serial0/0]link-protocol ppp

[RTA-Serial0/0]ppp authentication-mode chap

[RTB-Serial0/0]ppp chap user rtb

· 测试网络连通性

[RTB-Serial0/0]ping 200.200.10.1   ;网络连通

[RTB-Serial0/0]ping 192.168.1.1   ;网络不通

（3）配置路由协议。

① 配置 RTA。

[RTA]rip

[RTA-Rip]network 192.168.1.0

[RTA-Rip]network 200.200.10.0

② 配置 RTB。

[RTB]rip

[RTB-Rip]network 192.168.2.0

[RTB-Rip]network 200.200.10.0

（4）测试网络的连通性，查看配置信息。

[RTA]ping 192.168.2.1

　　ping 200.1.2.1:56 data bytes,press CTRL_C to break

　　　　Reply from 200.1.2.1:bytes=56 Sequence=1 ttl=255 time=26 ms

　　　　Reply from 200.1.2.1:bytes=56 Sequence=2 ttl=255 time=26 ms

　　　　Reply from 200.1.2.1:bytes=56 Sequence=3 ttl=255 time=27 ms

　　　　Reply from 200.1.2.1:bytes=56 Sequence=4 ttl=255 time=26 ms

　　　　Reply from 200.1.2.1:bytes=56 Sequence=5 ttl=255 time=26 ms

此时，网络连通。

　　备注：若 ping 不通，可以查看相关配置，检查配置是否有误。或使用 shutdown 命令关闭 Serial0/0口，然后重启 undo shutdown。

实验 14　访问控制列表实验

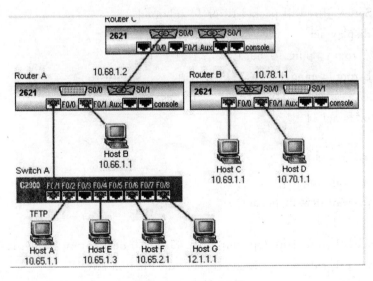

附图 14-1　实验 14 图

（1）基本访问列表。

[RouterC]firewall enable

〔RouterC〕firewall default permit

〔RouterC〕acl 10
〔RouterC-acl-10〕rule normal deny source 10. 65. 1. 1
〔RouterC-acl-10〕rule normal permit source any
〔RouterC〕int s0
〔RouterC-Serial0〕firewall packet-filter 10 inbound
〔RouterC-Serial0〕quit
〔RouterC〕display acl

〔root@PCA root〕# ping 10. 69. 1. 1　　;不通
〔root@PCB root〕# ping 10. 69. 1. 1　　;通

〔RouterC〕undo acl 10
〔RouterC〕display acl

〔root@PCA root〕# ping 10. 69. 1. 1　　;通
〔root@PCB root〕# ping 10. 69. 1. 1　　;通

〔RouterC〕acl 11
〔RouterC-acl-11〕rule normal deny source 10. 65. 1. 1 0. 0. 0. 255
〔RouterC-acl-11〕rule normal permit source any
〔RouterC〕int s0
〔RouterC-Serial0〕firewall packet-filter 11 inbound
〔RouterC〕display acl
〔root@PCA root〕# ping 10. 69. 1. 1　　;不通
〔root@PCB root〕# ping 10. 69. 1. 1　　;不通

〔RouterC〕undo acl 11

（2）扩展访问控制列表。
〔RouterC〕firewall enable
〔RouterC〕firewall default permit
〔RouterC〕acl 101
〔RouterC-acl-101〕rule deny tcp source 10. 65. 1. 1 0 destination 10. 69. 1. 1 0
〔RouterC-acl-101〕rule permit ip source any destination any
〔RouterC〕int s1
〔RouterC-Serial1〕firewall packet-filter 101 outbound
〔RouterC-Serial1〕quit
〔RouterC〕dis acl

［root@PCA root］# ping 10. 69. 1. 1　　;不通

［root@PCA root］# ping 10. 70. 1. 1　　;通

［root@PCB root］# ping 10. 69. 1. 1　　;通

［RouterC］undo acl

［root@PCA root］# ping 10. 69. 1. 1　　;通

实验 15　地址转换配置

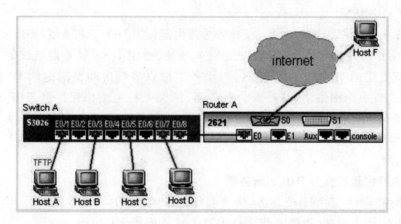

附图 15-1　实验 15 图

设置公司三个公网 IP(133. 0. 0. 1、133. 0. 0. 2、133. 0. 0. 3)为地址池 pool。

内部网络 10. 1. 0. 0 可以通过公网 IP 访问外部计算机,自动转换成公网 IP。

设置:

Host A : 10. 1. 1. 1 255. 255. 0. 0

Host B : 10. 1. 1. 2 255. 255. 0. 0

Host C : 10. 1. 1. 3 255. 255. 0. 0

Host D : 10. 2. 1. 1 255. 255. 0. 0

RouterA E0: 10. 1. 1. 9 255. 255. 0. 0

Host F : 133. 0. 0. 8 255. 255. 0. 0

［Quidway］nat address-group 133. 0. 0. 1 133. 0. 0. 3 pool1

［Quidway］acl 1

［Quidway-acl-1］rule permit source 10. 1. 0. 0 0. 0. 255. 255

［Quidway-acl-1］rule deny source any

［Quidway-acl-1］int s0

［Quidway-Serial0］undo shut

［Quidway-Serial0］nat outbound 1 address-group pool1

［Quidway-Serial0］nat server global 133.0.0.1 inside 10.1.1.1 ftp tcp

［Quidway-Serial0］nat server global 133.0.0.2 inside 10.1.1.2 www tcp

［Quidway-Serial0］nat server global 133.0.0.3 inside 10.1.1.3 smtp udp

实验 16　配置 DHCP 服务

　　DHCP 能够动态地向网络中的每台设备分配独一无二的 IP 地址,并提供安全、可靠且简单的 TCP/IP 网络配置。

　　华为网络设备提供 DHCP 功能。要使华为路由器充当 DHCP 服务器,不但要启用DHCP服务,还需要在路由器上创建地址池、配置网关地址、指定 DNS 服务器地址等。地址池是 DHCP 服务器规定的 IP 地址的取值区间,服务器可以将该区间范围内的 IP 地址分配给 DHCP客户机。在一个网络中,往往要为服务器、网关等特定主机保留静态 IP 地址,因此, DHCP 服务器在分配地址时要事先排除这些地址,以避免造成 IP 地址冲突。为了使 DHCP 客户机的 IP 地址相对稳定,而又不至于长期占用,可以视实际情况为不同的地址池设定不同的地址租用期限。

1. 将华为路由器配置为 DHCP 服务器

　　在华为路由器上启动 DHCP 服务,使之担当网络中的 DHCP 服务器。

　　理解 DHCP 服务原理,能够在华为路由器上熟练配置 DH-
CP 服务。

　　华为 Quidway AR28-11 路由器一台,安装 Windows98 以上操作系统的 PC 一台,网线一根,Console 线缆一根。

　　拓扑结构:用 Console 电缆将 PC 的 COM 口与路由器的 Console 口相连,再用网线将 PC 与路由器以太网口相连,如附图 16-1 所示。

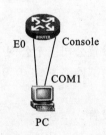

附图 16-1　实验 16 图 1

　　(1) 配置路由器。

　　• 配置接口地址

＜Quidway＞sys

［Quidway］sysname server　　　　　　　;命名为 server

［server］int E0/0

［server-Ethernet0/0］ip address 172.16.19.68 255.255.255.0

　　• 创建地址池

［server］dhcp server ip-pool pool0　　　　　;创建名为 pool0 的地址池

　　• 设定地址池动态分配的 IP 地址范围

［server-dhcp-pool-pool0］network 172.16.19.0 mask 255.255.255.0

　　• 设定 DHCP 客户机的网关 IP 地址

［server-dhcp-pool-pool0］gateway-list 172.16.19.1

　　• 设置地址池 LAN1 的 DNS 服务器地址

［server-dhcp-pool-pool0］dns-list 172.16.19.1

• 配置地址池中不参与自动分配的 IP 地址

［server］dhcp server forbidden-ip 172.16.19.1 　　　　;排除网关地址

［server］dhcp server forbidden-ip 172.16.19.2 　　　　;排除 DNS 服务器地址

• 设置租用期限

［server-dhcp-pool-pool0］expired day 15 hour 0 minute 0 　;设置租用期限为 15 天

（2）DHCP 客户机测试。

完成上述配置后,对连接 DHCP 客户机进行测试。

设置 PC1 的"TCP/IP 属性",将其设置为"自动获取 IP 地址"和"自动获取 DNS 服务器地址"。设置完成后,在 PC1 上打开 DOS 命令提示符,输入命令"ipconfig /all",显示附图 16-2 所示信息。

附图 16-2　实验 16 图 2

从附图 16-2 中可以看出,PC1 从 DHCP 服务器上获取到 IP 地址等相关信息。获取的 IP 地址为:172.16.19.3,子网掩码为:255.255.255.0,DHCP 服务器为:172.16.19.1,DNS 服务器为:172.16.19.2,IP 地址的租用期限从 2008 年 1 月 11 日到 2008 年 1 月 26 日。

2. 在华为交换机和路由器配置 DHCP 服务

在华为路由器上配置 DHCP 服务,使之担当 DHCP 服务器,为不同虚拟网中的主机自动分配 IP 地址;在华为三层交换机上配置 DHCP 中继服务,使得每一个虚拟网中的主机都能够自动获取正确的 IP 地址。

理解 DHCP 服务原理,掌握交换机与路由器 DHCP 服务配置方法。

在使用支持 DHCP 中继功能的三层交换机进行组网时,我们首先可以根据需要在三层交换机中划分好不同的虚拟子网,然后为交换机中的每一个虚拟子网通信接口分别启用好 DHCP 中继功能。因此,每一个虚拟子网中的工作站向 DHCP 服务器发出地址申请请求时,会首先在本地虚拟子网中寻找目标 DHCP 服务器,如果在本地虚拟子网中找不到目标 DHCP 服务器,工作站就会自动将地址申请信息提交给本地子网的对外通信接口,然后再通过该通信接口的 DHCP 中继功能将地址申请信息转发给局域网中的目标 DHCP 服务器。目标 DHCP 服务器一旦接收到地址申请信息后就会自动进行处理,并将处理完毕的信息再通过 DHCP 中继功能返回给目标虚拟子网中的工作站,从而获得 IP 地址。

为了让不同虚拟子网中的工作站获取到 IP 地址,必须在三层交换机的虚拟子网接口启用 DHCP 中继服务功能,启用该功能要确保已经在交换机中划分了虚拟子网。

华为 3COM Quidway S6503 核心层交换机一台,华为 3COM Quidway AR28-11 路由器

一台,运行 Windows98 以上操作系统的 PC 两台,Console 线缆一根,网线若干。

　　拓扑结构:使用网线将交换机分别与主机和路由器之间相连,具体连接方法如附图 16-3 所示。

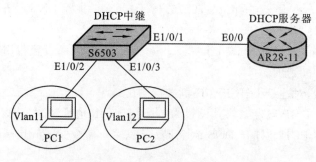

附图 16-3　实验 16 图 3

（1）配置 AR28-11 作为 DHCP 服务器。

<Quidway>sys

[Quidway]sysname server　　　　　　　　　　　　　;命名为 server

[server]int E0/0

[server-Ethernet0/0]ip address 172. 16. 19. 68 255. 255. 255. 0

[server]dhcp server ip-pool yc　　　　　　　　;建立 DHCP 地址池名为 yc

[server-dhcp-pool-yc]dns-list 172. 16. 19. 68　;设定 DHCP 地址池的 DNS 服务器地址

[server-dhcp-pool-yc]gateway-list 172. 16. 19. 68　;设定 DHCP 地址池的网关地址

[server-dhcp-pool-yc]network 172. 16. 19. 0 mask 255. 255. 255. 0

　　　　　　　　　　　　　　　　　　　　　;设定地址池的范围

[server-dhcp-pool-yc]quit

[server]dhcp server forbidden-ip 172. 16. 19. 1　;保留 172. 16. 19. 1 地址

[server]dhcp server forbidden-ip 172. 16. 19. 2　;保留 172. 16. 19. 2 地址

[server]dhcp select interface interface Ethernet0/1

　　　　　　　　　　　;DHCP 服务类型为基于接口的地址池,在接口 E0/1 上起作用

[server]dhcp enable　　　　　　　　　　　　　;启动 DHCP 服务

（2）配置 DHCP 中继代理。

<Quidway>sys

[Quidway]sysname zhongji　　　　　　　　　　　;命名为 zhongji

[zhongji]dhcp-server 0 ip 172. 16. 19. 68

　　　　　　　　　　;设定 DHCP 服务器组号为 0,IP 地址为 172. 16. 19. 68

[zhongji]vlan 11　　　　　　　　　　　　　　　;为 SWA 创建 VLAN 11

[zhongji-vlan 11]quit

[zhongji]interface Vlan-interface 11　　　　　　;创建虚接口 11

[zhongji-Vlan-interface 11]dhcp-server 0

　　　　　　　　　　　　;在虚接口 11 上启用 DHCP 服务器编号为 0 的服务

[zhongji-Vlan-interface 11]quit

[zhongji]vlan 12　　　　　　　　　　　　　　　;为 SWB 创建 VLAN 12

［zhongji-vlan 12］quit

［zhongji］interface Vlan-interface 12　　　　　　　　;创建虚接口 12

［zhongji-Vlan-interface 12］dhcp-server 0

　　　　　　　　;在虚接口 12 上启用 DHCP 服务器编号为 0 的服务

［zhongji-Vlan-interface 12］quit

［zhongji］interface Vlan-interface 1　　　　　　　　;创建虚接口 1

［zhongji-Vlan-interface 1］ip add 172.16.19.68 255.255.255.0

　　　　　　　　;为虚接口 1 分配 IP 地址,该地址要能与网关互通

［zhongji-Vlan-interface 1］quit

［zhongji］interface Ethernet 1/0/1

［zhongji-Ethernet 1/0/1］port link-type trunk　　　　;设置端口类型

［zhongji-Ethernet 1/0/1］port trunk permit vlan all ;设置允许通过的 VLAN 帧

［zhongji-Ethernet 1/0/1］interface Eth 1/0/2

［zhongji-Ethernet 1/0/2］port link-type trunk　　　　;设置端口类型

［zhongji-Ethernet 1/0/2］port trunk permit vlan all ;设置允许通过的 VLAN 帧

［zhongji-Ethernet 1/0/2］interface Eth 1/0/3

［zhongji-Ethernet 1/0/3］port link-type trunk　　　　;设置端口类型

［zhongji-Ethernet 1/0/3］port trunk permit vlan all ;设置允许通过的 VLAN 帧

（3）DHCP 客户机测试。

完成上述配置后,对连接 DHCP 客户机进行测试。

设置 PC1 为"自动获取 IP 地址"和"自动获取 DNS 服务器地址"。设置完成后,打开 DOS 命令提示符,输入命令"ipconfig /all",显示附图 16-4 所示的信息。

附图 16-4　DHCP 客户机测试

从附图 16-4 显示的 DHCP 客户机测试信息可以看出,VLAN 11 中的主机 PC1 通过 DHCP中继,从 DHCP 服务器 172.16.19.1 上获取到 IP 地址 172.16.19.68、默认网关 172.16.19.1等。

实验 17　PIX 防火墙应用举例

设 ethernet0 命名为外部接口 outside,安全级别是 0;ethernet1 被命名为内部接口 inside,

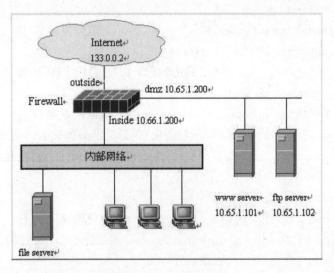

附图 17-1　实验 17 图

安全级别是 100；ethernet2 被命名为中间接口 dmz，安全级别是 50。

参考配置：

PIX525＃conf t	;进入配置模式
PIX525(config)＃nameif ethernet0 outside security0	;设置定全级别为 0
PIX525(config)＃nameif ethernet1 inside security100	;设置定全级别为 100
PIX525(config)＃nameif ethernet2 dmz security50	;设置定全级别为 50
PIX525(config)＃interface ethernet0 auto	;设置自动方式
PIX525(config)＃interface ethernet1 100full	;设置全双工方式
PIX525(config)＃interface ethernet2 100full	;设置全双工方式
PIX525(config)＃ip address outside 133.0.0.1 255.255.255.252	;设置接口 IP
PIX525(config)＃ip address inside 10.66.1.200 255.255.0.0	;设置接口 IP
PIX525(config)＃ip address dmz 10.65.1.200 255.255.0.0	;设置接口 IP
PIX525(config)＃global (outside) 1 133.1.0.1-133.1.0.14	;定义的地址池
PIX525(config)＃nat (inside) 1 0 0	;0 0 表示所有
PIX525(config)＃route outside 0 0 133.0.0.2	;设置默认路由
PIX525(config)＃static (dmz,outside) 133.1.0.1 10.65.1.101	;静态 NAT
PIX525(config)＃static (dmz,outside) 133.1.0.2 10.65.1.102	;静态 NAT
PIX525(config)＃static (inside,dmz) 10.66.1.200 10.66.1.200	;静态 NAT
PIX525(config)＃access-list 101 permit ip any host 133.1.0.1 eq www	;设置 ACL
PIX525(config)＃access-list 101 permit ip any host 133.1.0.2 eq ftp	;设置 ACL
PIX525(config)＃access-list 101 deny ip any any	;设置 ACL
PIX525(config)＃access-group 101 in interface outside	;将 ACL 应用在 outside 端口

当内部主机访问外部主机时,通过 nat 转换成公网 IP,访问 internet。

当内部主机访问中间区域 dmz 时,将自己映射成自己访问服务器,否则内部主机将会映射成地址池的 IP,到外部去找。

当外部主机访问中间区域 dmz 时,将 133.0.0.1 映射成 10.65.1.101,static 是双向的。

PIX 的所有端口默认是关闭的,进入 PIX 要经过 ACL 入口过滤。

静态路由指示内部的主机和 dmz 的数据包从 outside 口出去。

参考文献

[1] 谢希仁.计算机网络[M].4 版.大连:大连理工大学出版社,2005.

[2] 施晓秋.计算机网络技术[M].北京:高等教育出版社,2006.

[3] 王达.网管员必读:网络基础[M].北京:电子工业出版社,2006.

[4] 赵丽花.计算机网络通信[M].北京:中国铁道出版社,2011.

[5] 石铁峰.计算机网络实用技术[M].北京:中国水利水电出版社,2006.